国家中职示范校机电类专业
优质核心专业课程系列教材
西安技师学院国家中职示范校建设成果

JIXIECEHUI

机械测绘

◎ 主　编　张建红
◎ 副主编　甘　锐
◎ 参　编　张伟涛　张　琦
　　　　　冀　芳　尹　涛
◎ 主　审　陈天水

西安交通大学出版社
XI'AN JIAOTONG UNIVERSITY PRESS

内容提要

《机械测绘》是示范校项目中“金属切削加工专业”的重点教材，是为适应高等职业教育教学改革需要而编写的，旨在加强对学生的综合素质教育和工程意识的培养。

全书共设置了4大学习任务，11个学习项目。任务一，轴套类零件的测绘和识读，包含样板的测绘、传动轴的测绘、卡套的测绘和较复杂轴套类零件图的识读等4个学习项目；任务二，盘盖类及箱体类零件的测绘与识读，包含卡盘的测绘、直齿圆柱齿轮的测绘、铣刀头座体的测绘和盘盖类、箱体类零件图的识读等4个学习项目；任务三，组部件的测绘包含机用平口钳的测绘等2个学习项目；任务四，拓展，三维实体造型包含轴系部件的三维实体造型。

本书主要内容包括标准件及常用件的绘制，零件图及装配图的绘制与识读，公差配合的基本概念、含义、选用及标注。AutoCAD软件的应用，常用测量工具的使用方法。

《机械测绘》可作为高职高专院校、中职技校的机械类、近机类专业的教材，也可供工程技术人员和自学者参考。

图书在版编目（CIP）数据

机械测绘/ 张建红主编；张伟涛等编.—西安：西安交通大学出版社，2013.10

ISBN 978-7-5605-5710-6

Ⅰ.①机… Ⅱ.①张…②张… Ⅲ.①机械元件—测绘—高等职业教育—教材 Ⅳ.①TH13

中国版本图书馆 CIP 数据核字（2013）第218802号

书　　名 机械测绘
主　　编 张建红
副 主 编 甘　锐
策划编辑 曹　昳
责任编辑 曹　昳　毛　帆

出版发行 西安交通大学出版社
（西安市兴庆南路10号　邮政编码710049）
网　　址 http://www.xjtupress.com
电　　话（029）82668357　82667874（发行中心）
（029）82668315　82669096（总编办）
传　　真（029）82668280
印　　刷 西安建科印务有限责任公司

开　　本 880mm×1230mm　1/16　**印张** 13.5　**字数** 253千字
版次印次 2013年10月第1版　2013年10月第1次印刷
书　　号 ISBN 978-7-5605-5710-6/TH·99
定　　价 29.00元

读者购书、书店添货、如发现印装质量问题，请与本社发行中心联系、调换。
订购热线：（029）82665248　（029）82665249
投稿热线：（029）82668254　QQ：8377981
读者信箱：lg_book@163.com

《机械测绘》编写组

主　编：张建红

副主编：甘　锐

参　编：张伟涛　张　琦　冀　芳　尹　涛

主　审：陈天水

前言 Preface

本书以工作过程为导向，以岗位能力为目标，按照项目化模式编写而成。在每个学习任务下分设多个学习项目，每个学习项目以典型零件或组部件为载体，完成相应零件图或装配图的绘制。项目实施过程中，有效、合理地融入机械制图、公差、测绘及AutoCAD的知识，且以“适度够用”为原则，注重实践能力的培养。

本课程的突出特点是：改革力度大，创新项目多，具体体现在以下几个方面。

1. 指导思想科学先进

以培养金属切削加工职业岗位能力为重点，根据企业调研和岗位的职业工作过程来确定学习领域和学习内容，将完成工作任务所需知识作为课程教学的核心，将机床切削加工专业的典型工作任务作为知识的载体。采用一体化教学方案设计，以行动导向组织教学过程，进一步提高识读与绘制较复杂零件图和简单装配图的能力，培养学生运用常规量具对典型零件进行测绘的能力，训练学生能够运用软件进行计算机绘图的能力，从而为后续专业课程的学习奠定良好的知识、技能、职业素质基础。

2. 教学内容编排

课程内容确定为以识读和绘制机械图样为主线，以源于企业、经过一定教学改造的典型零部件为载体，呈现由简到繁的梯度性变化。同时将原有的自成体系的公差与配合、机械零部件测绘、计算机绘图的内容进行分解并有机渗透到各个项目中，使得课程内容各部分衔接合理，知识连贯，教学内容实用具体，职业教育特色更加鲜明，从而达到课程目标的要求。

3.教材向学材的转变

运用了一体化方式组织教学，将抽象的、枯燥的纯理论教学通过项目载体生动形象地展现出来，实现行动导向的教学模式。贯彻“六步”教学法，培养学生分析问题和解决问题的能力。以学生为主体采用多种教学方法和教学手段进行教学，注重对学生的引导，在教学过程中做到讲练结合，做学融通，充分调动学生学习的积极性，增加课堂容量，开拓学生视野。

4.表现形式新颖

打破原有的理论教材体系，以学生活动为主线。每个学习项目按照学生活动分解成若干学习活动，理论知识作为完成学习活动的支撑要素，按照完成项目所需要的内容进行编写，不再成体系出现，并且较多地采用图文结合形式，便于学生理解。

本书建议教学学时数为320学时，8周完成。教学场地建议在一体化测绘教室。

本书由西安技师学院张建红任主编，甘锐任副主编，张伟涛、张琦、冀芳、尹涛参编。

由于时间仓促，作者编写水平所限，书中难免会有不足之处，敬请广大读者批评指正。

目 录 Contents

目录 Contents

轴套类零件的测绘和识读

学习项目1　样板的测绘

学习项目2　传动轴的测绘

学习项目3　卡套的测绘

学习项目4　较复杂轴、套类零件图的识读

学习项目1 样板的测绘

项目描述

样板零件测绘是机械测绘入门训练的项目。采用任务驱动的教学方式，通过本项目的学习，学生可独立使用内、外卡钳及钢直尺等测量工具对样板零件进行测量；同时运用绘图仪器及AutoCAD 软件完成样板零件图的手工绘制和计算机绘图。

该项目按下述作业流程进行：样板零件测绘→样板零件图的手工绘制→样板零件图的CAD绘制→图纸上交和验收。

实训场地

一体化测绘教室。

<table>
<tr><th colspan="3">任务书</th></tr>
<tr><td>项目</td><td colspan="2">样板的测绘</td></tr>
<tr><td rowspan="2">学习目标</td><td>知识目标</td><td>（1）掌握AutoCAD命令执行与数据输入方式
（2）掌握AutoCAD绘图环境与图层设置
（3）熟悉直线、矩形、圆、删除、修剪、打断、偏移、倒圆角等基本命令
（4）熟悉目标捕捉方式
（5）掌握零件测绘的方法与步骤
（6）掌握常规测量工具的使用和测量尺寸的方法</td></tr>
<tr><td>能力目标</td><td>（1）能合理选择样板零件表达方案并能绘制样板零件草图
（2）能够熟练使用内卡钳、外卡钳、钢直尺测量尺寸并标注
（3）能够使用CAD基本命令绘制样板零件的视图</td></tr>
<tr><td>要求</td><td colspan="2">（1）依据样板零件绘制零件草图
（2）测量零件尺寸并标注
（3）手工绘制样板零件图样
（4）使用CAD软件绘制样板零件图样</td></tr>
</table>

续表

	活动		建议课时
学习活动	1	样板零件表达方案的选择	2 h
	2	样板零件表达方案的确定及草图的绘制	2 h
	3	样板零件尺寸的测量与标注	2 h
	4	样板零件手工图样的绘制	2 h
	5	样板零件CAD图样的绘制	8 h
	6	结果评价与学习小结	4 h
立体图	图1-1-1		

活动一 样板零件表达方案的选择

活动引入

一、样板零件形状分析

样板零件为教学模型。目的是通过该零件的测绘使学生巩固前期机械制图的基本知识，了解零件测绘的基本常识，练习简单测量工具的使用和测量方法，学习AutoCAD的基本命令，为后续项目的学习打下良好的基础。

板状零件一般作为安装板或地板，起连接或支撑作用。

样板形状分析：

（1）样板零件形状外形由__________形的底板和__________形的凸台两部分构成。其前后、左右是__________的。

（2）该零件共有__________个孔，均为__________孔，其中底板上有__________个孔。

二、请查阅《机械制图》教材复习学习过的内容并回答以下问题

（1）视图主要用于表达机件的______________________________；剖视图主要用于表达机件的______________________________。

（2）视图分为__________、__________、__________和__________四种。

（3）剖视图按剖切范围的大小可分为__________、__________和__________。

（4）全剖视图适用于____________________________________的机件；半剖视图适用于__________________________的机件；局部剖视图适用于______________________________的机件。

（5）剖视图按剖切方法不同可分为_________、_________、_________和_________。

想一想

独立思考：样板零件应该选择哪种表达方案呢（几个视图、剖或不剖、如何剖切）？

活动小结

本学习活动重点回顾机件的表达方式及应用，从而初步确定样板零件的表达方案。

活动二　样板零件表达方案的确定及草图的绘制

小组讨论

讨论确定样板零件的表达方案。

每人的表达方案可以不同，但须说明其合理性。每个小组讨论确定一个最佳的表达方案。

知识链接

知识点一：零部件测绘的目的与要求

1.测绘的目的

（1）综合运用本课程所学的知识，进行零件图、装配图的绘制，使已学知识得到巩固、加深和发展。

（2）初步培养学生从事工程制图的能力，运用技术资料、标准、手册和技术规范进行工程制图的技能。

（3）培养学生掌握正确的测绘方法和步骤，为后续专业课程的学习和工作奠定坚实的基础。

2.测绘的要求

（1）具有正确的工作态度；

（2）培养独立的工作能力；

（3）树立严谨的工作作风；

（4）培养按计划工作的习惯。

知识点二：一般零件测绘的方法与步骤

1.分析零件

了解零件的名称、用途、材料及其在机器（或部件）中的位置、作用和与相邻零件的关系，然后对零件的内、外结构形状进行初步分析。

2.确定表达方案

先根据零件的结构形状特征、工作位置或加工位置选择主视图，再按需要选择其他视图，并考虑是否要用剖视、断面或简化画法等表达方法。视图表达方案要求完整、清晰、简练。

3.绘制零件草图

（1）根据已选定的表达方案在图纸（或网格纸）上定出各视图的位置，画出各视图的基准线。布置视图时，要预留标注尺寸和技术要求的位置。

（2）目测比例，详细地画出零件的外部及内部结构形状。

（3）选定尺寸基准，按正确、完整、清晰和合理标注尺寸要求，画出全部尺寸界线、尺寸线和箭头。经校核后，按规定线型描深图线（包括剖面线）。

（4）逐个测量并标注尺寸。

（5）注写表面结构、尺寸公差等技术要求以及标题栏内的相关内容，完成零件草图。

4.根据草图绘制零件图

零件草图的测绘往往需在现场（车间）进行，时间不允许太长，所以选择的表达方案和标注的尺寸不一定是最完善和合理的。因此，在根据草图绘制零件图之前要对草图进一步校核，检查表达方案是否恰当，标注的尺寸是否齐全、清晰和合理，并及时作出必要的修正。画零件图的步骤和画草图的步骤基本相同，但有时为了保持图面清洁，通常在画完底稿后先画尺寸线，注写数字，然后画剖面线，最后才描深。

知识点三：零件草图的绘制

零件测绘是根据零件实物，先徒手目测画出零件草图，再进行尺寸测量和标注，最后整理画出零件工作图的过程。所以在使用工具测量尺寸前，首先应该绘制零件图形。

草图是指以目测估计比例，按要求徒手（或部分使用绘图仪器）绘制的图形。在仪器测绘、技术交流、现场参观时，受现场条件和时间的限制，经常要绘制草图。对于工程技术人员来说，除了要学会用尺规、仪器绘图和使用计算机绘图之外，还必须具备徒手绘制草图的能力。

1.徒手绘制草图的要求

（1）画线要稳，图线要清晰；

（2）目测尺寸尽量准确，各部分比例均匀；

（3）绘图速度要快；

（4）标注尺寸无误，字体工整。

2.徒手绘图的方法

根据徒手绘制草图的要求，选择合适的铅笔，按照正确的方法可以绘制出满意的草图。徒手绘图的铅笔有多种，铅芯的软硬是用字母B和H表示的，B越多的表示铅芯越软（黑），H越多的则越硬。绘图时，应将铅笔芯磨成圆锥形，画中心线和尺寸线的磨得较尖，画可见轮廓线的磨得较钝。橡皮不应太硬，以免擦伤图纸。徒手绘图所使用的图纸无特别要求，为方便常使用印有浅色方格和菱形格的作图纸。

一个物体的轮廓无论怎样复杂，总是由直线、圆、圆弧和曲线所组成。因此要画好草图，必须掌握徒手画各种线条的手法。

（1）直线的徒手画法。

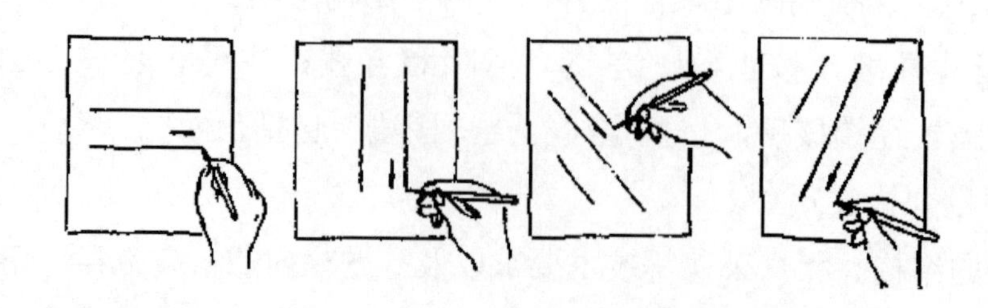

（2）角度线的徒手画法。

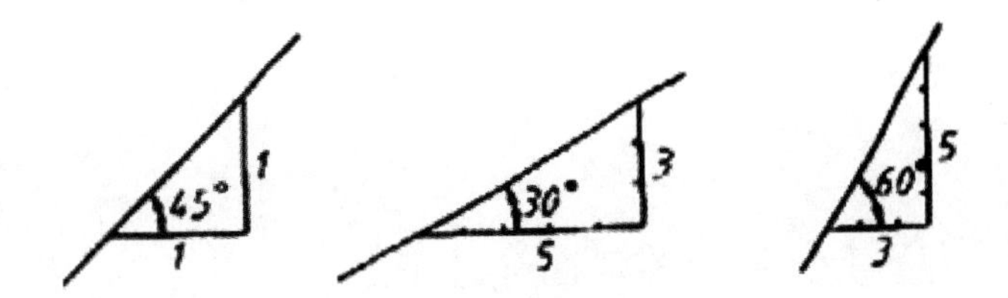

（3）圆的徒手画法。

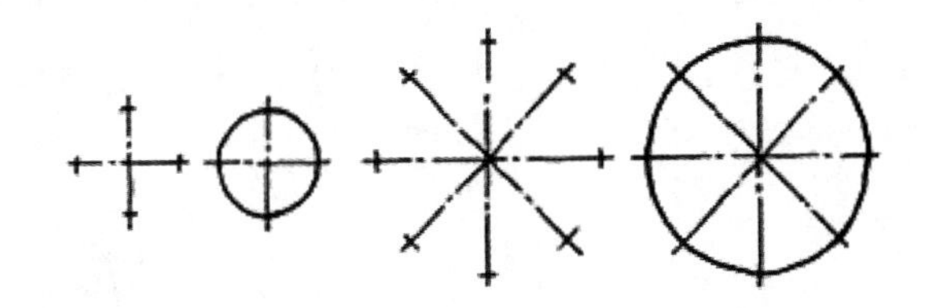

（4）椭圆的徒手画法。

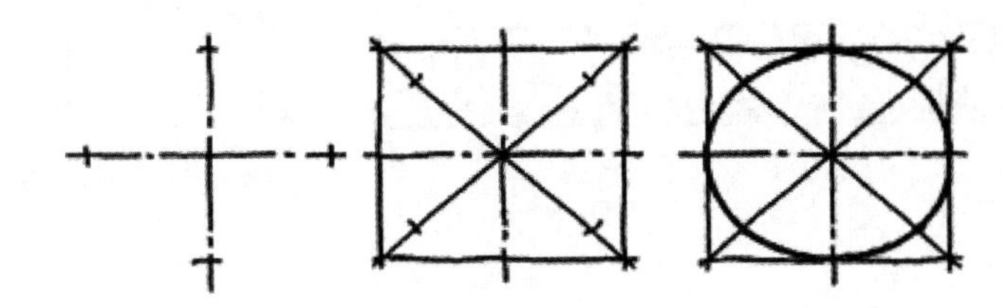

3.零件草图的绘制步骤

（1）在确定表达方案的基础上，选定比例，布置图面，画好各视图的长、宽、高三个方向的基准线。

（2）画出基本视图的外部轮廓。

（3）画出其他各视图、断面图等必要的视图。

（4）选择长、宽、高各方向标注尺寸的基准，画出尺寸线、尺寸界线。

（5）标注必要的尺寸和技术要求，填写标题栏，检查有无错误和遗漏。

任务实施

※STEP 1　练习徒手绘图

※STEP 2　在白纸或坐标纸上绘制样板零件草图

活动小结

本学习活动重点学习零件测绘的方法与步骤以及草图的绘制。学生通过讨论确定本组的样板零件表达方案，并绘制样板零件草图。

活动三 样板零件的尺寸测量与标注

知识链接

知识点一：简单测量工具的使用和测量方法

1.测量工具

测量尺寸的简单测量工具有：钢直尺、内卡钳和外卡钳，如图1-1-2所示。用钢直尺测量零件时可以直接从刻度上读出零件尺寸，用内、外卡钳测量时，必须借助钢直尺才能读出零件的尺寸。

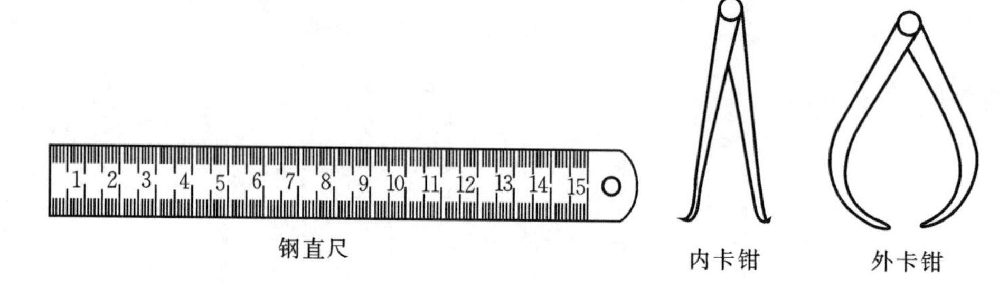

图1-1-2　测量工具

2.常用测量方法

在测绘中，零件尺寸的测量是很重要的一项内容。正确的测量方法和使用准确、方便的测量工具，不但会减少尺寸测量误差，而且还能加快测量速度。

（1）测量直线尺寸（长、宽、高）。一般可用钢直尺直接量得尺寸的大小，如图1-1-3所示。

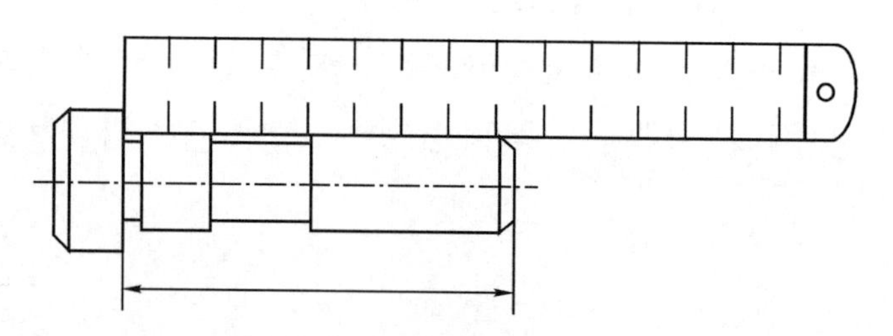

图1-1-3　测量直线尺寸

（2）测量回转面直径。这类尺寸常用内、外卡钳测量，如图1-1-4所示。在测量阶梯孔的直径时，会遇到外面孔小，里面孔大的情况，这时可用内卡钳测量，如图1-1-5（a）所示。也可用特殊量具（内外同值卡）测量，如图1-1-5（b）所示。

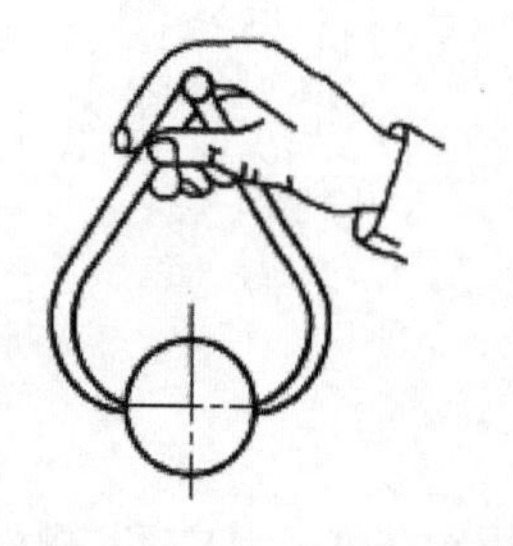
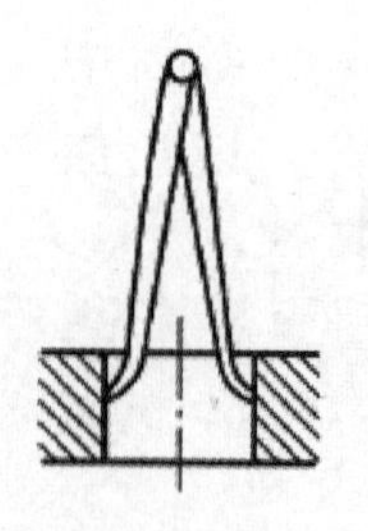

图1-1-4　测量回转面直径

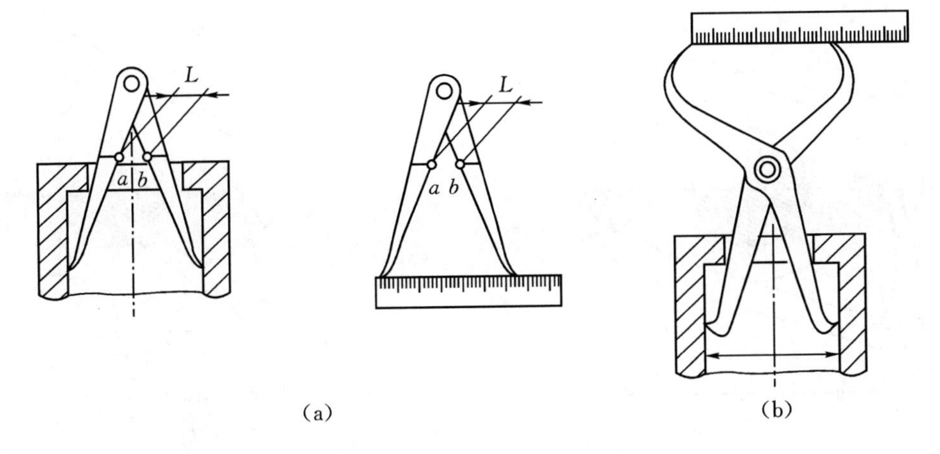

图1-1-5　测量阶梯孔的直径

（3）深度和壁厚的测量。深度可以用钢直尺直接测量，如图1-1-6（a）所示。壁厚可以用钢直尺和外卡钳结合进行测量，如图1-1-6（b）所示。

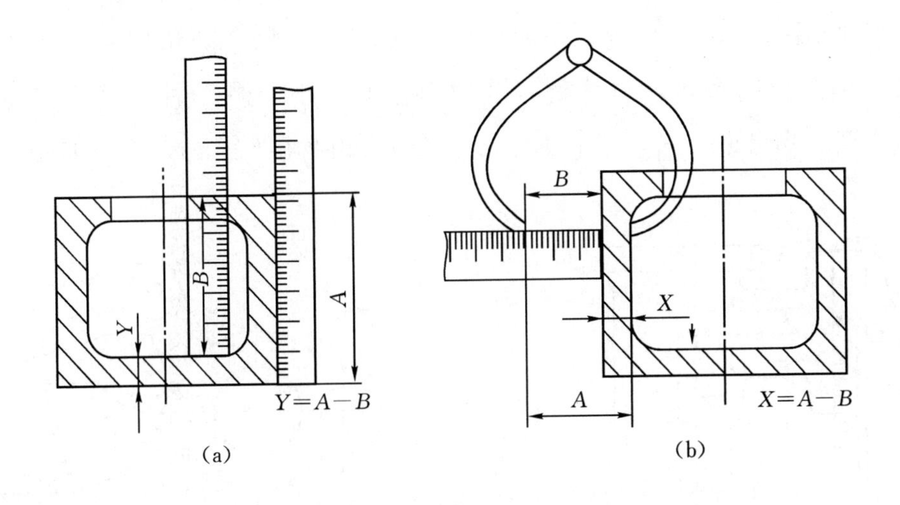

图1-1-6　测量深度和壁厚

（4）孔中心距的测量。当两孔直径相等时，可先测出*K*和*d*，则孔距*A*=*K*+*d*，如图1-1-7（a）所示。当两孔直径不相等时，可先测出*K*、*D*和*d*，则孔距*A*=*K*−（*D*+*d*）/2，如图1-1-7（b）所示。

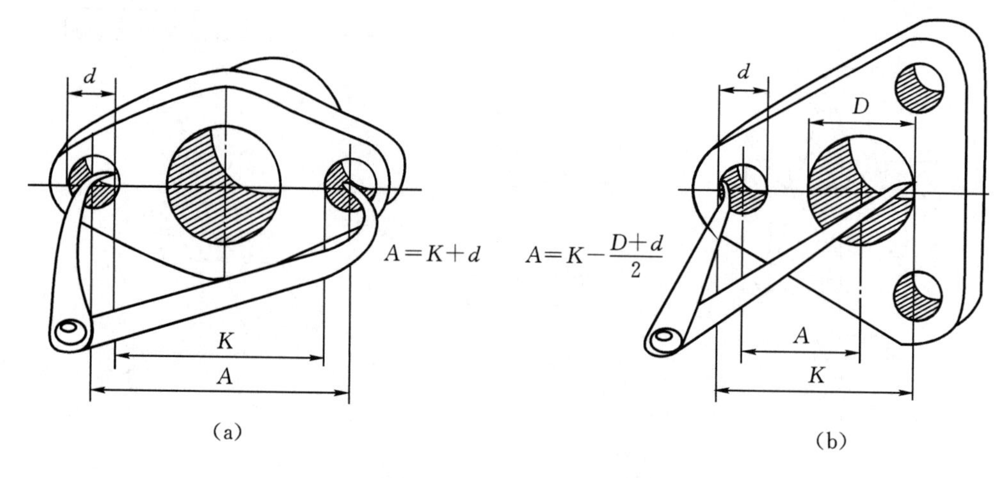

图1-1-7　孔中心距的测量

（5）测量中心高。一般可用钢直尺和卡钳测量。先用卡钳测出外径D和内径d，再用钢直尺测出高度A或B，则中心高$H=A+D/2$或$H=B+d/2$，如图1-1-8所示。

（6）圆角和圆弧半径的测量。一般用圆角规测量。每套圆角规有很多片，一边测量外圆角，另一边测量内圆角，每片刻有圆角半径的大小。测量时，只能在圆角规中找到与被测量部分完全吻合的一片，从该片上的数值可知圆角半径的大小，如图1-1-9所示。

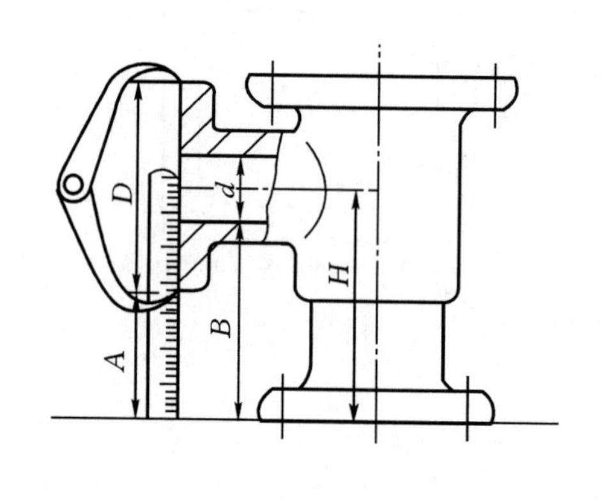

图1-1-8　测量中心高

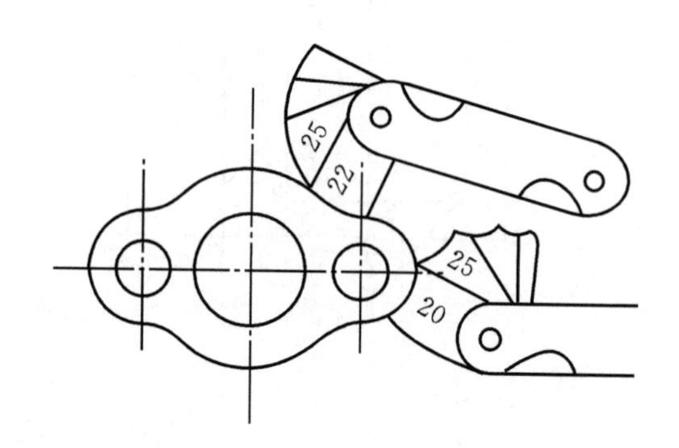

图1-1-9　圆角和圆弧半径的测量

（7）测量曲线或曲面。当对曲线和曲面要求测得精确时，必须用专门仪器进行测量，如三坐标测量机。若要求不太精确时，可采用下面方法测量。

① 拓印法：对于圆柱面部分的曲率半径的测量，可用纸拓印其轮廓，得到如实的平面曲线，然后判断该曲线的圆弧连接情况，测量其半径，如图1-1-10所示。

② 铅丝法：对于曲线回转面零件母线曲率半径的测量，可用铅丝弯成实形后，得到反映实形的平面曲线，然后判断曲线的圆弧连接情况，最后用中垂线法，求得各段圆弧的中心，测量其半径，如图1-1-11所示。

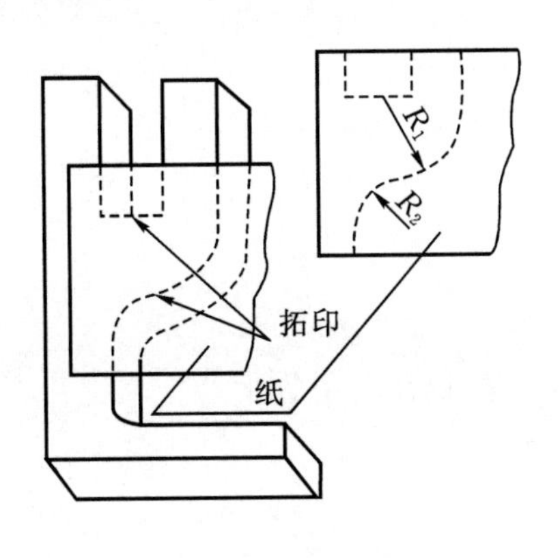

图1-1-10 拓印法

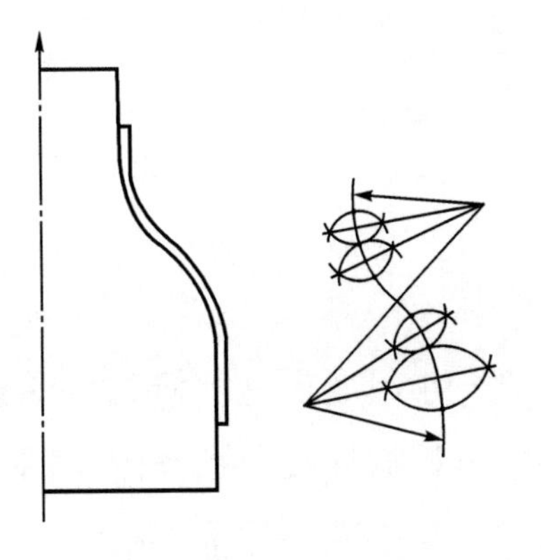

图 1-1-11 铅丝法

任务实施

※STEP 1 练习使用钢直尺测量直线尺寸并读数

※STEP 2 练习应用内、外卡钳测量内径和外径

※STEP 3 测量样板零件各部分尺寸并在草图上标注

活动小结

本活动重点讲解和演示常规测量工具的使用和测量方法，熟悉其用法是后续测绘的基础。

活动四 样板零件手工图样的绘制

知识链接

知识点：零件工作图的绘图步骤

1.审查校核零件草图

（1）表达方案是否清晰、完整和简明；

（2）结构形状是否合理、是否存在缺损；

（3）尺寸标注是否齐全、合理和清晰。

2.绘制零件工作图的步骤

（1）选择比例；

（2）选择图样幅面；

（3）绘制底稿（定基准→画图形→标尺寸→填标题栏→校核）；

（4）加粗描深；

（5）审定、签名 。

任务实施

※STEP 1　小组成员互相检查草图绘制的正确性并纠正错误

※STEP 2　根据样板草图确定绘图比例和图纸幅面

※STEP 3　样板零件的手工绘制

活动小结

本学习活动重点培养学生严谨细致的工作作风，同时提高使用绘图工具及仪器绘制图样的能力。

活动五 样板零件CAD图样的绘制

知识链接

知识点一：初步认识AutoCAD的工作界面

AutoCAD的工作界面主要由标题栏、菜单栏、工具栏、绘图区、十字光标、世界坐标系图标及命令行、状态栏等组成。（见图1-1-12）

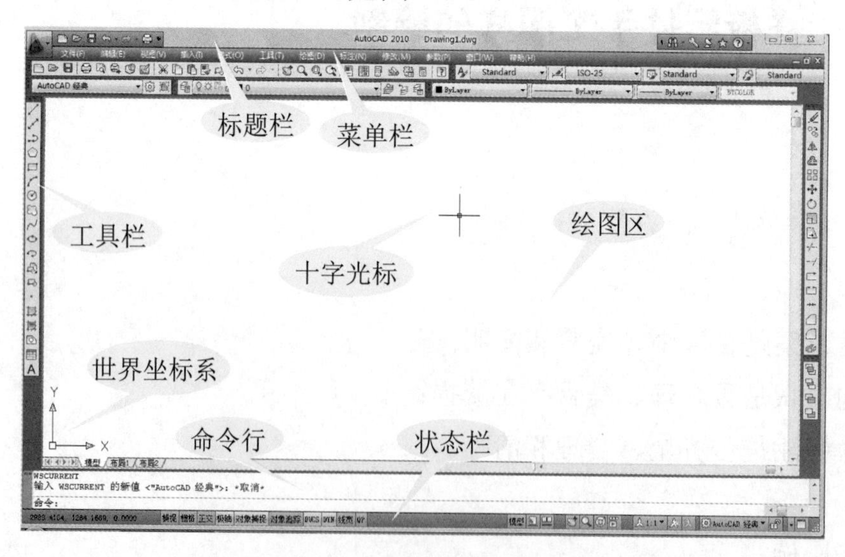

图1-1-12　AutoCAD工作界面

1.标题栏

标题栏在首行，显示当前正在运行的AutoCAD的版本图标及当前载入的文件名。

2.菜单栏

菜单栏位于标题栏下部，主要是调用AutoCAD的命令，包括文件、编辑、视图、插入、格式、工具、绘图、标注、修改、窗口、帮助等11组一级菜单项。

3.工具栏

工具栏一组以图标的形式出现，是输入命令的另一种方式，其功能等同于键入命令或菜单命令。

打开或关闭工具栏的方法

方法一："视图"→"工具栏"中，选中即可打开，不选中即关闭。

方法二：右键单击任一图标按钮，即可显示出各工具栏名称，选中即打开。

4.绘图区

绘图区是用户在屏幕上绘制和修改图形的工作区域，占据绝大部分的屏幕，为进一步扩大可以执行Ctrl+0，以满屏方式显示绘图区。

5.十字光标

十字光标用于绘图和选取对象。

6.命令行

命令行是供用户通过键盘调用命令并显示相关提示的区域。

7.状态栏

状态栏位于主窗口的底部，显示光标的当前坐标值及各种模式的状态。包括：捕捉、栅格、正交、极轴、对象捕捉、对象追踪、线宽、图纸/模型等。

知识点二：AutoCAD的基本操作

1.AutoCAD启动

要启动AutoCAD软件，可使用以下方法之一：

（1）选择【开始】→【程序】→【AutoCAD】→【AutoCAD】命令。

（2）在桌面上双击AutoCAD的快捷方式图标 。

2.建立新图形

可使用以下方法之一：

（1）默认设置。

（2）选择自定的样板。

可使用系统预设的样板文件来建立新图形。

3. 保存文件

可使用以下方法之一：

（1）“存盘”命令。

菜单方式：【文件】→【存盘】

图标方式：在“标准工具栏”中。

键盘输入方式：Qsave

（2）“另存为”命令。

菜单方式：【文件】→【另存为】→弹出“图形另存为”对话框

键盘输入方式：Saveas

4. 关闭图形

可使用以下方法之一：

菜单方式：【文件】→【关闭】

图标方式：单击图形文件右上角的“关闭”按钮。

键盘输入方式：Close

5. 打开已有图形：

可使用以下方法之一：

菜单方式：【文件】→【打开】

图标方式：在“标准工具栏”中。

键盘输入方式：Open

6. 数据输入方式

可使用以下方法之一：

绝对直角坐标　表示方法：（x，y）　如图1-1-12（a）所示。

相对直角坐标　表示方法：（@△x，△y）如图1-1-12（b）所示。
绝对极坐标　表示方法：（距离<角度）如图1-1-12（c）所示。
相对极坐标　表示方法：（@距离<角度）如图1-1-13（d）所示。
方向加距离输入法：用鼠标确定方向后，从键盘调用的数即为到前一点的距离。

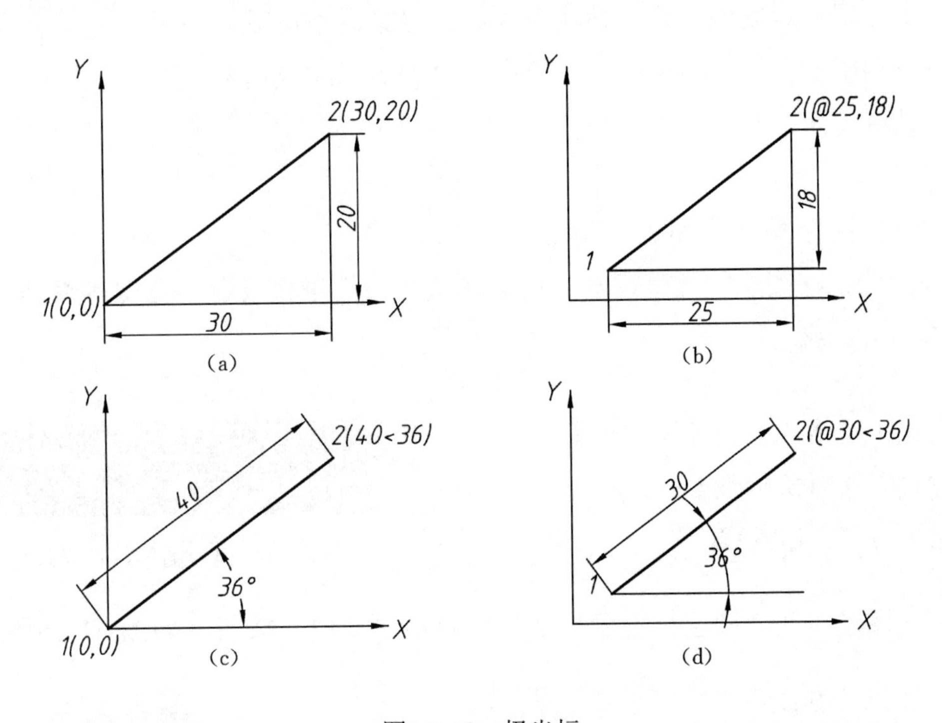

图1-1-13　极坐标

7. AutoCAD命令执行

可使用以下方法之一：

点取下拉菜单；
单击工具栏图标；
用键盘输入命令。

知识点三：AutoCAD的图层设置

1.图层的概念

图层是用户组织图形的最有效的工具之一，图层类似没厚度的透明纸，放置各种图形信息。如：表达图样时，把线型、尺寸、文字等放在不同的图层上，一层挨一层地叠放起来，就构成完整的一幅图。用户可以根据需要打开、关闭、增加和删除图层，每层可以设置不同的线型、线宽和颜色。

2.图层性质

①每个图层都有一个名称。AutoCAD自动生成名为“0”的图层。

②每个图层容纳对象的数量不受限制。

③用户使用图层的数量不受限制。但不宜过多，够用即可。

④每个图层的颜色、线型、线宽可以自己设置。

⑤同一个图层上对象处于同一种状态（如：可见或不可见）。

⑥同一个图层上有相同的坐标系、绘图界限和显示缩放倍数。

⑦图层具有关闭、冻结、锁定等特性。

3.图层设置

（1）图层特性管理器（见图1-1-14）。

① 命令功能：在图层特性管理器中可对图层的特性进行设置、修改等管理。

② 命令打开方式：

菜单方式：【格式】→【图层…】

图标方式：【对象特性】→

键盘输入方式：LAYER

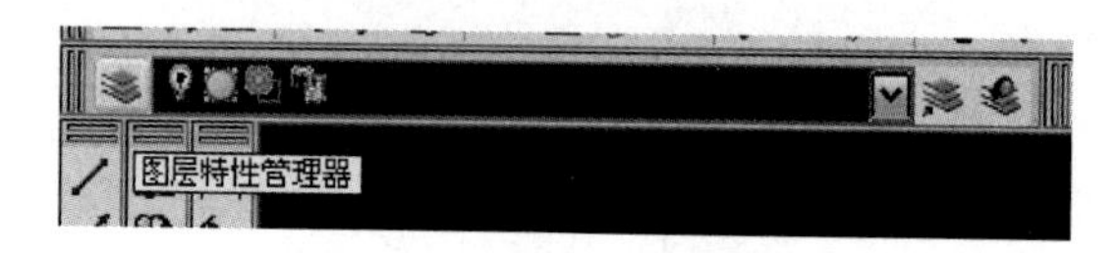

图1-1-14　图层特性管理器

（2）新建图层：在“图层特性管理器”中点击“新建”按钮，如图1-1-15所示。

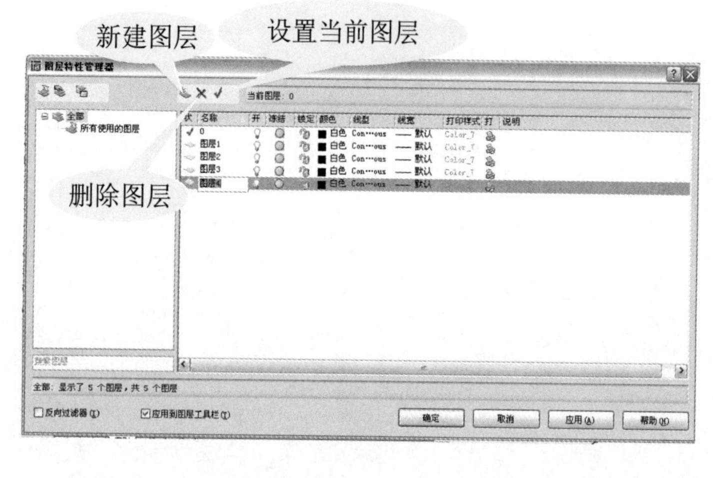

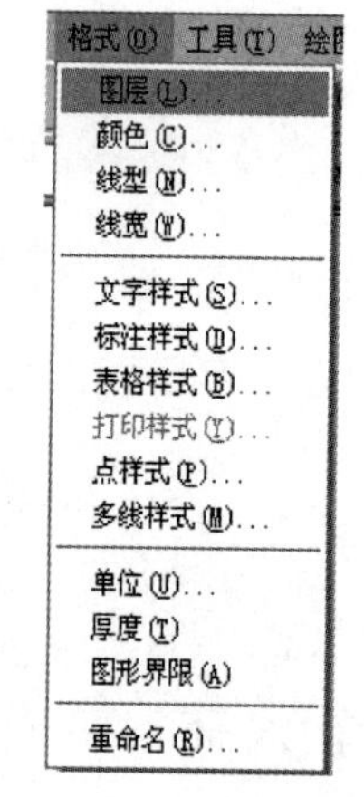

图1-1-15

（3）删除图层：在绘图期间随时都可以删除无用的多余图层。但不能删除当前图层、0层、依赖外部参照的图层、包含有对象的图层以及名为DEFPOINTS的定义点图层。

（4）设置当前图层：绘图操作总是在当前图层上进行的，要在某图层上创建对象，必须将该图层设置为当前图层。

（5）打开或关闭图层：若关闭某图层，该图层上的对象不能在屏幕上显示或打印，但在重新生成图形时，该图层上的对象会重新生成。当前图层也能被关闭。

（6）冻结或解冻图层：若某图层被冻结时，该图层上的对象不能在屏幕上显示或打印，在重新生成图形时，该图层上的对象也不能重新生成。当前图层不能被冻结。

（7）锁定/解锁图层：若某图层被锁定，该图层上的对象仍可显示，但不能编辑和修改。

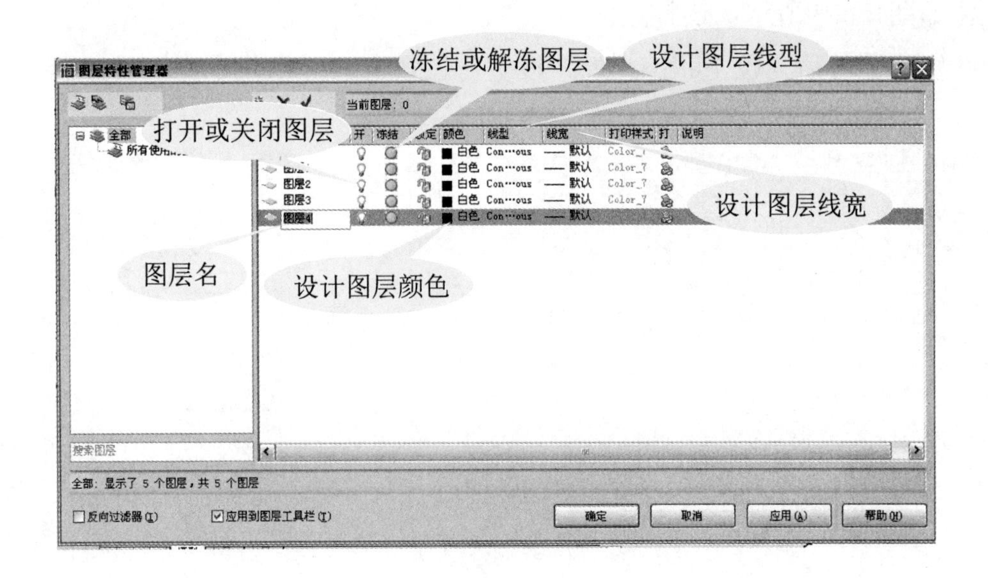

图1-1-16

4.图线的设置

（1）线型的设置：打开“图层设置管理器”单击某图层中的线型（默认为实线Continuous），可打开“选择线型”对话框，如图1-1-17（a）所示。如果对话框里有所需的线型，选择它，单击”确定“及完成设置；若没有所需线型，则单击“加载”按钮，弹出“加载或重载线型”对话框，如图1-1-17（b）所示，选择所需线型，单击“确定”按钮，返回“选择线型”对话框，选择所需线型，单击“确定”按钮即可。

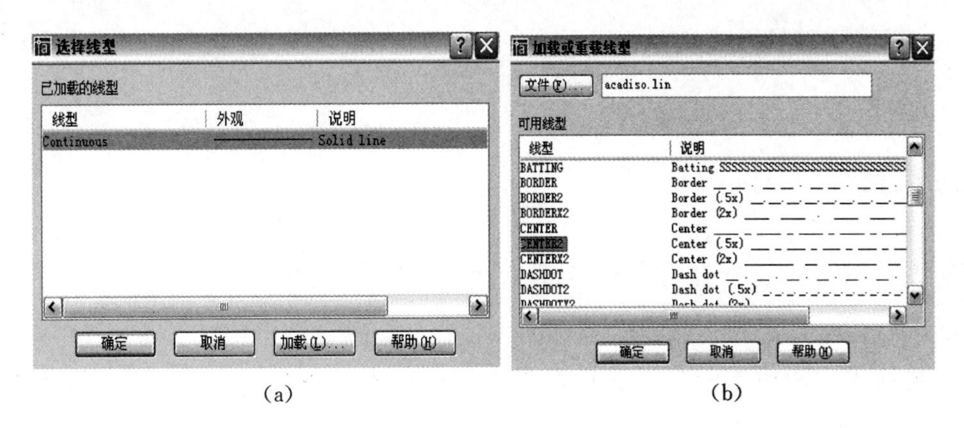

（a） （b）

图1-1-17

（2）设置线型比例：线型比例是控制虚线、点画线的间隔与线段的长短的，因此可根据图幅大小选择合适的线型比例，一般按经验选取。

设置方法：点击【格式】下的【线型】命令，弹出图1-1-18“线型管理器”对话框，

点击“显示细节”按钮，修改“全局比例因子”框中的比例值，默认设置为1.0000，一般设为0.3~0.7较合适。

（3）线宽的设置：打开“图层特性管理器”，单击某图层的线宽，弹出“线宽”设置对话框，如图1-1-19所示。选择某值后，单击“确定”即可。

注：线宽设置好后需按下状态栏的“线宽”按钮方可显示线宽。

图1-1-18

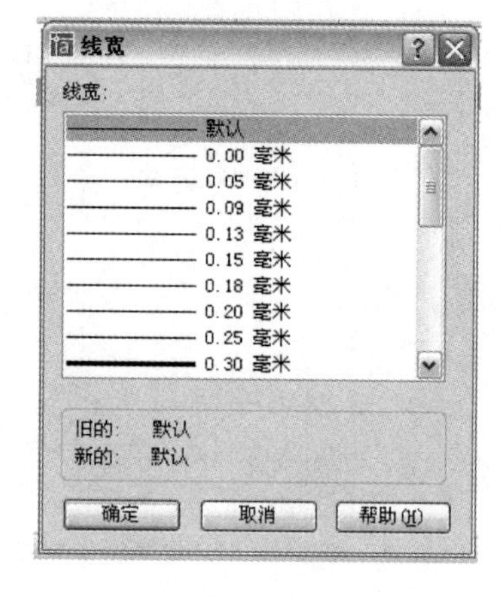

图1-1-19

知识点四：绘制样板零件图样所需要的命令

1.直线命令的操作

命令调用方式：

菜单方式：【绘图】→【直线】

图标方式：

键盘输入方式：LINE

2.圆命令的操作

命令调用方式：

菜单方式：【绘图】→【圆】→【选择圆的绘制方式】

图标方式：

键盘输入方式：CIRCLE

3.矩形命令的操作

①命令调用方式：

菜单方式：【绘图】→【矩形】
图标方式：
键盘输入方式：RECTANGLE

②选项：倒角（C）/标高（E）/圆角（F）/厚度（T）/线宽（W）。

4.曲线编辑命令的操作

（1）圆角命令的操作。

①命令功能：按指定半径在选定的两个实体对象（直线、圆弧、圆、椭圆、多段线、射线和构造线等）之间构造圆角。

②命令调用方式：

菜单方式：【修改】→【圆角】
图标方式：
键盘输入方式：FILLET或F

（2）修剪命令的操作。

①命令功能：将所选对象的一部分以剪切边为界切断。

②命令调用方式：

菜单方式：【修改】→【修剪】
图标方式：
键盘输入方式：TRIM

（3）删除命令的操作。

①命令功能：删除图形中的所选对象。

②命令调用方式：

菜单方式：【修改】→【删除】
图标方式：
键盘输入方式：ERASE

（4）偏移命令的操作。

①命令功能：可以对指定的直线、二维多段线、圆弧、圆和椭圆等对象作相似复制，即可复制生成平行直线和多段线以及同心的圆弧、圆和椭圆等。

②命令调用方式：

菜单方式：【修改】→【偏移】
图标方式：修改工具栏→
键盘输入方式：OFFSET

（5）打断命令的操作。
命令功能：把选定的对象实体进行部分删除，或把它断开为两个实体。
命令调用方式：

菜单方式：【修改】→【打断】
图标方式：
键盘输入方式：BREAK

（6）图案填充命令的操作。
①命令功能：在指定的区域内，填充剖面图案。
②命令调用方式：

菜单方式：【绘图】→【图案填充】
图标方式：绘图工具栏→
键盘输入方式：HATCH

③图案填充的三种方式：一般方式、最外层方式和忽略方式。
④编辑图案填充命令的命令调用方式：

菜单方式：【修改】→【对象】→【图案填充】
键盘输入方式：HATCHEDIT

AutoCAD在执行命令时，为了使用户快速地理解每一个命令的操作步骤，在命令行会出现有关该命令的相关提示，引导用户一步步操作。

5.精确绘图的操作
（1）对象捕捉方式。
①命令功能：帮助用户在屏幕上精确地定位点。
②对象捕捉方式分为固定对象捕捉和临时对象捕捉。
a.固定对象捕捉：
命令调用方式：

菜单方式：【工具】→【草图设置】，打开“对象捕捉”选项卡
状态栏：单击右键→设置 →【草图设置】，打开“对象捕捉”选项卡

设置方法在“对象捕捉”选项卡中勾选所需选项，如图1-1-20所示。

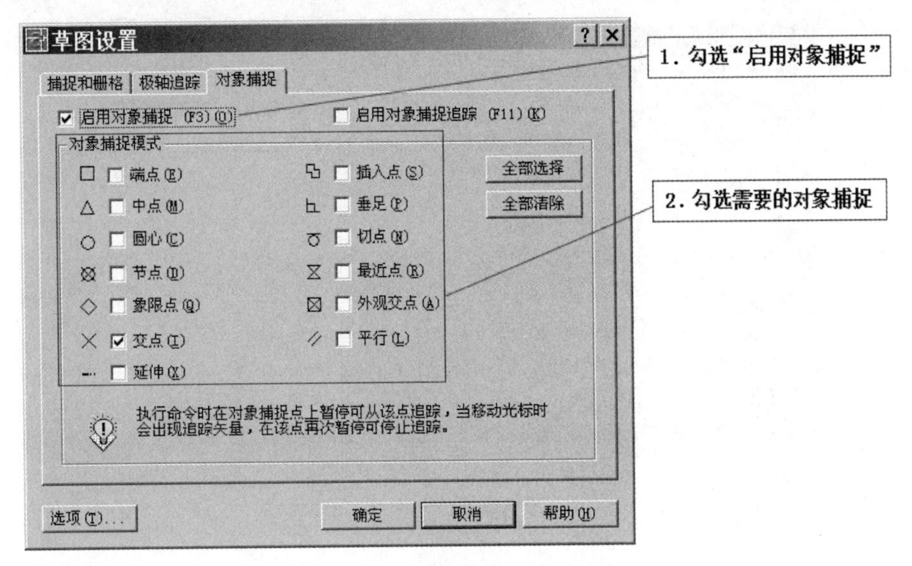

图1-1-20

b.临时对象捕捉：
命令调用方式：

工具栏：单击右键→“对象捕捉”工具栏（见图1-1-21）
快捷键：Shift+右键→对象捕捉菜单

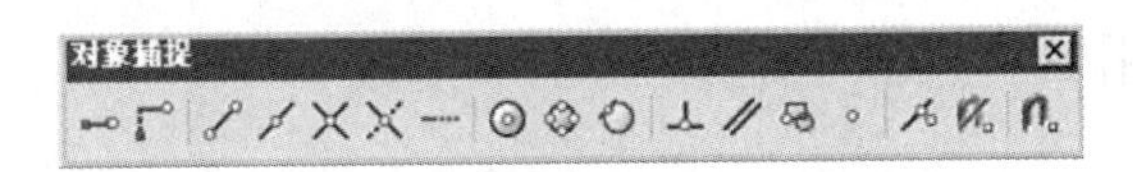

图1-1-21

设置方式：执行命令式时，在“对象捕捉”工具栏或菜单处单击相应按钮，选择合适的模式。

（2）极轴追踪方式。

①命令功能：利用极轴追踪方式帮助用户在屏幕上追踪特征点。

②极轴追踪方式的调用方式：

菜单方式：【工具】→【草图设置】
状态栏：单击右键→设置 →【草图设置】，打开“极轴追踪”选项卡（见图1-1-22）

③极轴追踪方式的设置方法：

方法一：按下 **极轴** 按钮；
方法二：在“极轴追踪”选项卡，选中“启用极轴追踪”；
方法三：按F10键。

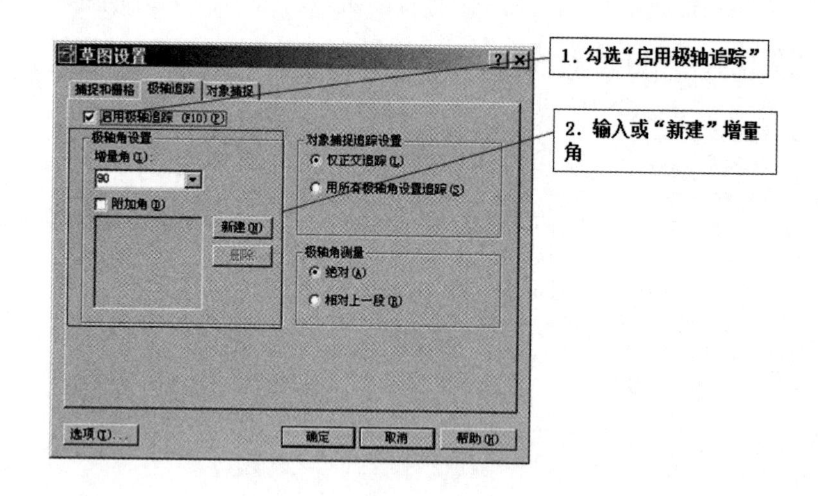

图1-1-22

用户在绘图时，对象追踪必须与对象捕捉方式及极轴追踪配合使用，状态栏处三项按钮都处于按下状态。

任务实施

※STEP 1　练习使用钢直尺测量直线尺寸并读数

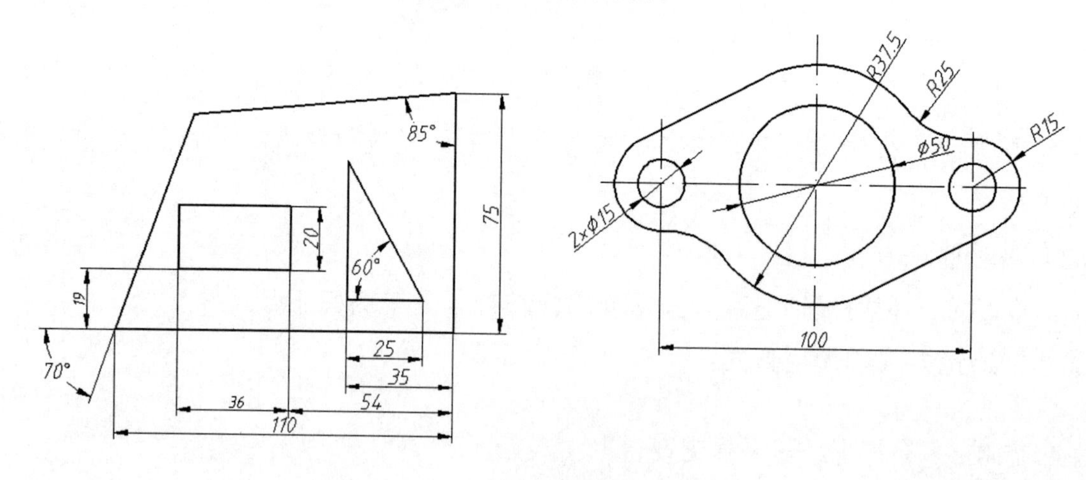

图1-2-23

※STEP 2　依据手工图样，应用CAD软件绘制样板零件图

活动小结

本活动重点讲述了AutoCAD的操作界面、数据输入与执行、绘图环境与图幅的设置等入门知识，同时演示了AutoCAD基本绘图命令及编辑命令的操作方法，使学生练习相关命令并快速地完成样板零件图。

活动六 结果评价与学习小结

展示汇报

※STEP 1　每组推举人员讲解表达方案的选取
※STEP 2　教师对各组表达方案选择的合理性进行讲评
※STEP 3　学生将绘制的图样张贴展示并评比
※STEP 4　教师对学生的图样中存在的问题进行讲评

学习小结

对本任务的学习活动过程写出感想，总结这种学习方法的优点和不足，提出自己的设想。

学习项目2 传动轴的测绘

项目描述

轴类零件是切削加工专业常见的典型零件类型，轴类零件测绘是机械测绘重要部分。采用任务驱动教学方式，通过本项目的学习，学生可独立使用游标卡尺和螺纹样板对传动轴进行测量，运用绘图仪器及AutoCAD的基本命令完成带有螺纹和键槽的传动轴手工绘制和CAD绘制，形成传动轴的草图、手工绘制图样和CAD图样。

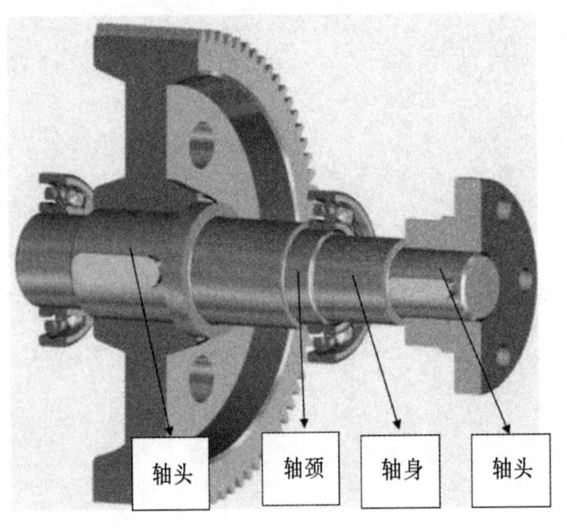

该项目按下述作业流程进行：传动轴零件测绘→传动轴零件图的手工绘制→传动轴零件图的CAD绘制→图纸上交和验收。

实训场地

一体化测绘教室。

<table>
<tr><th colspan="4">任务书</th></tr>
<tr><td>项目</td><td colspan="3">传动轴的测绘</td></tr>
<tr><td rowspan="2">学习目标</td><td>知识目标</td><td colspan="2">（1）熟悉轴类零件的视图表达方案和尺寸标注方法
（2）掌握轴类零件工艺结构—退刀槽、砂轮越程槽、倒角、倒圆的画法和尺寸标注
（3）掌握内、外螺纹的规定画法与标注
（4）了解轴键槽尺寸的查表方法
（5）熟悉游标卡尺、螺纹样板的使用方法
（6）掌握正多边形、圆弧、剖面线等绘图命令
（7）掌握复制、移动、旋转、偏移、阵列、缩放、拉长、倒角等编辑命令</td></tr>
<tr><td>能力目标</td><td colspan="2">（1）能绘制各种轴类零件草图并进行尺寸标注
（2）能熟练使用游标卡尺、螺纹样板测量轴的各部分尺寸
（3）具有查阅手册和标准的能力
（4）能正确使用绘图仪器和绘图工具绘制轴的零件图
（5）会用CAD软件绘制轴类零件的视图</td></tr>
<tr><td>要求</td><td colspan="3">（1）依据传动轴绘制零件草图
（2）测量零件尺寸并标注
（3）手工绘制传动轴图样
（4）使用CAD软件绘制传动轴图样</td></tr>
<tr><td rowspan="7">学习活动</td><td colspan="2">活动</td><td>建议课时</td></tr>
<tr><td>1</td><td>传动轴零件表达方案的选择</td><td>2 h</td></tr>
<tr><td>2</td><td>传动轴零件表达方案的确定及草图的绘制</td><td>2 h</td></tr>
<tr><td>3</td><td>传动轴零件尺寸的测量与标注</td><td>2 h</td></tr>
<tr><td>4</td><td>传动轴零件手工图样的绘制</td><td>2 h</td></tr>
<tr><td>5</td><td>传动轴零件CAD图样的绘制</td><td>8 h</td></tr>
<tr><td>6</td><td>结果评价与学习小结</td><td>4 h</td></tr>
</table>

续表

立体图	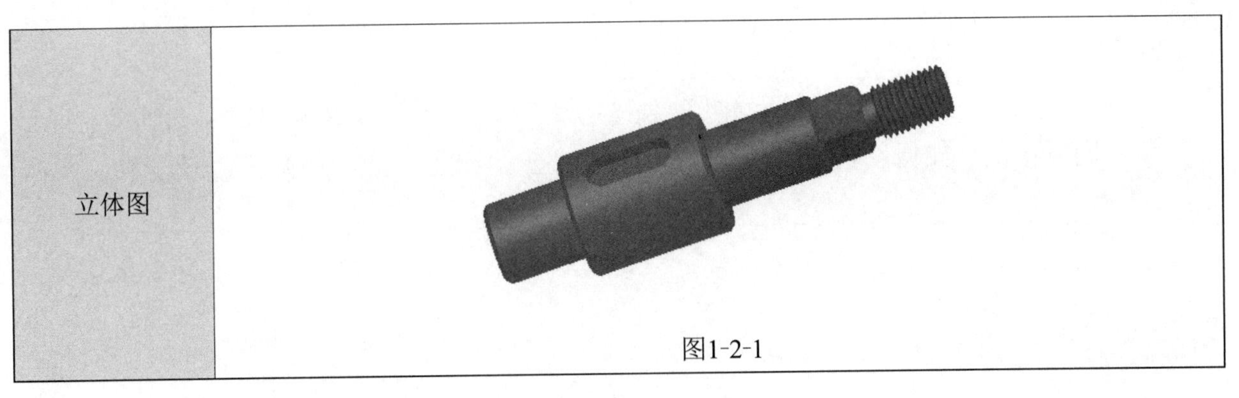 图1-2-1

活动一 传动轴零件表达方案的选择

活动引入

样板零件形状分析

1.传动轴用途及形状分析

（1）用途：该传动轴用于支承减速器中的齿轮来传递运动和动力。

（2）形状分析：该传动轴的主体部分由同轴回转体构成，其上还有________、________、________、________等结构。

2.请查阅资料复习学习过内容并回答以下问题

（1）________________________的图形，称为断面图（简称断面）。

（2）断面与剖视主要区别在于：________________________。

（3）断面根据画在图上的位置不同，可分为________和________两种。

（4）移出断面的标注与剖视基本相同，一般也用________表示剖切平面剖切位置，________表示剖切后的投射方向，在其外侧注上________，并在相应的断面上方正中位置注写________。

（5）________________________________的图形，称为局部放大图。

（6）局部放大图的标注：

①画局部放大图时，应用________圈出被放大的部分。

②当机件上有几个被放大部位时，必须用________依次标明被放大部位的顺序；并在局部放大图上方正中位置注出________和________，注写方式为________。

想一想

独立思考：传动轴应该选择哪种表达方案呢？（几个基本视图、几个辅助视图，剖或不剖、如何剖切，为什么？）________________________________

____

活动小结

本活动重点分析传动轴的形状和用途，复习断面图、局部放大图的表示方法，从而初步选择传动轴的表达方案。

活动二 传动轴零件表达方案的确定及草图的绘制

小组讨论

交流各自表达方案的优劣，并说出理由。

知识链接

知识点一：轴类零件的用途、结构特征及视图表达方案

1.用途

轴一般是用来支撑回转零件以传递运动和动力。

2.结构特征

轴类零件主体多为同轴回转体，轴向尺寸一般大于径向尺寸。其上常有倒角、圆角、键槽、销孔、螺纹退刀槽、砂轮越程槽、中心孔等。

3.视图表达方案

（1）轴类零件一般是在车床、磨床上加工（棒料、管料）。主视图水平放置，大头朝左。当有孔和键槽时，可将其放在前面。

（2）轴类零件一般采用一个基本视图，圆柱直径采用在非圆视图上标注“$\varnothing$”表达。零件上若有其他结构（如键槽、螺纹退刀槽、砂轮越程槽、中心孔等），需增加几个辅助视图（如向视图、断面图、局部放大图等）。

（3）实心轴一般都用视图表示，个别内部结构可采用局部剖。对于键槽、孔等结构可作移出断面图。对于螺纹退刀槽、砂轮越程槽等可作局部放大图。

知识点二：轴类零件的尺寸标注

此类零件的定形尺寸一般分为表示直径大小的径向尺寸和表示各段长度的轴向尺寸两种，此外还有确定各局部结构的定形尺寸和轴向定位尺寸。径向主要尺寸基准为轴线，轴向主要尺寸基准的确定需根据零件的作用及装配要求选择重要定位面， 一般为轴肩或端面。标注尺寸时需注意重要尺寸应直接注出，尽量将不同工序所需尺寸分开标注，轴向尺寸按加工顺序标注。

1.尺寸的合理标注

（1）结构上的主要尺寸必须直接注出，如图1-2-2所示。

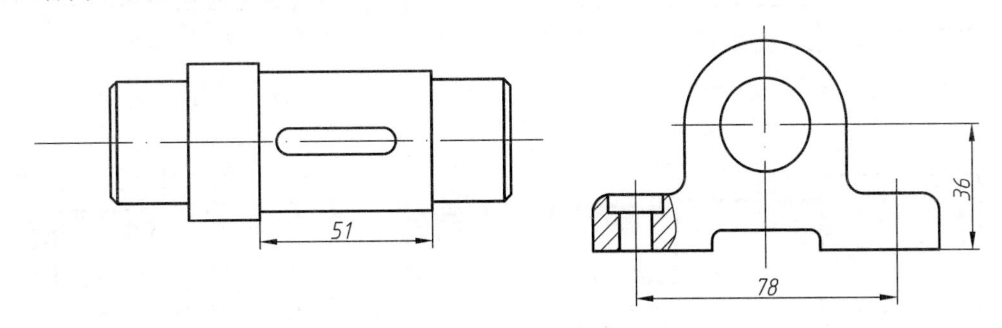

图1-2-2 主要尺寸直接注出

（2）不能注成封闭的尺寸链，如图1-2-3所示。

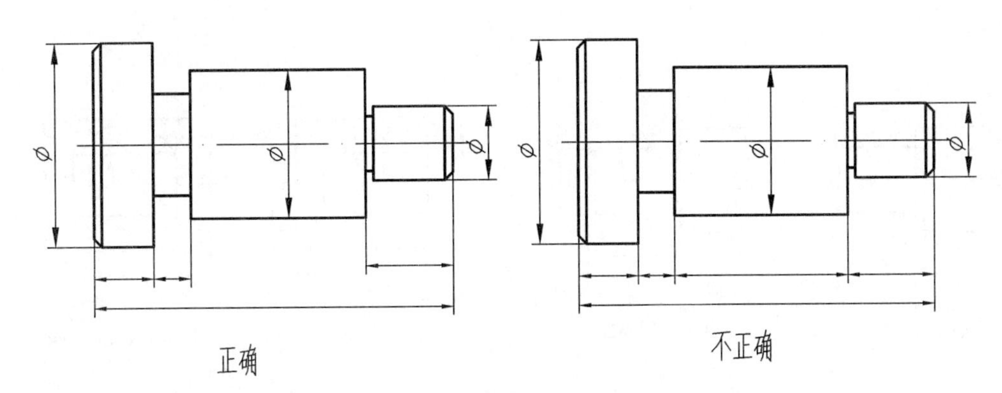

图1-2-3 尺寸链不能封闭

（3）按加工顺序标注尺寸，如图1-2-4所示。

（4）标注尺寸还应考虑加工和测量的方便，如图1-2-5所示。

（5）按不同的加工方法分开标注，如图1-2-6所示。

知识点三：螺纹的规定画法

1.螺纹的形成

在圆柱（或圆锥）表面上，沿着螺旋线所形成的具有规定牙型的连续凸起，称为螺纹。不少零件的表面上都制有螺纹。制在零件外表面上的螺纹称为外螺纹，制在内表面上的螺纹称为内螺纹，如图1-2-7所示。

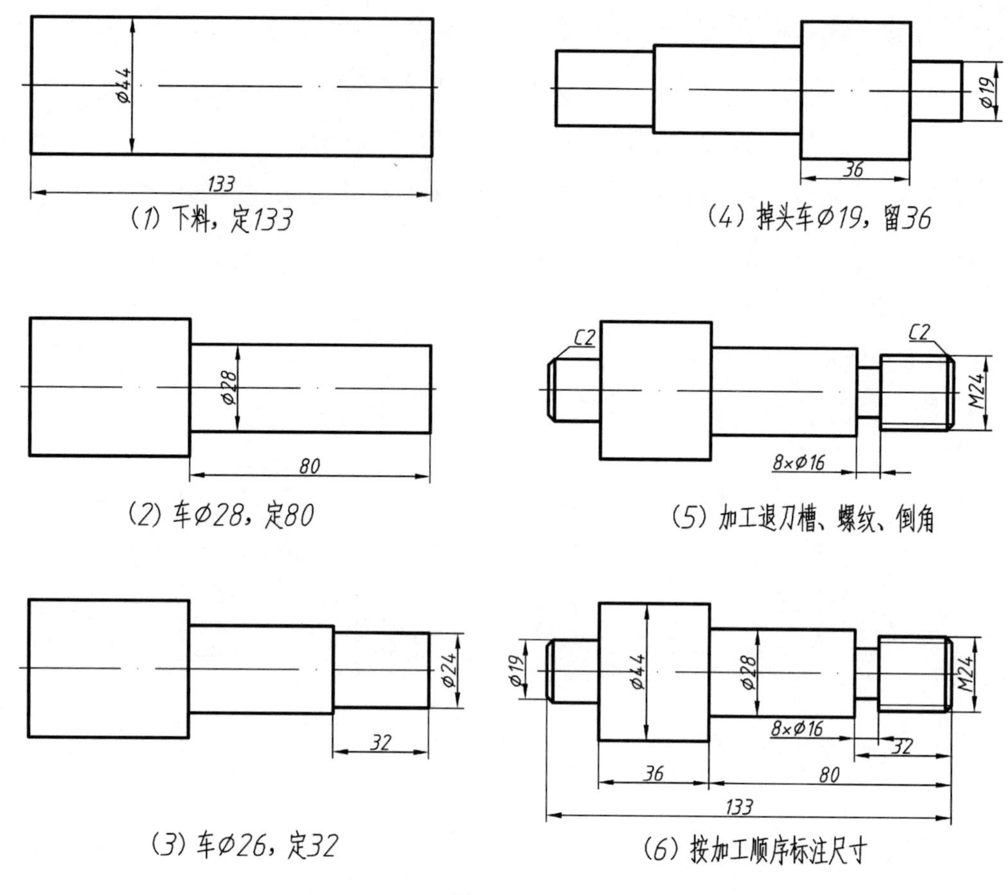

图 1-2-4

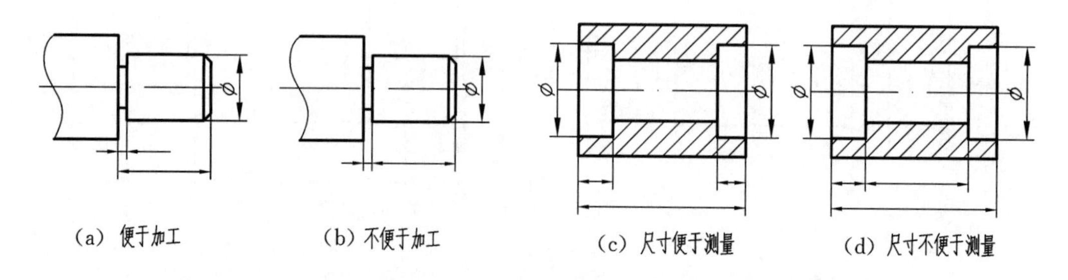

图1-2-5　尺寸标注应考虑便于加工和测量

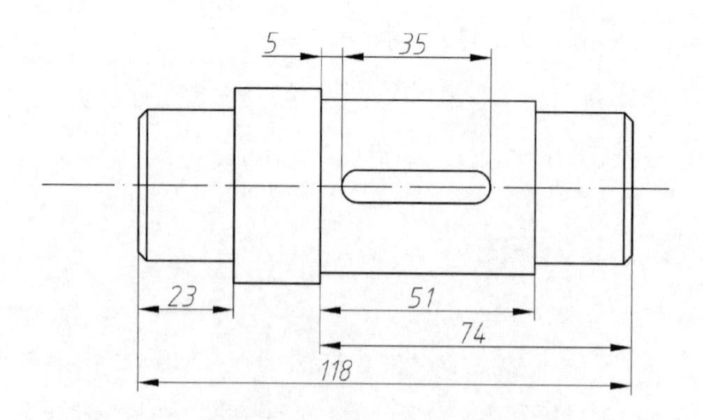

图1-2-6　不同的加工方法分开标注

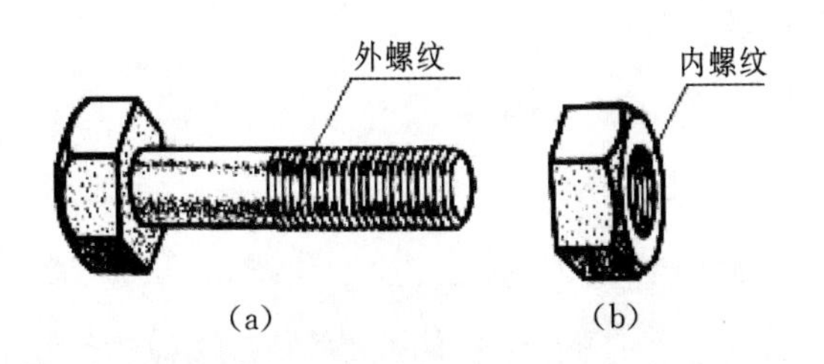

图1-2-7　内、外螺纹

2.螺纹的加工方法

加工螺纹的方法很多。图1-2-8所示为在车床上加工内、外螺纹的示意图。加工时，工件等速旋转运动。刀具沿工件轴向作等速直线移动，其合成运动使切入工件的刀尖在工件表面切制出螺纹来。

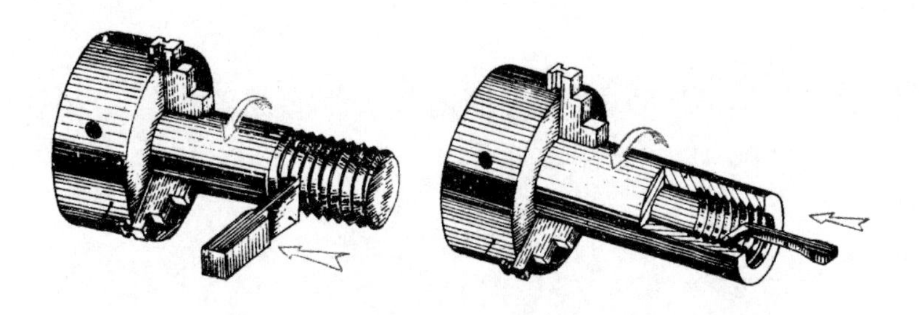

图1-2-8　车削螺纹

在箱体、底座等零件上制出的内螺纹（即螺孔，一般是先用钻头钻孔，再用丝锥攻出螺纹，如图1-2-9所示）。图中加工的为不穿通螺孔。钻孔时钻头顶部形成一个锥坑，其锥顶角按120°画出。

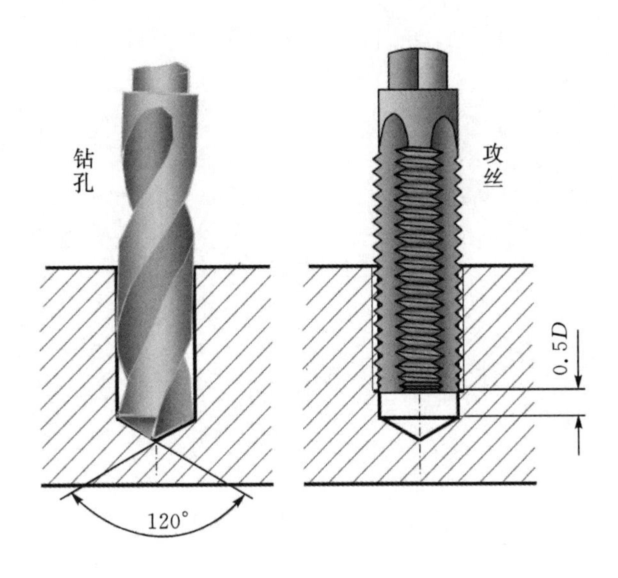

图1-2-9　用丝锥加工内螺纹

3.螺纹的基本要素和分类

（1）螺纹的基本要素。螺纹的结构和尺寸是由牙型、直径、线数、导程和螺距、旋向等要素确定的。

①螺纹牙型。在通过螺纹轴线的断面上，螺纹的轮廓形状称为螺纹牙型。它由牙顶、牙底和两牙侧构成，形成一定的牙型角。常见的螺纹牙型有三角形、梯形和锯齿形等多种，如图1-2-10所示。

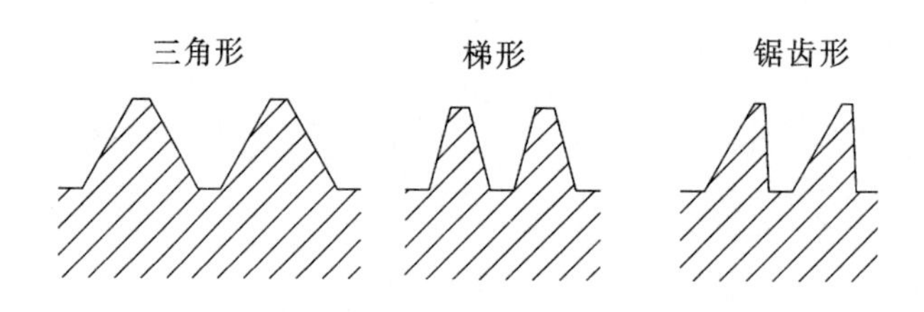

图1-2-10　螺纹牙型

②直径。螺纹直径有大径、小径和中径之分。外螺纹的大径、小径和中径分别用符号d、d_1和d_2表示；内螺纹的大径、小径和中径分别用符号D、D_1和D_2表示，如图1-2-11和1-2-12所示。

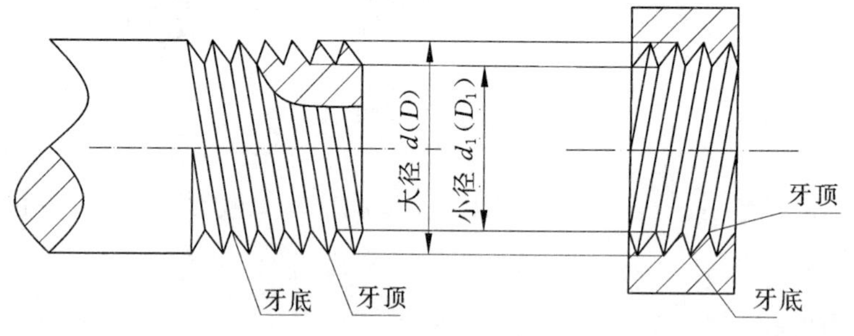

图1-2-11　内、外螺纹的牙型及直径

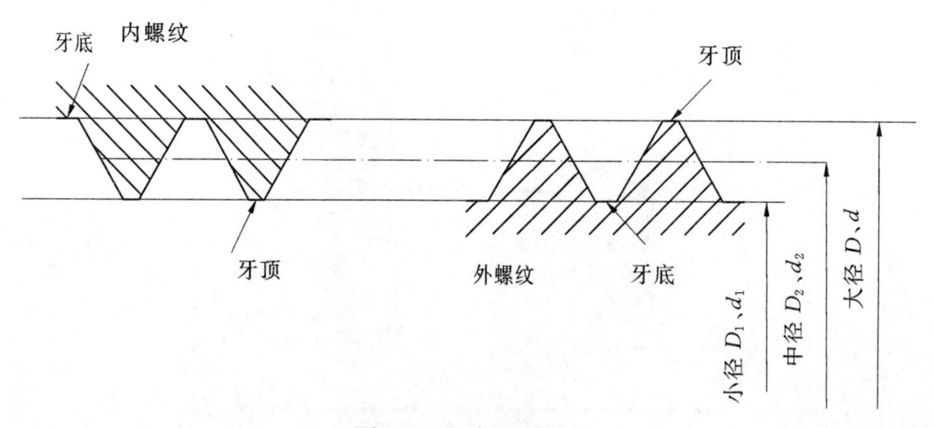

图1-2-12　螺纹直径

a.大径：指与外螺纹牙顶或内螺纹牙底相切的假想圆柱直径，称为大径。螺纹大径又称为公称直径。

b.小径：指与外螺纹牙底或内螺纹牙顶相切的假想圆柱直径，称为小径。

外螺纹的大径d与内螺纹的小径D_1又称顶径。外螺纹的小径d_1与内螺纹的大径D又称底径。

c.中径：指在大径与小径圆柱之间的假想圆柱，在其母线上牙型的沟槽和凸起宽度相等的圆柱直径称为中径。它是控制螺纹精度的主要参数之一。

③线数。 形成螺纹的螺旋线条数称为线数。螺纹有单线和多线之分：沿一条螺旋线所形成的螺纹称为单线螺纹；沿两条或两条以上，且在轴向等距分布的螺旋线所形成的螺纹称为多线螺纹，如图1-2-13所示。

④导程和螺距。同一条螺旋线上的相邻两牙在中径线上对应两点间的轴向距离称为导程。相邻两牙在中径线上对应两点间的轴向距离称为螺距。单线螺纹的导程等于螺距，如图1-2-13（a）所示；多线螺纹的导程等于线数乘以螺距。对于图1-2-13（b）的双线螺纹，则导程=2×螺距。

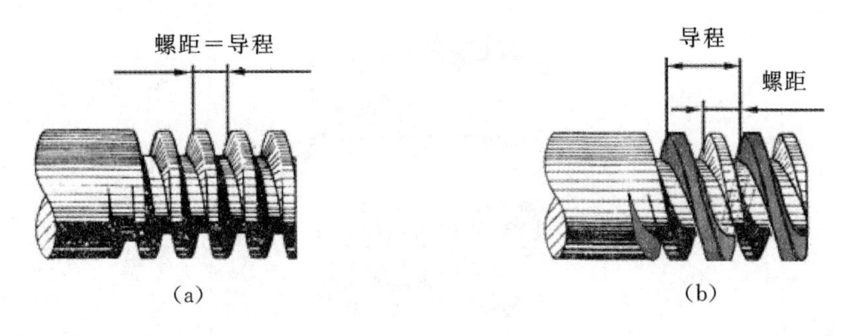

图 1-2-13　螺纹的线数、导程与螺距

⑤旋向。螺纹旋向分左旋和右旋两种，如图1-2-14所示。逆时针旋转时沿轴向旋入的螺纹称为左旋螺纹，其可见螺纹线具有左高右低的特征，如图1-2-14（a）所示；顺时针方向旋转时沿轴向旋入的螺纹是右旋螺纹，其可见螺旋线表现为左低右高的特征，如图1-2-14（b）所示。工程上以右旋螺纹应用较多。

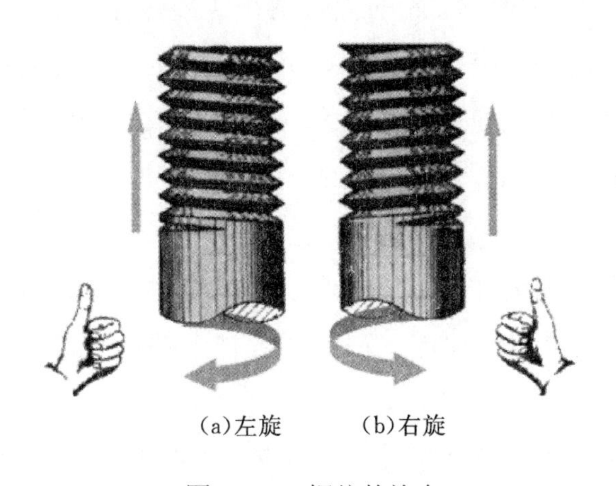

图 1-2-14 螺纹的旋向

螺纹由牙型、公称直径、线数、螺距和旋向五个要素所确定，通常称为螺纹五要素。只有这五要素都相同的外螺纹和内螺纹才能相互旋合。

（2）螺纹的分类及用途见表1-2-1。

表1-2-1　常用标准螺纹分类及用途

螺纹种类			特征代号	外形图	用途
连接螺纹	粗牙	普通螺纹	M		最常用的连接螺纹，用于细小的精密或薄壁零件
	细牙				
	管螺纹		G、R		用于水管、油管、气管等薄壁管子上，用于管路的联接
传动螺纹	梯形螺纹		Tr		用于各种机床的丝杠，作传动用
	锯齿形螺纹		B		只能传递单方向的动力

4.螺纹的表示法

螺纹按真实投影作图，比较麻烦。为了简化作图，国家标准《机械制图》规定了螺纹的画法。按此表示法作图并加以标注，就能清楚地表示螺纹的类型、规格和尺寸。

（1）螺纹的表示法。

①外螺纹的表示法（见图1-2-15）。

a.螺纹不论其牙型如何，螺纹大径的投影用粗实线表示，小径的投影用细实线表示，在倒角或倒圆部分小径线也应画出，如图1-2-15（a）所示。画图时小径尺寸可取$d_1 \approx 0.85d$。

b.有效螺纹的终止界线（简称螺纹终止线）在视图中用粗实线表示；在剖视图中则按图1-2-15（b）的画法（即终止线只画螺纹牙型高度的一小段），剖面线必须画到表示牙顶线投影的粗实线为止。

c.垂直于螺纹轴线投影面的作图（即投影为圆的视图）中，表示牙底圆的细实线只画约3/4圈（空出约1/4圈的位置不作规定），此时螺杆上的倒角圆不应画出。

②内螺纹的表示法（见图1-2-16）。

a.内螺纹不论其牙型如何，在剖视图中，螺纹牙顶线的投影用粗实线表示，牙底线的投影用细实线表示。螺纹终止线用粗实线表示。剖面线应画到表示牙顶圆投影的粗实线为止。

b.在投影为圆的视图中，表示牙顶线的细实线只画约3/4圈，此时螺孔上的倒角圆不应画出。

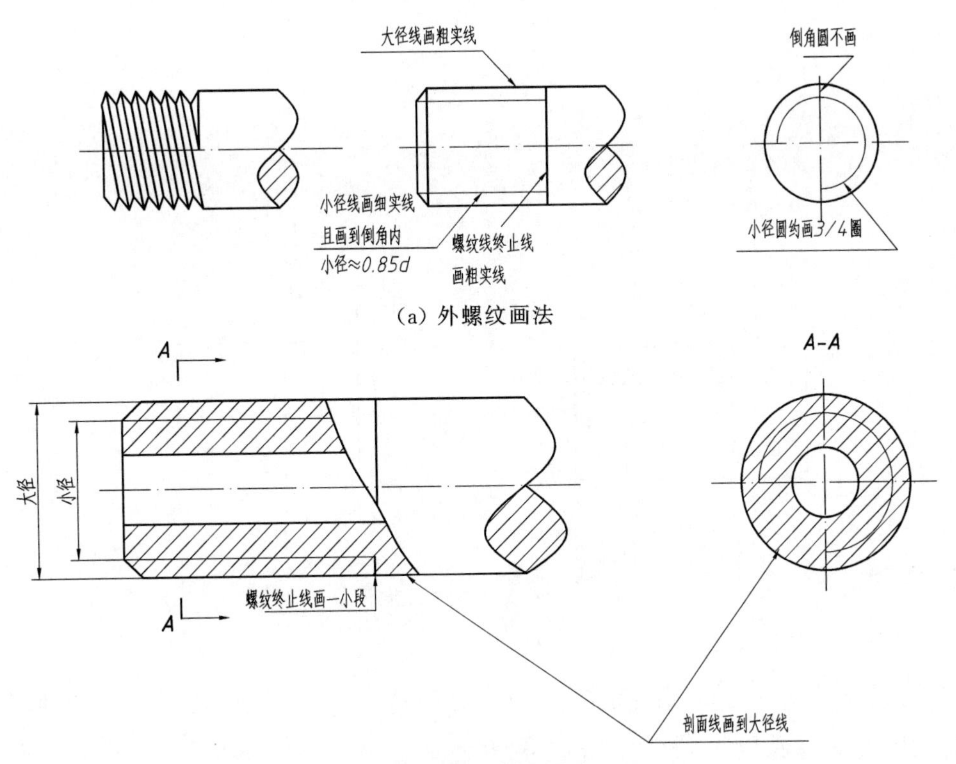

(a) 外螺纹画法

(b) 外螺纹剖视画法

图1-2-15　外螺纹的表示法

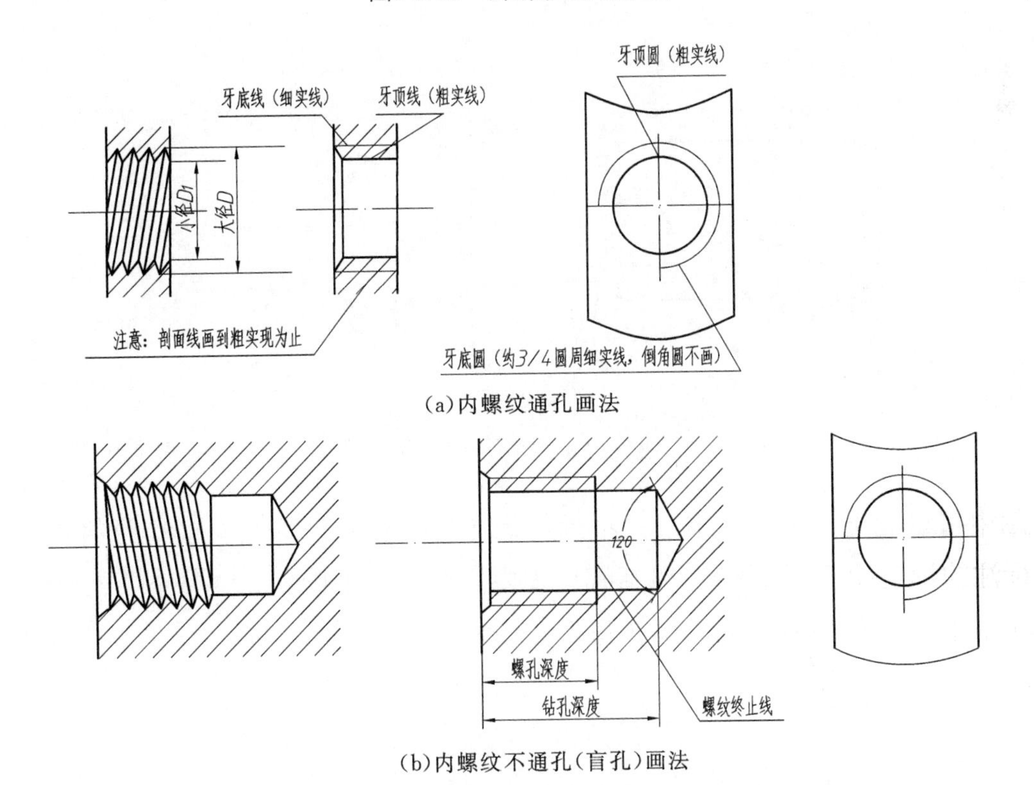

(a)内螺纹通孔画法

(b)内螺纹不通孔(盲孔)画法

图1-2-16　内螺纹的表示法

（2）螺纹牙型表示法。螺纹牙型一般在图形中不表示，当非标准螺纹（如方牙螺纹）需要表示时，可按图1-2-17的形式绘制，既可在剖视图中表示几个牙型，也可用局部放大图表示。

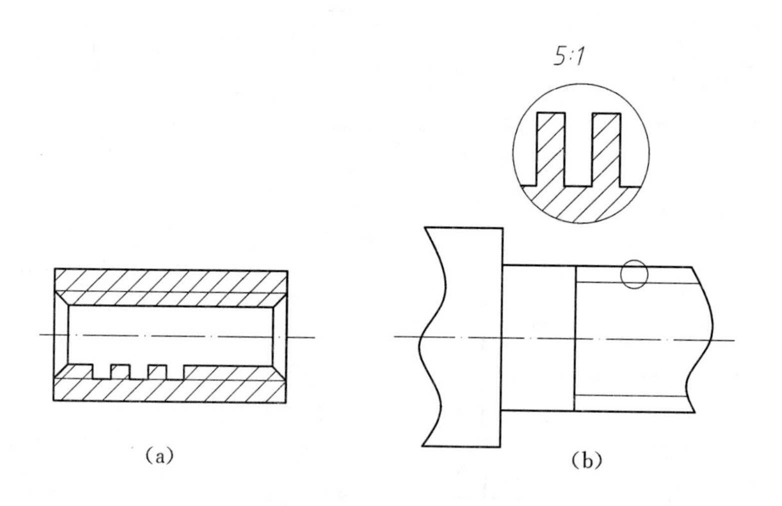

图1-2-17　螺纹牙型的表示法

（3）螺尾的表示法。加工部分长度的内、外螺纹，由于刀具临近螺纹加工终止时要退离工作，出现吃刀深度渐浅的部分，称为螺尾。画螺纹一般不表示螺尾。当需要表示时，螺纹尾部的牙底圆的投影用与轴线成30°角的细实线表示，如图1-2-18所示。

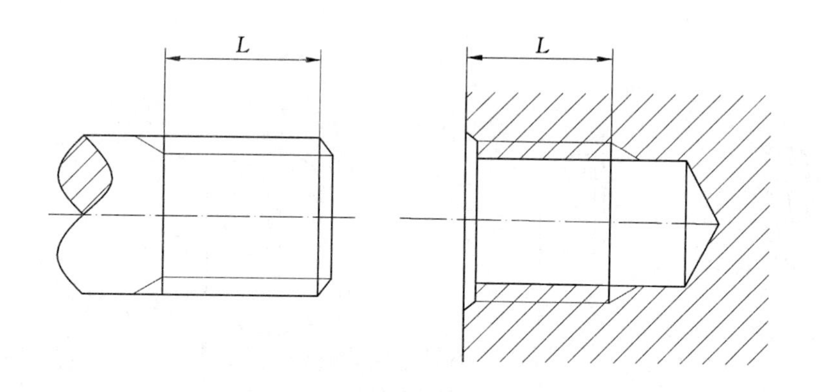

图1-2-18　螺尾的表示法

从图中可以看出，螺纹终止线并不画在螺尾末端，而是画在有效螺纹终止线处。图样中所标注的螺纹长度L，均指不包括螺尾在内的有效螺纹长度。

（4）螺孔相贯线的表示法。螺孔与螺孔、螺孔与光孔相交时，只在牙顶线处画一条相贯线，如图1-2-19所示。

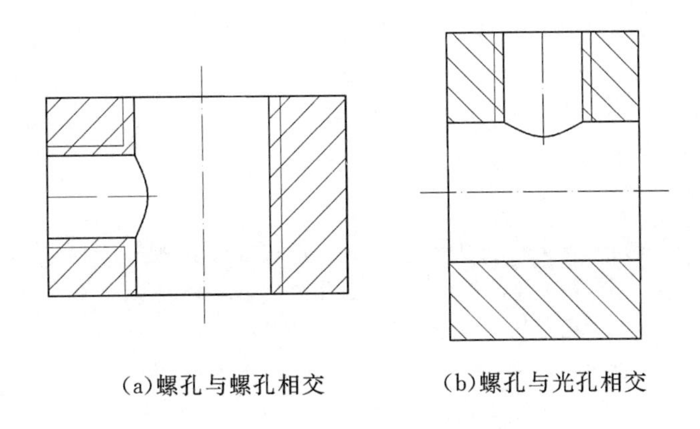

(a)螺孔与螺孔相交　　(b)螺孔与光孔相交

图1-2-19　螺孔相贯线的表示法

（5）螺纹的标注。由于各种螺纹表示法都是相同的，为区别螺纹种类，国家标准规定标准螺纹用规定的标记标注。

①连接螺纹的标记。

a.普通螺纹标记。

螺纹特征代号	公称直径×螺距	-	螺纹公差带代号	-	旋合长度代号	-	旋向代号

• 螺纹特征代号。普通螺纹的牙型符号用“M”表示。

• 公称直径×螺距。粗牙普通螺纹不标注螺距，细牙螺纹需标注螺距。 螺距大小可依据公称直径查表（附表1）获得。

• 螺纹公差带代号。螺纹公差带代号包括中径公差代号和顶径公差代号。它由表示其大小的公差等级数字和表示其位置的基本偏差的字母（内螺纹用大写字母，外螺纹用小写字母）组成，例如M10-5g6g， 前者表示中径公差代号，后者表示顶径公差代号；如果中径和顶径公差代号相同，则只标注一个代号。

• 旋合长度代号。国标对普通螺纹的旋合长度，规定为短（S）、中（N）、长（L）三组。在一般情况下不标注螺纹的旋合长度，其螺纹按中等旋合长度（N）确定；必要时在螺纹公差代号之后加注旋合长度代号S或L。如M10-5g6g-S；特殊需要时，可注明旋合长度数值，如M20-LH-7。

• 旋向代号。右旋螺纹为常用螺纹，不标注旋向；左旋螺纹需在尺寸规格之后加注“LH”。

b.管螺纹标记。

螺纹特征代号	尺寸代号	公差等级代号	-	旋向代号

管螺纹标注示例见表1-2-2。

表1-2-2　管螺纹标注示例

螺纹类型		特征代号	标注示例	说明
管螺纹	非螺纹密封的管螺纹	G	G1A	非螺纹密封圆柱外螺纹的尺寸代号为1，公差等级为A级
			G3/4	非螺纹密封圆柱内螺纹的尺寸代号为3/4，内螺纹公差等级只有一种，省略不注
	用螺纹密封的管螺纹	R_p R_1 R_c R_2	$R_2$1/2	用螺纹密封的圆锥外螺纹与圆锥内螺纹配合的，特征代号为R_2，尺寸代号为1/2，右旋
			R_c3/4-LH	用螺纹密封的圆锥内螺纹，特征代号为R_c，尺寸代号为3/4，左旋
				R_p表示圆柱内螺纹； R_1表示与圆柱内螺纹相配合的圆锥外螺纹

②传动螺纹的标记。梯形螺纹的标记和锯齿形螺纹的标记格式相同。

螺纹特征代号 公称直径×导程（螺距） 旋向代号 - 公差带代号 - 旋合长度代号

• 螺纹特征代号。梯形螺纹的特征代号为“Tr”，锯齿形螺纹特征代号为“B”。

• 公称直径×导程（螺距）。单线螺纹只标记螺距，多线螺纹需标注导程（“P”为螺距），如B40×14（P7）表示螺距为7的双线螺纹。

• 旋向代号。左旋螺纹的旋向代号为LH，需标注；右旋不注。例如Tr32×6LH，Tr32×6。

• 螺纹公差带代号。梯形螺纹与锯齿形螺纹的公差代号为中径公差带代号。例如B40×7LH-7c。

• 旋合长度代号。梯形螺纹与锯齿形的旋合长度分为中（N）和长（L）两组，精度规定中等、粗糙两种。用中（N）时，不标注代号“N”。例如Tr40×10-7e，B40×14（P7）-8c-L。

③螺纹在图样中的标注方式。标注在螺纹的公称直径的尺寸线或其引出线标注示例如表1-2-3所示。

表1-2-3　常用普通螺纹和传动螺纹标注示例

螺纹种类	标注图例	标注含义说明
普通螺纹	M12－6h	粗牙普通外螺纹，大径12，右旋，单线，中径、顶径公差带代号为6h，中等旋合长度
	M12×1－6H	细牙普通内螺纹，大径12，螺距为1，右旋，单线，中径、顶径公差带代号为6H，中等旋合长度
	M12×1LH－5g6g－5	细牙普通外螺纹，大径12，螺距为1，左旋，单线，中径公差带代号为5g、顶径公差带代号为6g，短旋合长度
梯形螺纹	Tr32×6－Te	梯形螺纹，大径32，螺距为6，右旋，单线，中径公差带代号为7e，中等旋合长度
锯齿形螺纹	B32×12(P61LH－8c－L)	锯齿形螺纹，大径32，导程为12，螺距为6，左旋，双线，中径公差带代号为8C，长旋合长度

知识点四：键槽的查表与绘制方法

1. 键的功用

用键将轴与轴上的传动件（如齿轮、皮带轮等）联接在一起，以传递扭矩。

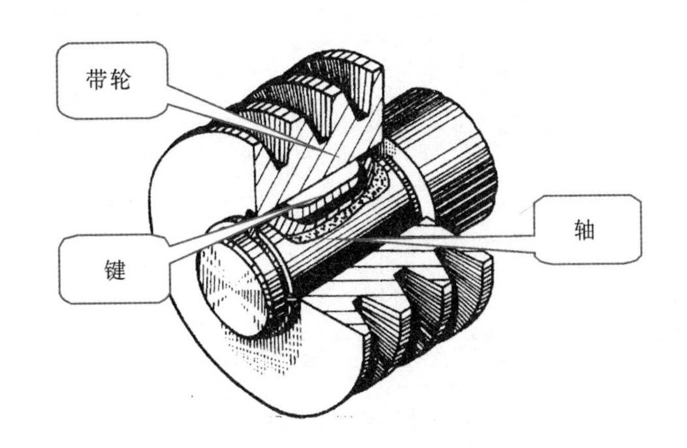

2. 键的种类（见图1-2-20）

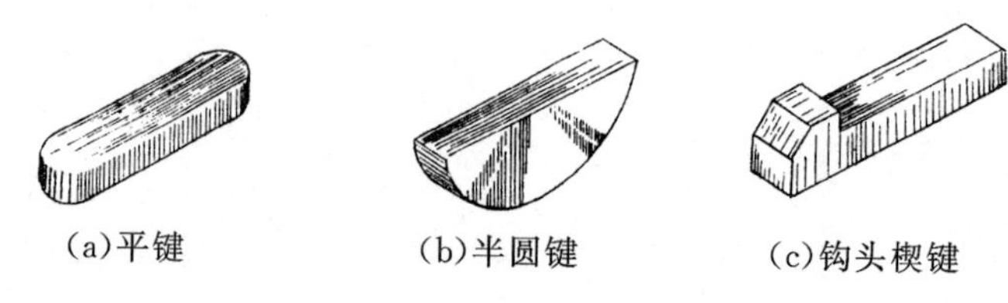

图1-2-20　键的种类及形状

3. 普通平键的标记（见表1-2-4）

表1-2-4 普通平键的标记示例

类型	图标记示例	含义
A型（圆头）	GB/T 1096键 12×8×90	表示普通A型平键，键宽b=12 mm，键高h=8 mm，键长L=90 mm
B型（方头）	GB/T 1096键B 12×8×90	表示普通B型平键，键宽b=12 mm，键高h=8 mm，键长L=90 mm
C型（单圆头）	GB/T 1096键C 12×8×90	表示普通C型平键，键宽b=12 mm，键高h=8 mm，键长L=90 mm

注：A型平键省略“A”，而B型和C型必须在名称后注明“B”或“C”。

4.轴上键槽画法及尺寸注法

键槽的形式和尺寸也随键的标准化而有相应的标准。设计或测绘中，键槽的宽度、深度和键的宽度、高度尺寸，可根据被连接的轴径在标准中查得（见附表5）。键长和轴上的键槽长，应根据轮宽，在键的长度标准系列中选用（键长不超过轮宽）。（见图1-2-21）

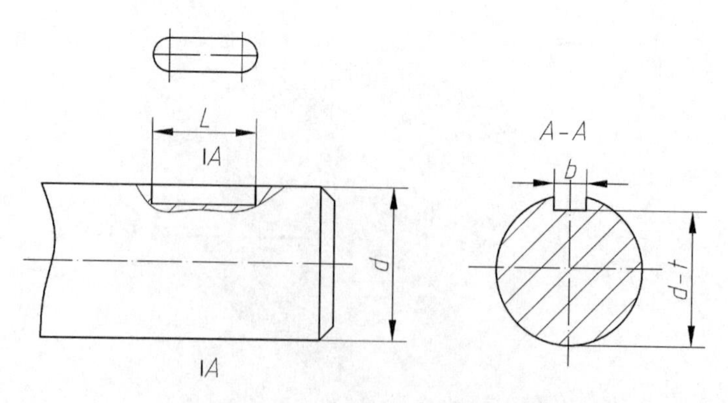

图1-2-21　轴上键槽的画法尺寸标注

知识点五：轴类零件的工艺结构

零件的结构形状应满足设计要求和工艺要求。零件的结构设计既要考虑工业美学、造型学，更要考虑工艺可能性，否则将使制造工艺复杂化，甚至无法制造或造成废品。零件上的常见结构多数是通过铸造（或锻造）和机械加工获得的，故称为工艺结构。

1.倒角和圆角

（1）倒角。为了去掉切削零件时产生的毛刺、锐边，使操作安全，便于装配，常在轴或孔的端部等处加工倒角。倒角多为45°，也可制成30°或60°，如图1-2-21（a）、（b）所示。45°倒角宽度C数值可根据轴径或孔径查有关标准确定。

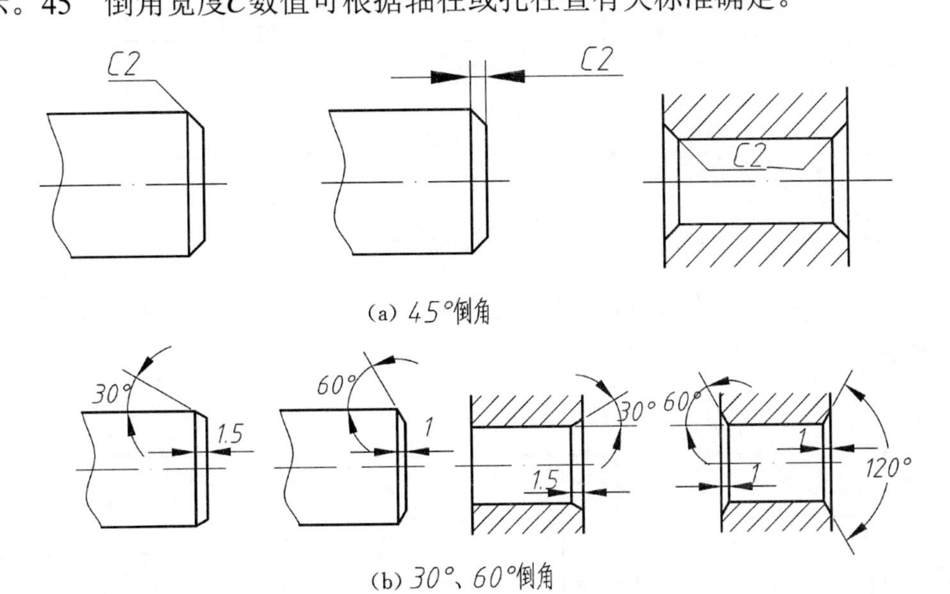

(a) 45°倒角

(b) 30°、60°倒角

图1-2-22　倒角的绘制和标注

（2）圆角。为避免在零件的台肩等转折处由于应力集中而产生裂纹，常加工出圆角，如图1-2-23所示，圆角半径R数值可根据轴径或孔径查有关标准确定。

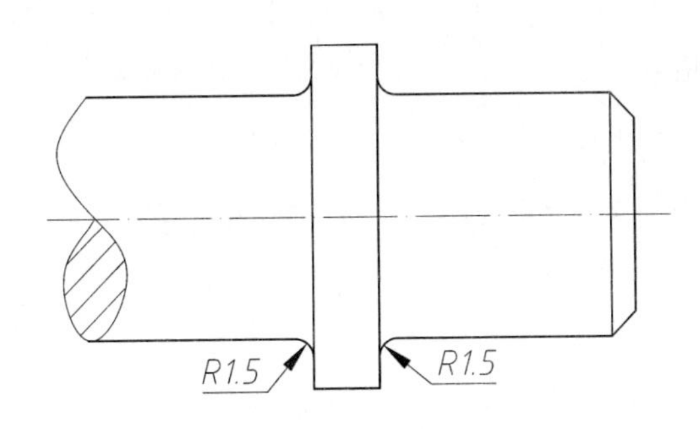

图1-2-23　圆角的绘制和标注

倒角、圆角，如图中不画也不在图中标注尺寸时，可在技术要求中注明，如“未注倒角C2”、“锐边倒钝”、“全部倒角C3”、“未注圆角R2”等。

2.退刀槽和越程槽

为了在切削零件时容易退出刀具，保证加工质量及易于装配时与相关零件靠紧，常在零件加工表面的台肩外预先加工出退刀槽或越程槽。常见的有螺纹退刀槽和砂轮越程槽结构如图1-2-24所示。

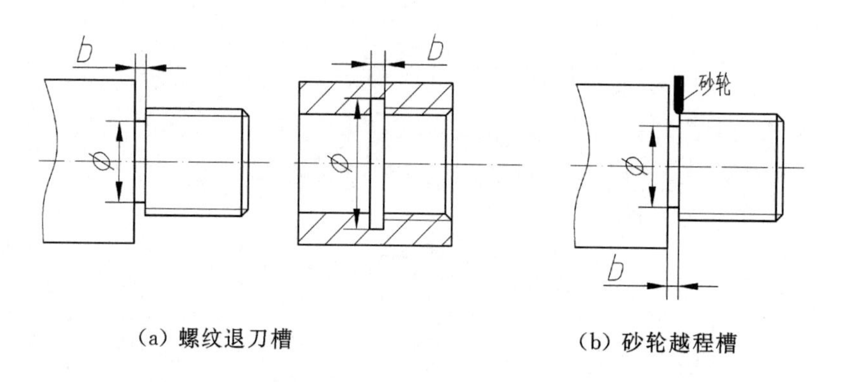

(a) 螺纹退刀槽　　(b) 砂轮越程槽

图1-2-24　退刀槽和越程槽

一般的退刀槽（或越程槽）其尺寸可按“槽宽×直径”或“槽宽×槽深”的标注，如图1-2-25所示。

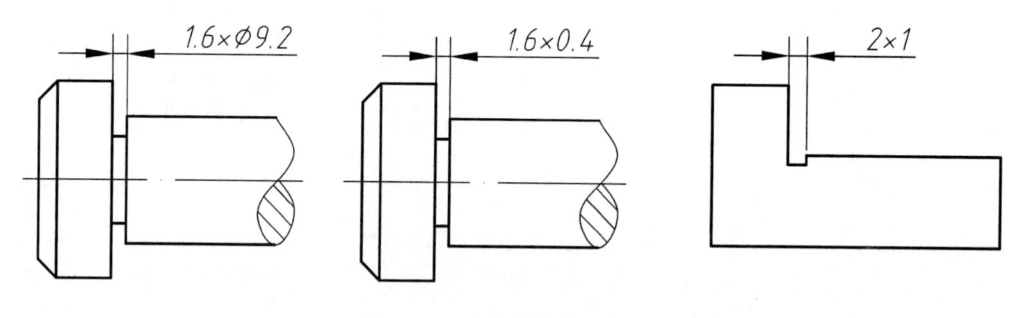

图1-2-25　退刀槽尺寸标注

看一看

轴类零件表达方法和尺寸标注示例，如图1-2-26所示。

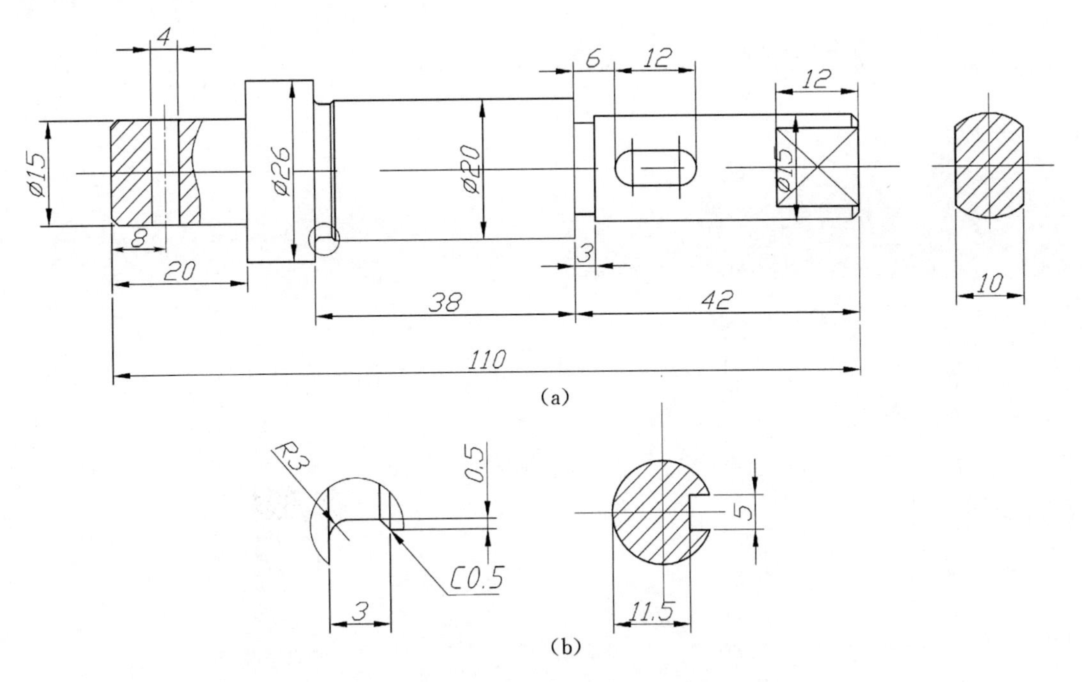

图1-2-26　轴的表达方法和尺寸标注

任务实施

※STEP 1　学习轴类零件的表达方法和尺寸标注

※STEP 2　分析传动轴零件的工艺结构和表示方法

※STEP 3　修改并确定传动轴的表达方案和尺寸标注

※STEP 4　徒手绘制传动轴零件草图

（1）准备工作：准备铅笔、橡皮、白纸（坐标纸）。

（2）根据所选的表达方案绘制传动轴视图。

（3）将应该标注尺寸的尺寸界线、尺寸线全部画出。

活动小结

本活动重点学习轴类零件的视图表达方案和尺寸标注方法，内、外螺纹的规定画法与标注，退刀槽、倒角、倒圆的画法和标注方法。学生通过讨论确定本组的传动轴表达方案，并绘制零件草图。

活动三 传动轴零件尺寸的测量与标注

知识链接

知识点一：游标卡尺和螺纹样板

1.游标卡尺结构及其使用方法

（1）结构：游标卡尺由主尺和副尺（附在主尺上能滑动的游标，即游标尺）两部分构成，如图1-2-27所示。

（2）游标卡尺的用途：游标卡尺是一种测量长度和内、外径的仪器，一般用来测量较精密的零件尺寸。

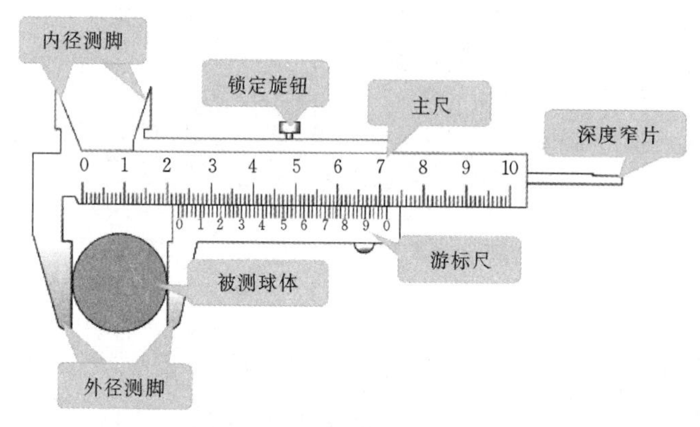

图1-2-27　游标卡尺

其原理是利用尺身刻线间距与游标刻线间距之差来进行小数读数的。

（3）游标卡尺的读数方法（见图1-2-28）。

①读整数：读出游标零线左边靠近零线最近的尺身刻线数值，即被测件的整数部分。

②读小数：找出与尺身刻线相重合的游标刻线，将其顺序数乘以游标卡尺的精度所得的积，即为被测件的小数值。

③求和：上面两次相加，即是被测件的整个数值。

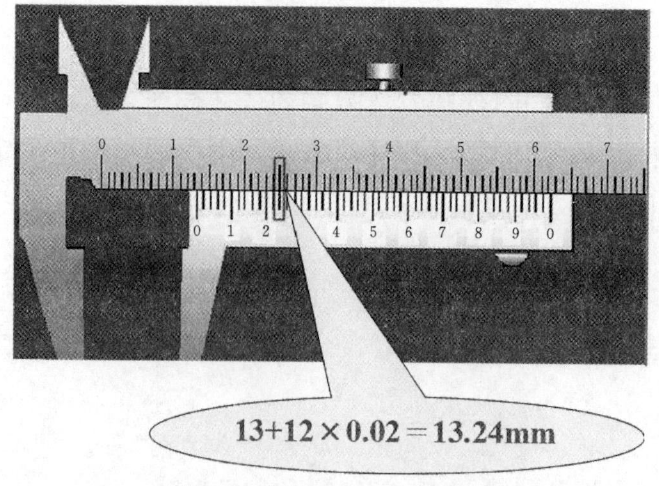

图1-2-28　游标卡尺读数方法

（4）使用方法。测量时，右手拿住尺身，大拇指移动游标，左手拿待测外径（或内径）的物体，使待测物位于外测量爪之间，如图1-2-29所示。当与量爪紧紧相贴时，即可读数。

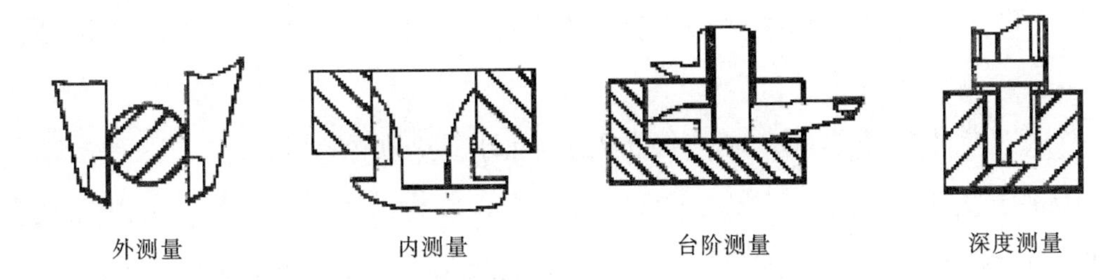

图1-2-29　游标卡尺的使用方法

（5）注意事项。

①使用前，应先擦干净两卡脚测量面，合拢两卡脚，检查副尺零线与主尺零线是否对齐。若未对齐，应根据原始误差修正测量读数。

②测量工件时，卡脚测量面必须与工件的表面平行或垂直，不能歪斜，且用力不能过大，以免卡脚变形或磨损，影响测量精度。

③读数时，视线要垂直于尺身，否则测量值不准确。

④测量内径时，应轻轻摆动，以便找出最大值。

⑤游标卡尺用完后，仔细擦净，并抹上防锈油，平放在盒内， 以防生锈或弯曲。

2.螺纹样板结构及其使用方法

螺纹样板又称螺距规，是用比较法测定普通螺纹的螺距。螺纹样板是一种带有不同螺距的标准薄片（规格厚度为0.5 mm），每套螺纹样板有很多片，每片上刻有不同的螺距值，如图1-2-30（a）所示。检测时，先估计所测螺距的大小，再找出与所测螺距大致相同的样板，依次在工件螺纹处测量，当与被测螺纹完全吻合时，该片的螺距数值就是所测螺纹螺距的大小，如图1-2-30（b）所示。

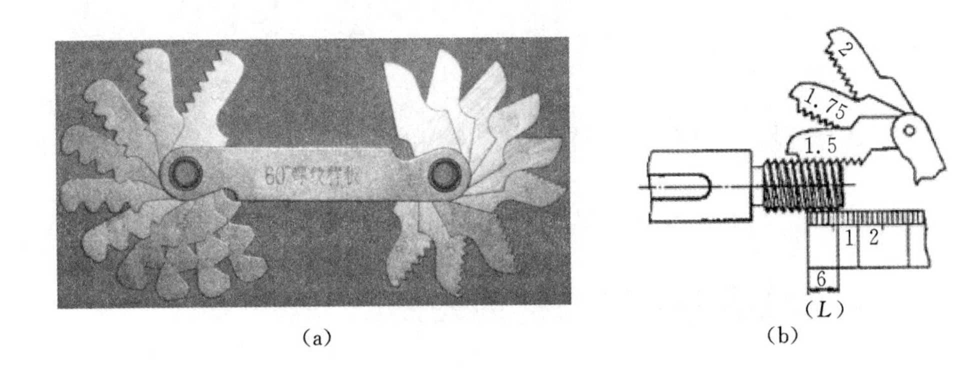

（a）　　（b）

图1-2-30　螺纹样板及测量

知识点二：螺纹的测量

测量螺纹可使用螺纹样板测量螺距，参照图1-2-30所示，如果没有螺纹样板，可用游标卡尺测量大径，用薄纸压痕法测量螺距，如图1-2-31所示。薄纸压痕法测量螺距的具体步骤为：

（1）确定螺纹线数及旋向。螺纹线数和旋向可直接观察得到。

（2）用压痕法测量螺距。在平板上放一张白纸，将螺纹部分放在纸上压出痕迹并测量，为准确起见，可量出多个螺距的长度L，然后除以螺距的数量n，即得螺距：$P=L/n$。

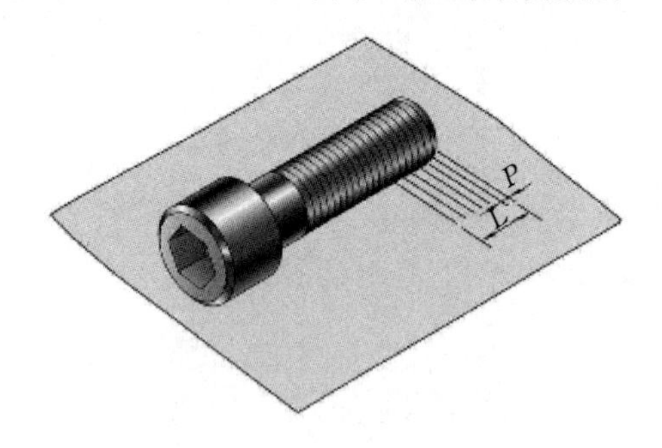

图1-2-31　螺距的测量

（3）查标准螺纹表。根据牙型、螺距和大径（或小径）查有关标准，定出螺纹代号。

任务实施

※STEP 1　游标卡尺测量外径、内径、长度尺寸和深度尺寸

※STEP 2　螺纹样板测量螺距、压痕法测量螺距，查标准确定螺纹代号

※STEP 3　传动轴的测量

※STEP 4　传动轴尺寸的标注

活动小结

本任务重点学习游标卡尺和螺纹样板的使用和测量方法，熟悉其用法是后续测绘的基础。

活动四　传动轴零件手工图样的绘制

任务实施

※STEP 1　小组成员互相检查传动轴草图的结构和尺寸表达是否完整、清晰、合理，提

出意见并修改

※STEP 2　根据草图确定绘图比例和图纸幅面

※STEP 3　传动轴零件的手工绘制

小提示

手工图样上需画出标题栏。标题栏的格式在可按国标中的格式和尺寸绘制，在一般情况下建议采用简化标题栏，如下图所示。

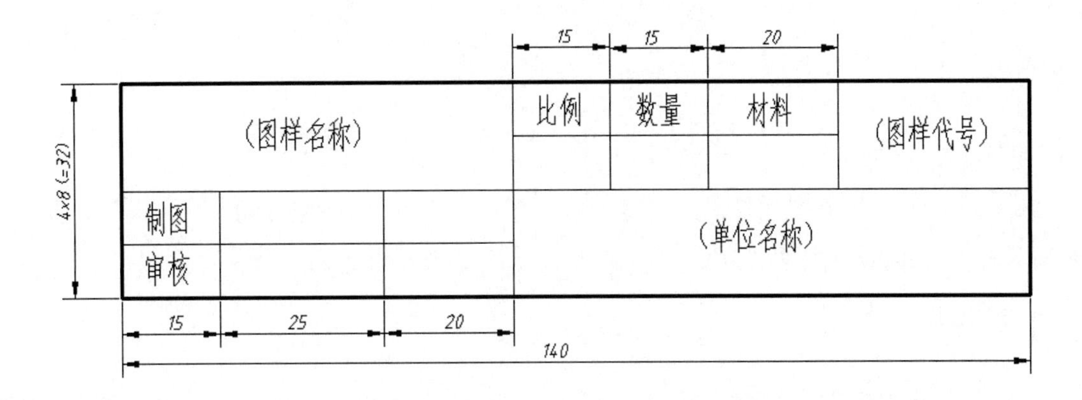

活动小结

本活动重点培养学生严谨细致的工作作风，同时提高使用绘图工具及仪器绘制图样的能力。

活动五　传动轴零件CAD图样的绘制

知识点：基本绘图命令和编辑命令

（1）正多边形命令的操作。

命令调用方式：

菜单方式：【绘图】→【正多边形】

图标方式：绘图工具栏→

键盘输入方式：　POLYGON

（2）圆弧命令的操作。

命令调用方式：

菜单方式：【绘图】→【圆弧】→【绘制圆弧方式子菜单】

图标方式：绘图工具栏→

键盘输入方式：ARC

（3）多段线命令的操作。

命令调用方式：

菜单方式：【绘图】→【多段线】

图标方式：绘图工具栏→

键盘输入方式：PLINE或PL

（4）复制命令的操作。

①命令功能：可以在当前图形中复制单个或多个对象，而且可以在图形文件间或图形文件与其他Windows应用程序间进行复制。

②命令调用方式：

菜单方式：【修改】→【复制】

图标方式：修改工具栏→

键盘输入方式：COPY

（5）移动命令的操作。

①命令功能：将一个或多个对象从当前位置按指定方向平移到一个新位置。

②命令调用方式：

菜单方式：【修改】→【移动】

图标方式：修改工具栏→

键盘输入方式：MOVE

（6）旋转命令的操作。

①命令功能：将编辑对象绕指定的基点，按指定的角度及方向旋转。

②命令调用方式：

菜单方式：【修改】→【旋转】

图标方式：修改工具栏→

键盘输入方式：ROTATE

（7）打断于点命令。

①命令功能：把选定的对象实体以指定点断开为两个实体。

②命令调用方式：

图标方式：

（8）镜像命令的操作。

①命令功能：可以对选择的对象作镜像处理，生成两个相对镜像线完全对称的对象。

②命令调用方式：

菜单方式：【修改】→【镜像】
图标方式：修改工具栏→
键盘输入方式：MIRROR

（9）阵列命令的操作。

①命令功能：按矩形或环形方式多重复制对象。

②命令调用方式：

菜单方式：【修改】→【阵列】
图标方式：修改工具栏→
键盘输入方式：ARRAY

（10）缩放命令的操作。

①命令功能：将所选对象按比例放大或缩小。

②命令调用方式：

菜单方式：【修改】→【缩放】
图标方式：修改工具栏→
键盘输入方式：SCALE

（11）拉长命令的操作。

①命令功能：改变线段的长度，或改变圆弧的长度和圆心角，但不改变圆弧的半径。

②命令调用方式：

菜单方式：【修改】→【拉长】
图标方式：修改工具栏→
键盘输入方式：LENGTHEN

（12）0倒角命令的操作。

①命令功能：在一对相交直线或多段线上按指定的距离或角度构造倒角。

②命令调用方式：

菜单方式：【修改】→【倒角】

图标方式：修改工具栏→

键盘输入方式：CHAMFER或CHA

练习绘制图1-2-26（不注尺寸）。

任务实施

依据手工图样，应用CAD软件绘制传动轴零件图（不注尺寸）。

活动小结

本活动重点学习AutoCAD的基本绘图命令和常用编辑命令的调用方法，正确、合理地使用这些命令，不仅可以绘制各种零件图形，而且能够提高绘图速度。

活动六 结果评价与学习小结

展示汇报

※STEP 1　每组推举人员讲解表达方案的选择原则

※STEP 2　教师对各组表达方案选择的合理性进行讲评

※STEP 3　学生将绘制的图样张贴展示并评比

※STEP 4　教师对学生的图样中存在的问题进行讲评

学习小结

（1）传动轴表达方案的选取过程和尺寸标注中出现了什么问题，是如何解决的？

（2）使用游标卡尺测量尺寸过程出现了什么问题，是如何解决的？

____

____

（3）总结在使用AutoCAD软件绘图中对命令的掌握情况。

____

____

项目描述

卡套结构属于套类。卡套类零件是切削加工专业常见典型零件类型，其零件测绘是机械测绘重要组成部分。采用任务驱动教学方式，通过本项目的学习，学生可独立使用常用测量工具对卡套零件进行测量，并能运用绘图仪器及AutoCAD的基本命令完成卡套零件的手工绘制和CAD绘制。

该项目按下述作业流程进行：卡套零件测绘→卡套零件图的手工绘制→卡套零件图的CAD绘制→图纸上交和验收。

实训场地

一体化测绘教室。

任务书		
项目	卡套的测绘	
学习目标	知识目标	（1）套类零件的视图表达方案和尺寸标注方法 （2）CAD进行文字标注和尺寸标注的方法
	能力目标	（1）能够合理选择卡套的表达方案并进行尺寸标注 （2）能够绘制卡套的零件草图 （3）能熟练使用常规测量工具测量卡套的各部分尺寸 （4）能正确使用绘图仪器和绘图工具绘制卡套零件图

续表

要求	（1）依据卡套绘制零件草图 （2）测量零件尺寸并标注 （3）手工绘制卡套零件图样 （4）使用CAD软件绘制卡套零件图样		
学习活动	活动		建议课时
	1	卡套零件表达方案的选择	2 h
	2	卡套零件表达方案的确定及草图的绘制	2 h
	3	卡套零件尺寸的测量与标注	2 h
	4	卡套零件手工图样的绘制	2 h
	5	卡套零件CAD图样的绘制	8 h
	6	结果评价与学习小结	4 h
立体图	图1-3-1		

活动一 卡套零件表达方案的选择

活动引入

1. 卡套零件结构分析

卡套属于套类零件，一般用于管道连接，形状由回转体构成，其内部为中空，上面有一小孔，孔内有螺纹。

2. 观察卡套零件形状，与传动轴对比分析

（1）与传动轴结构相同之处：________________。

（2）与传动轴结构不同之处：________________。

想一想

独立思考：对比传动轴的表达方案，卡套表达方案应如何选择呢？（用几个视图、剖还是不剖、怎么剖？）________________

____

____

____

活动小结

本活动重点分析卡套的结构形状，对比传动轴的表达方案，初步选择卡套零件的表达方案。

活动二 卡套零件表达方案的确定及草图的绘制

小组讨论

交流各自的表达方案，说出其选择理由。

知识链接

知识点一：套类零件的作用与表达方案

1.作用

套一般是套在轴上，对轴上零件起轴向定位、导向、支承等作用。

2.表达方案

（1）套类零件一般是在车床、磨床上加工（棒料、管料）。主视图水平放置，大头朝左。当其上有其他结构时，可将其放在前面。

（2）套类零件主要结构一般为回转体，根据其结构特点，常采用一个基本视图表达主要结构。因套类零件为空心结构，常采用全剖、半剖或局部剖表达其内部结构。

（3）套类零件上常有键槽、孔、退刀槽等，常采用局部剖、断面图和局部放大图等。

知识点二：套类零件的尺寸标注

套类零件的尺寸标注与轴类零件相似。因为其结构形状多由回转体构成，所以主要尺寸由径向尺寸和表示各段长度的轴向尺寸构成，如卡套的孔径及孔深、外圆柱直径及长度。套类零件各部分回转体多是同轴结构，因此径向主要尺寸基准为轴线，轴向主要尺寸基准则需根据零件的作用及装配要求选择重要定位面（轴肩或端面）。此外还应注有局部结构的定形尺寸和轴向定位尺寸，如卡套上螺纹孔的定形及定位尺寸。因套类零件为空心结构，所以在标注尺寸时应注意将内部结构尺寸和外部结构尺寸分开标注。

图1-3-2为衬套的表达方案和尺寸标注，参考其方案选择确定卡套的表达方案。

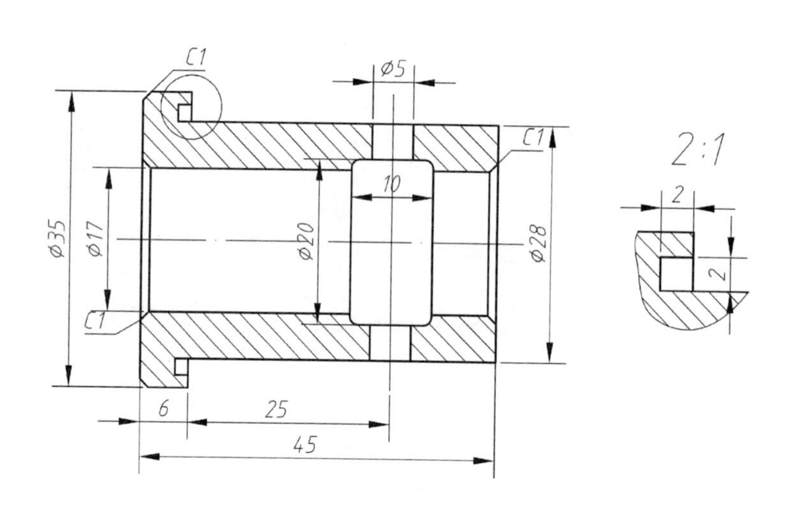

图1-3-2　衬套的表达方案与尺寸标注

任务实施

※STEP 1　分析卡套零件草图的表达方法和尺寸标注

※STEP 2　修改并确定卡套的表达方案和尺寸标注

※STEP 3　徒手绘制卡套零件草图

（1）准备工作：准备铅笔、橡皮、白纸（坐标纸）。

（2）根据所选的表达方案绘制卡套视图。

（3）将应该标注尺寸的尺寸界线、尺寸线全部画出。

活动小结

本活动重点学习套类零件的表达方案和尺寸标注的方法。学生通过讨论确定本组卡套零件的表达方案，绘制零件草图。

活动三 卡套零件的尺寸测量与标注

任务实施

※STEP 1　在已学量具中选用合适的测量工具
※STEP 2　卡套零件的尺寸测量
※STEP 3　在已绘制的卡套零件草图上进行尺寸标注

活动小结

本活动重点回顾常规测量工具的使用和测量方法，训练依据零件选用不同量具的能力。

活动四 卡套零件手工图样的绘制

任务实施

※STEP 1　小组成员互相检查卡套草图的结构和尺寸表达是否完整、清晰、合理，提出意见并修改
※STEP 2　根据草图确定绘图比例和图纸幅面
※STEP 3　卡套的手工绘制

活动小结

本活动重点培养学生严谨细致的工作作风，同时巩固和提高使用绘图工具及仪器绘制图样的能力。

活动五 卡套零件CAD图样的绘制

知识链接

知识点一：文本样式的设置和文本输入

1.文字样式的创建与设置

①命令功能：用来设置文本样式，包括设置字体名称、字体类型、字体高度、高度

系数、倾斜角度、方向指示符等。

②命令调用方式：

菜单方式：【格式】→【文字样式】

图标方式：文字工具栏→ A

键盘输入方式：STYLE

③命令说明：

a.“样式名”区域：该区域的功能是新建、删除文字样式或修改样式名称。

b.“字体”区域：该区域主要用于定义文字样式的字体。

文字样式设置参考

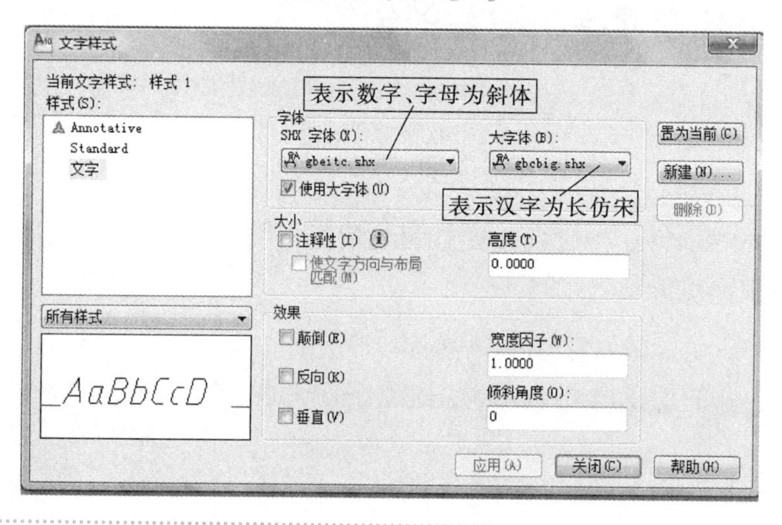

c.“效果”区域：该区域用于设定文字的效果。

d.“预览”文字样式设置好后，单击该按钮，可在文本框显示所设置文字样式的效果。

2.文本的输入与编辑

（1）单行文字输入。

①命令功能：在图中输入一行或多行文字。

②命令调用方式：

菜单方式：【绘图】→【文字】→【单行文字】

图标方式：文字工具栏→ AI

键盘输入方式：DTEXT

（2）多行文字输入。

①命令功能：该命令用于在图中输入一段文字。

②命令调用方式：

菜单方式：【绘图】→【文字】→【多行文字】
图标方式：文字工具栏→ A
键盘输入方式：MTEXT

③步骤：

输入命令：Mtext（回车）；

指定文字框的一个角顶点；

指定文字框的另一个对角顶点；

执行上述操作后，AutoCAD 弹出“多行文字编辑器”对话框。

3.特殊字符输入

（1）利用单行文字命令输入特殊字符。特殊字符的输入代码：上划线“%%O”，下划线“%%U”，度（°）“%%D”，直径符号∅“%%C”，公差符号±“%%P”。

（2）利用多行文字命令输入特殊字符。利用“多行文字编辑器”对话框中的“符号”下拉框，也可直接输入±、°、∅等特殊符号。

4.文本编辑

（1）用DDEDIT命令编辑文本。

①命令功能：可用于修改单行文字、多行文字及属性定义。

②命令调用方式：

菜单方式：【修改】→【对象】→【文字】→【编辑】
图标方式：文字工具栏→ A
键盘输入方式：DDEDIT

（2）在对象特性窗口编辑文本。

①命令功能：用于修改单行文字、多行文字等。

②命令调用方式：

菜单方式：【修改】→【特性】
键盘输入方式：PROPERTIES

知识点二：尺寸标注样式的设置和尺寸标注方法

1.尺寸标注样式的设置

①命令调用方式：

菜单方式：【格式】→【标注样式】
图标方式：标注工具栏→ ⟼
键盘输入方式：DIMSTYLE

②管理标注样式：窗口内容如图1-3-3所示。

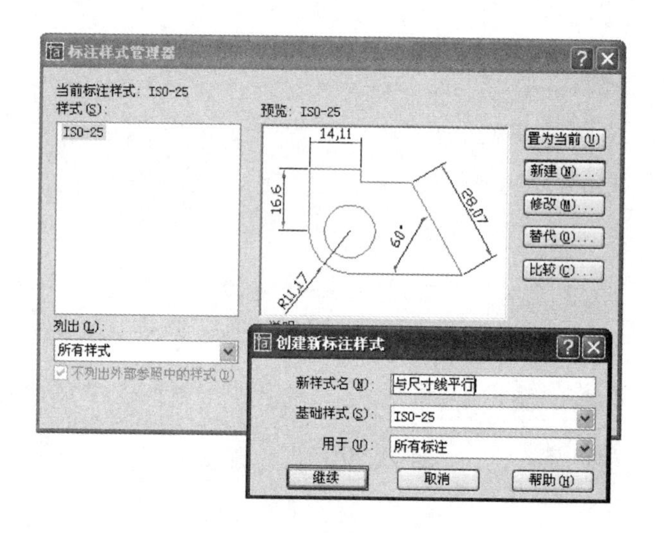

图1-3-3

③创建新的标注样式：

a.直线和箭头设置：可对尺寸线、尺寸界线、尺寸箭头和圆心标记等进行设置（见图1-3-4）。

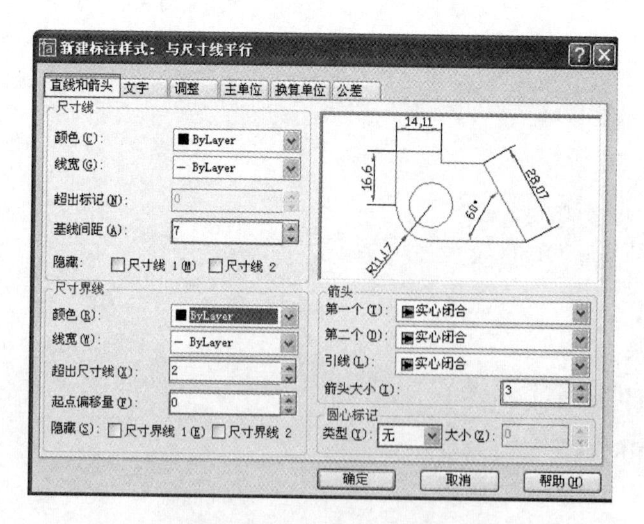

图1-3-4

b.文字设置：设置尺寸文本的显示形式和文字的对齐方式（见图1-3-5）。

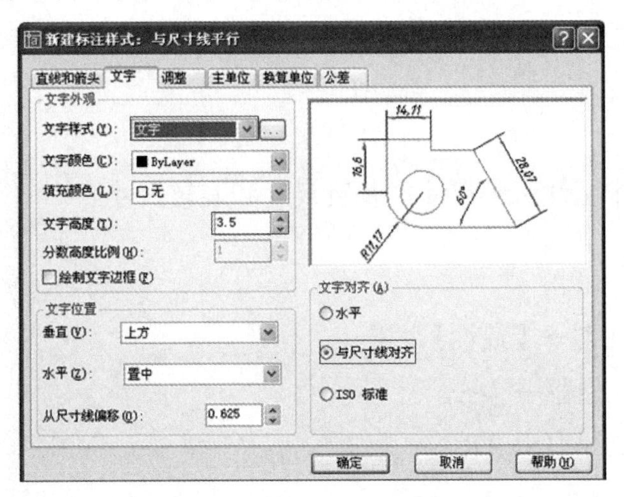

图1-3-5

c.调整设置：可设置尺寸文本、尺寸箭头、指引线和尺寸线的相对排列位置（见图1-3-6）。

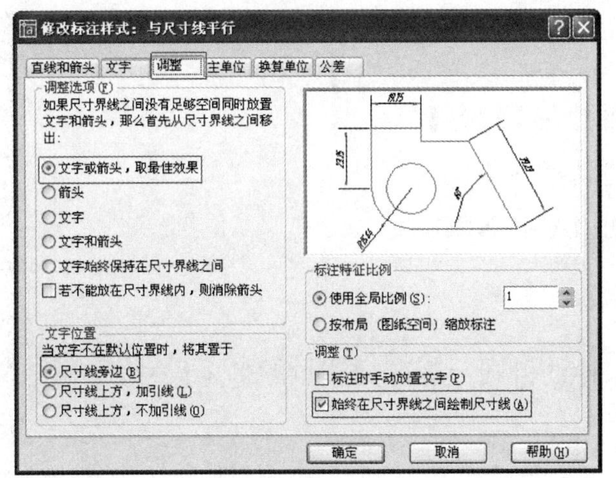

图1-3-6

d.主单位设置：可设置基本标注单位格式、精度以及标注文本的前缀或后缀等（见图1-3-7）。

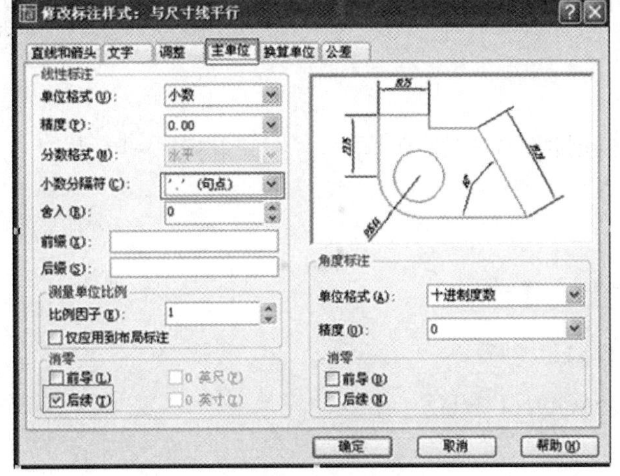

图1-3-7

e.换算单位设置：可设置替代测量单位的格式和精度以及前缀或后缀（一般不设置）。

f.公差设置：可设置尺寸公差的标注格式及有关特征参数。

2.尺寸标注的方法

（1）线性标注。

①命令功能：用于标注水平尺寸、垂直尺寸和旋转尺寸。

②命令调用方式：

菜单方式：【标注】→【线性】
图标方式：标注工具栏→
键盘输入方式：DIMLINEAR

（2）对齐标注。

①命令功能：用来标注斜面或斜线的尺寸。

②命令调用方式：

菜单方式：【标注】→【对齐】
图标方式：标注工具栏→
键盘输入方式：DIMALIGNED

（3）基线标注。

①命令功能：用来标注自同一基准处测量的多个尺寸。

②命令调用方式：

菜单方式：【标注】→【基线】
图标方式：标注工具栏→
键盘输入方式：DIMBASELINE

（4）连续标注。

①命令功能：用来标注图中出现在同一直线上的若干尺寸。

②命令调用方式：

菜单方式：【标注】→【连续】
图标方式：标注工具栏→
键盘输入方式：DIMCONTINUE

（5）直径尺寸标注。

命令调用方式：

菜单方式：【标注】→【直径】
图标方式：标注工具栏→
键盘输入方式：DIMDIAMETER

（6）半径尺寸标注。

命令调用方式：

菜单方式：【标注】→【半径】
图标方式：标注工具栏→
键盘输入方式：DIMRADIUS

（7）角度尺寸标注。

①命令功能：用来标注角度尺寸。在角度标注中也允许采用基线标注和连续标注。

②命令调用方式：

菜单方式：【标注】→【角度】
图标方式：标注工具栏→
键盘输入方式：DIMANGULAR

水平标注子样式设置

在标注尺寸时，常要求角度、直径、半径等水平书写，因此需给这些项目设置一水平标注子样式，在新建时，只需在原有标注样式的基础上改变文字对齐方式，即由“与尺寸线对齐”变为“水平”即可。

参考图1-3-8 子样式的设置方法建立一个半径和直径的标注子样式。

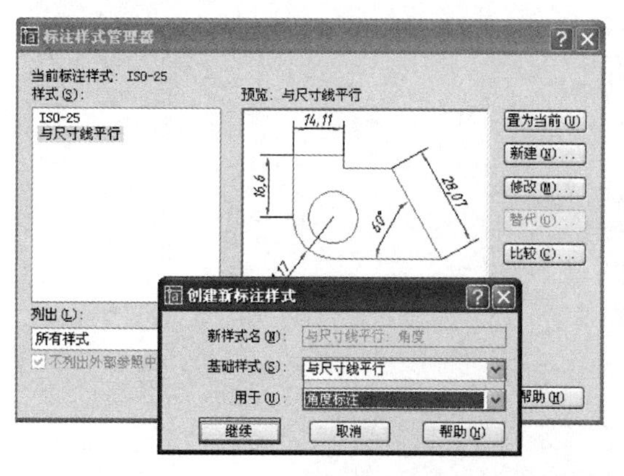

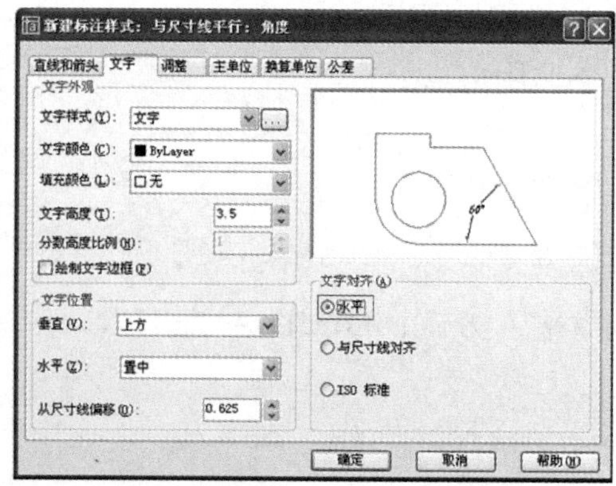

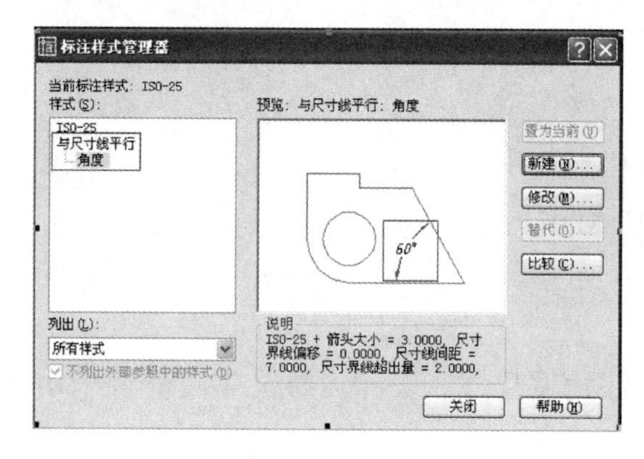

图1-3-8　子样式的设置方法

（8）引线标注。

①命令功能：用来进行引出标注（如倒角、形位公差等）。

②命令调用方式：

菜单方式：【标注】→【引线】

图标方式：标注工具栏→

键盘输入方式：QLEADER

③<回车>或空格或右键，弹出【引线设置对话框】。

如标注倒角可按图1-3-9设置。

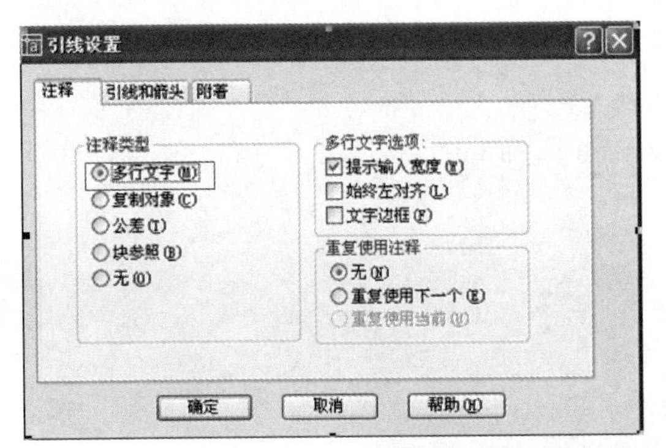

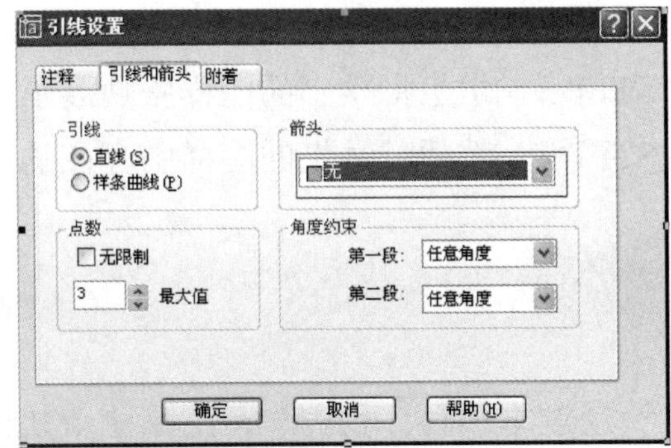

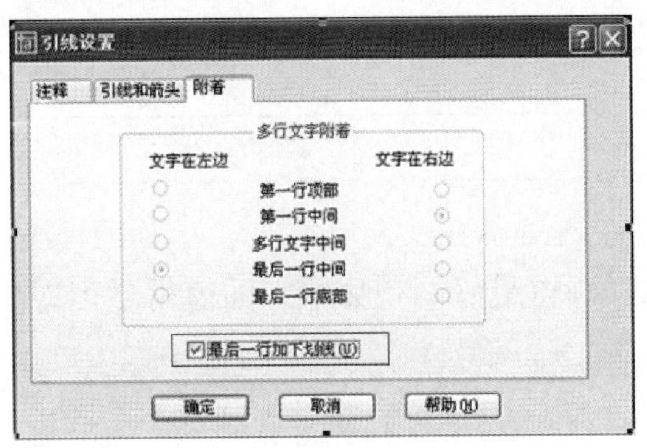

图1-3-9

练习绘制图1-3-2并标注尺寸。

任务实施

依据手工图样，应用CAD软件绘制卡套零件图。

活动小结

本任务重点学习AutoCAD的文字标注方法和尺寸标注方法，正确、快速地设置标注样式是绘制工程图样的一项重要内容，AutoCAD也提供了多种设置样式的方法。

活动六 结果评价与学习小结

展示汇报

※STEP 1　每组推举人员讲解表达方案的选取

※STEP 2　教师对各组表达方案选择的合理性进行讲评

※STEP 3　学生将绘制的图样张贴展示并评比

※STEP 4　教师对学生的图样中存在的问题进行讲评

学习小结

（1）通过本项目，我们学习了哪些新知识？

____

____

____

____

（2）同学中，谁的图样画得最好？有哪些方面值得学习？

____

____

____

____

____

项目描述

较复杂轴、套类零件图的识读是机械测绘中提升轴套类零件图的识读与绘制能力的训练项目。采用任务驱动教学方式，通过本项目的学习，学生可独立识读较复杂的轴套类零件图，运用AutoCAD的基本命令完成较复杂轴套类零件图的CAD图样绘制。

该项目按下述作业流程进行：多个较复杂轴套类零件图的识读并回答相应问题→至少两张零件图的CAD绘制→图纸上交和验收。

实训场地

一体化测绘教室。

任务书			
项目	较复杂轴、套类零件图的识读		
学习目标	知识目标	（1）熟悉零件图内容、作用与零件图的绘制步骤 （2）掌握表面结构、尺寸公差、形位公差的概念及标注方法 （3）了解识读零件图的方法和步骤 （4）熟悉CAD快速作图和夹点功能 （5）掌握CAD标注尺寸公差、形位公差和表面结构的方法	
	能力目标	（1）能熟练应用CAD绘制轴套类零件图并标注技术要求 （2）具有轴套类零件图的识读能力	
要求	（1）能识读较复杂轴、套类零件图 （2）能使用CAD软件绘制较复杂轴、套类零件图样		
学习活动	活动		建议课时
	1	识读较复杂轴、套类零件图	16 h
	2	CAD绘制较复杂轴、套类零件图	8 h
	3	结果评价与学习小结	4 h

活动一 识读较复杂轴、套类零件图

活动引入

任何一台机器或一个部件都是由若干零件装配而成，制造机器首先要依据零件图加工零件。零件图是制造和检验零件的主要依据，我们不仅要会绘制零件图，还必须具备读零件图的能力。现在，让我们来识读给出的零件图，运用已有知识尽可能多地回答后面的问题。（每组至少选择一个轴类和一个套类零件）

1.读零件图1-4-1，填空回答下列问题

（1）该零件的名称是__________，属于__________类零件。该图采用的比例为__________，属于__________比例。

（2）该零件共用了__________个图形表达，其中主视图采用了__________，*B*-*B* 为__________，另外一个图形为__________。

（3）零件的__________端为轴向尺寸的主要基准，__________为径向尺寸的主要基准。

（4）轴上键槽尺寸的长度为__________，宽度为__________，深度为__________，其定位尺寸是__________，表面结构代号是__________。

（5）轴上埋头孔的定形尺寸是__________，其定位尺寸是__________，其表面结构代号是__________。

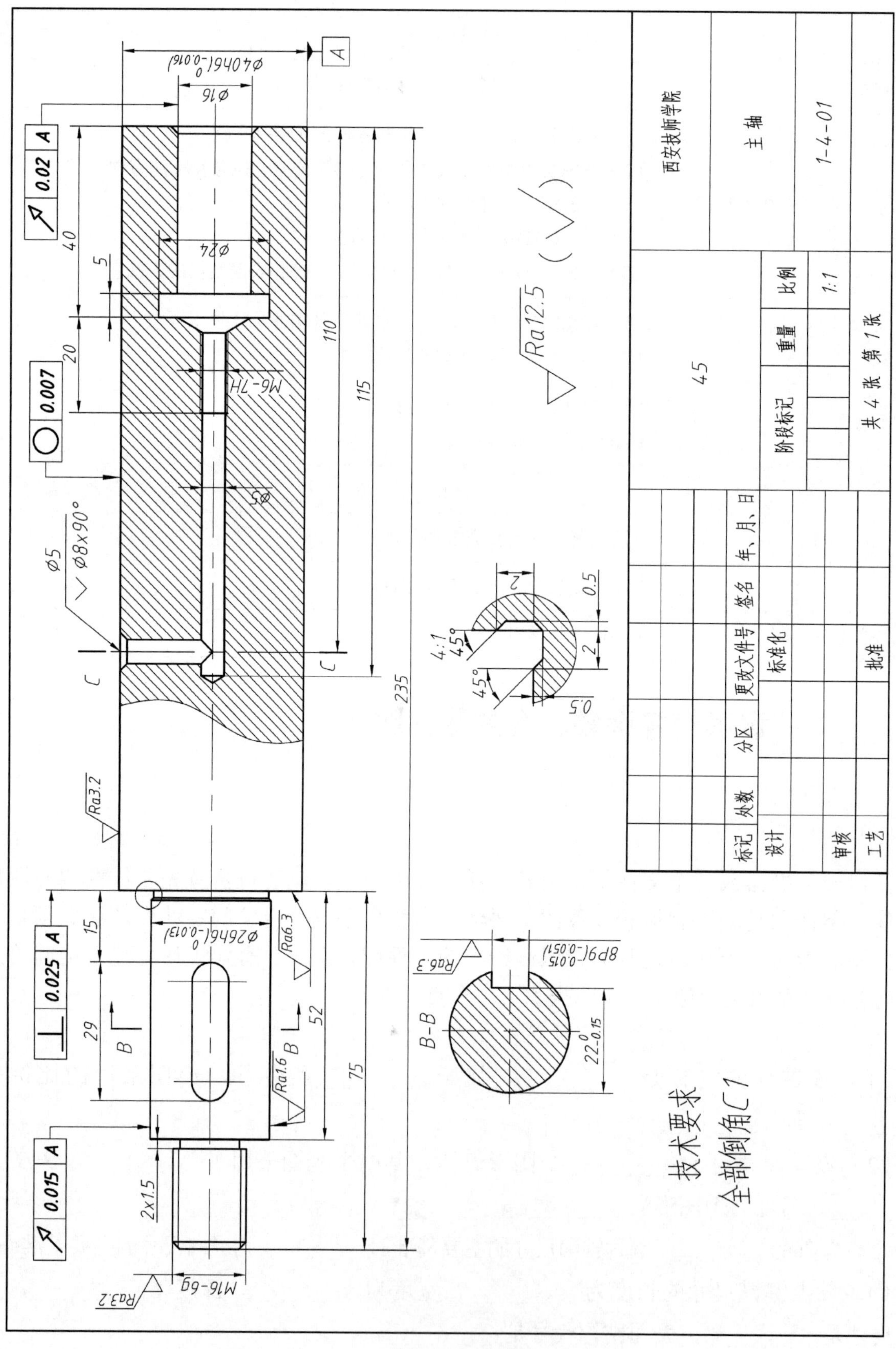

A
Φ40h6(0/-0.016)
Φ16
0.02 A
Φ24
40
5
20
0.007
M6-7H
110
115
Φ5
Φ5
Φ8×90°
C
C
235
Ra3.2
Ra12.5
4:1
45°
45°
2
0.5
2
0.5
15
0.025 A
Φ26h6(0/-0.013)
Ra6.3
29
B
B
52
Ra1.6
75
0.015 A
2×1.5
M16-6g
Ra3.2
Ra6.3
8P9(-0.015/-0.051)
B-B
22(0/-0.15)
技术要求
全部倒角C1
西安技师学院
主轴
1-4-01
45
阶段标记
重量
比例
1:1
共4张 第1张
标记
处数
分区
更改文件号
签名
年、月、日
设计
标准化
审核
工艺
批准

图1-4-1 主轴

（6）轴上∅40h6（$^{0}_{-0.016}$）这段的长度为＿＿＿＿＿＿，表面结构代号是＿＿＿＿＿＿，公称尺寸是＿＿＿＿＿＿，上极限偏差是＿＿＿＿＿＿，下极限偏差是＿＿＿＿＿＿，上极限尺寸是＿＿＿＿＿＿，下极限尺寸是＿＿＿＿＿＿，公差是＿＿＿＿＿＿。

（7）2×1.5表示的结构是＿＿＿＿＿＿，其宽度为＿＿＿＿＿＿，深度为＿＿＿＿＿＿。

（8）尺寸M16-6g中，M表示＿＿＿＿＿＿，16表示＿＿＿＿＿＿，螺距为＿＿＿＿＿＿，6g为＿＿＿＿＿＿。

（9）| ⊥ | *0.025* | *A* | 的含义如下：“⊥”表示＿＿＿＿＿＿，0.025表示＿＿＿＿＿＿，A表示＿＿＿＿＿＿。

（10）| ○ | *0.007* | 的含义如下：“○”表示＿＿＿＿＿＿，0.007表示＿＿＿＿＿＿，

（11）画出*C-C*移出断面图。

2.读零件图1-4-2，填空回答下列问题

（1）该零件的名称是＿＿＿＿＿，材料是＿＿＿＿＿，所采用的绘图比例是＿＿＿＿＿。

（2）该零件图主视图采用了＿＿＿＿＿＿剖视，表达了＿＿＿＿＿＿的结构形式，*A*-*A*是剖视，表达了＿＿＿＿＿＿的结构形式。

（3）在图上用符号▼指出长度方向和径向的尺寸基准。

（4）表面结构要求较高的表面有＿＿＿＿＿＿、＿＿＿＿＿＿，最大直径表面的表面结构为＿＿＿＿＿＿。

（5）精度较高的轴段有＿＿＿＿＿＿、＿＿＿＿＿＿、＿＿＿＿＿＿、＿＿＿＿＿＿，轴的最大直径是＿＿＿＿＿＿。

（6）∅16k6的含义为：基本尺寸为＿＿＿＿＿＿，标准公差等级为＿＿＿＿＿＿级，基本偏差代号为＿＿＿＿＿＿，公差带代号为＿＿＿＿＿＿。

（7）尺寸2×0.5表示＿＿＿＿＿＿。

（8）左边键槽的定位尺寸是＿＿＿＿＿＿，定形尺寸深度*t*是＿＿＿＿＿＿，宽度*b*是＿＿＿＿＿＿，长度*L*是＿＿＿＿＿＿。

（9）传动轴总体长度是＿＿＿＿＿＿，销孔的定位尺寸是＿＿＿＿＿＿。

（10）形位公差框格| ◎ | *∅0.05* | *C-D* |的含义是：“◎”表示＿＿＿＿＿＿，∅0.05表示＿＿＿＿＿＿，*C-D*表示＿＿＿＿＿＿，

（11）$\sqrt{Ra6.3}$（√）代表＿＿＿＿＿＿＿＿＿＿＿＿＿。

（12）键槽尺寸21$^{0}_{-0.1}$表示公称尺寸是＿＿＿＿＿＿，上极限偏差是＿＿＿＿＿＿，下极限偏差是＿＿＿＿＿＿，上极限尺寸是＿＿＿＿＿＿，下极限尺寸是＿＿＿＿＿＿。

（13）M8-7H的含义：M表示＿＿＿＿＿＿，8表示＿＿＿＿＿＿，7H表示＿＿＿＿＿＿，螺纹螺距为＿＿＿＿＿＿。

（14）查表确定极限偏差：∅20k6＿＿＿＿＿＿，∅20m6＿＿＿＿＿＿。

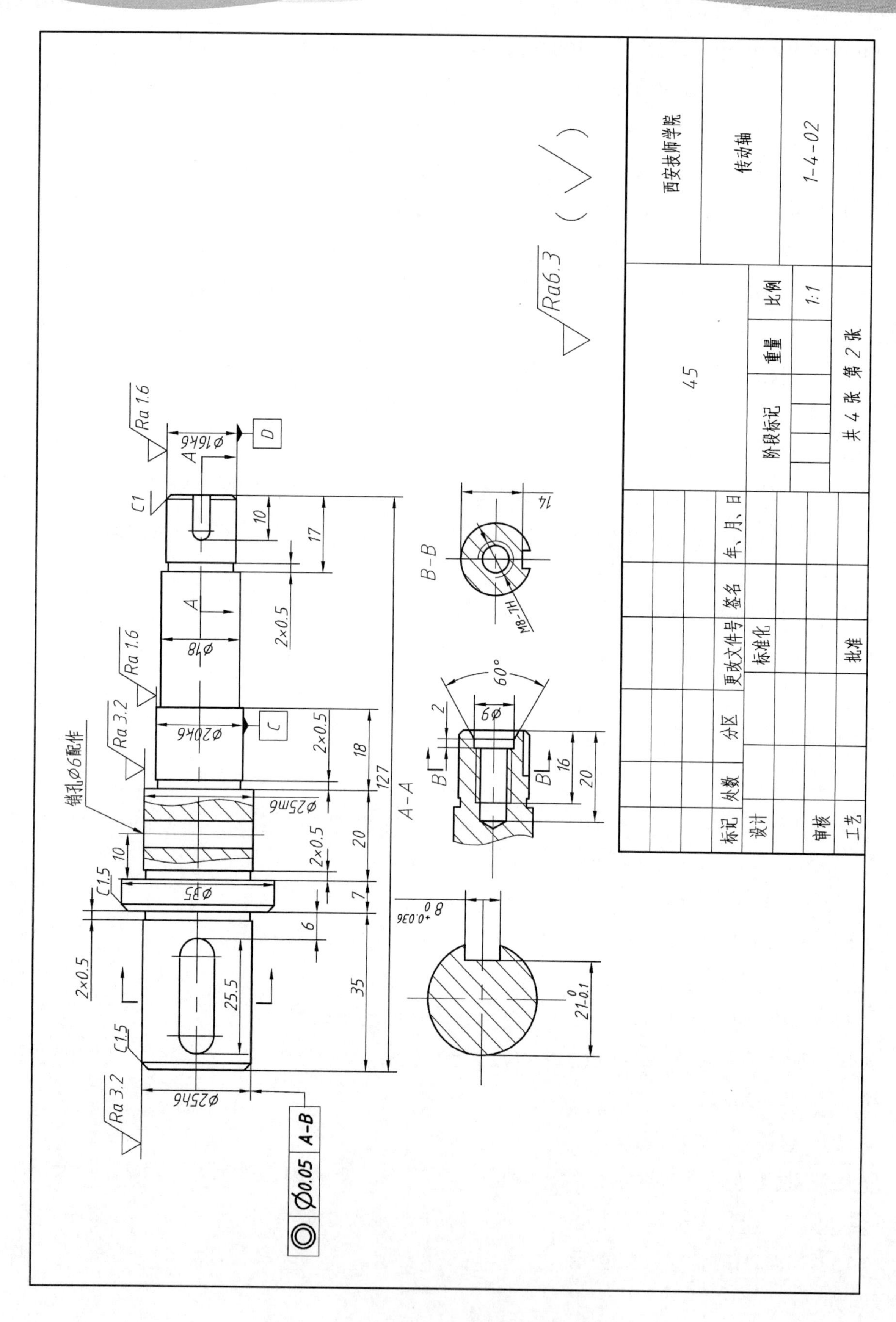

西安技师学院
传动轴
1-4-02
45
阶段标记
重量
比例
1:1
共 4 张 第 2 张
标记
处数
分区
更改文件号
签名
年、月、日
设计
标准化
审核
工艺
批准
Ra6.3
Ra 1.6
Ra 3.2
A-A
B-B
M8-7H
60°
销孔⌀6配作
⌀0.05 A-B

图1-4-2　传动轴

3.读零件图1-4-3，填空回答下列问题

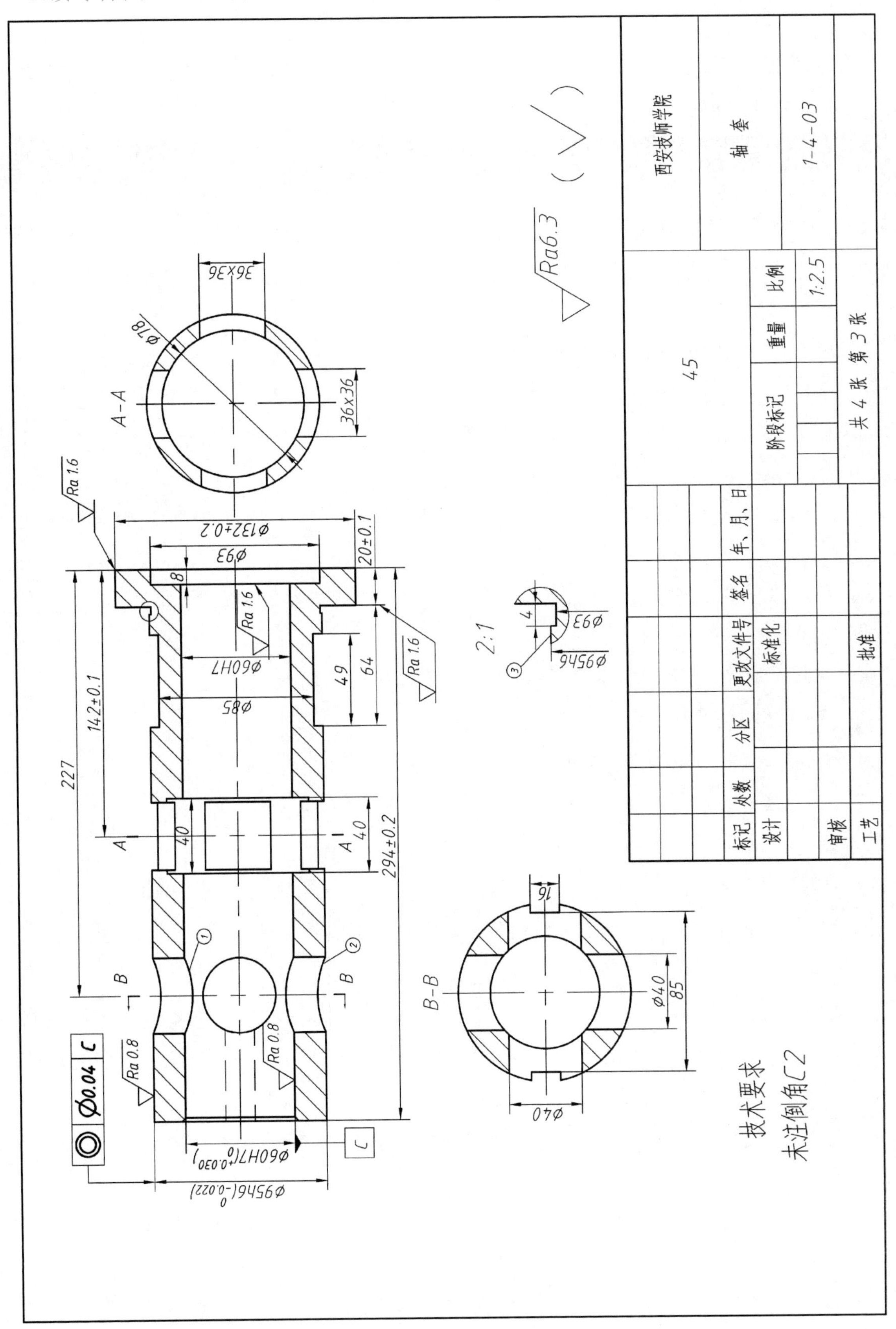

图1-4-3　轴套

（1）该零件的名称是________，材料是________，所采用的绘图比例是_________，属于_________比例。

（2）该零件共用了_________个视图来表达，主视图符合零件的_________，采用_________图，A-A是_________图，B-B是_________图，剩下一图为_________图。

（3）在主视图中，轴套左端两条虚线之间的距离是_________，与它相连的圆的直径是_________。

（4）图中标有①处的曲线是_________和_________相交而成的_________线；图中标有②处的曲线是_________和_________相交而成的_________线，此处结构定位尺寸是_________。

（5）局部放大图中③所指的表面结构为_________。

（6）$\varnothing 95h6\left({}^{\ 0}_{-0.022}\right)$的含义为：基本尺寸为_________，标准公差等级为_________级，基本偏差代号为_________，上极限偏差为_________，下极限偏差为_________，上极限尺寸为_________，下极限尺寸为_________。

（7）图中形位公差的含义是：_________的轴线相对于_________轴线的同轴度公差为_________。

（8）在主视图中，中间正方形边长是_________，该处结构定位尺寸是_________，中间40长的圆柱孔直径是_________。

（9） 在图上用符号▼指出零件长度方向和径向的尺寸基准。

（10）图中的40、49属于_________尺寸。

（11）尺寸$\varnothing 132\pm 0.2$的上极限尺寸是_________，下极限尺寸是_________。

（12）轴套零件R_a值要求最小值是_________，最大值是_________。

4.读零件图1-4-4，填空回答下列问题

（1）该零件的名称是_________，材料是_________，所采用的绘图比例是_________。

（2）该零件共用了_________个视图来表达，主视图采用_________剖视，B向是_________图，下方其余两图均为_________图。

（3）零件上的锥孔为莫氏_________号锥孔，锥孔的长度为_________， 零件的右端与轴线垂直的方向上有一内螺纹通孔，其螺纹代号为_________，零件右端上部的油槽的尺寸为_________，零件下部的键槽宽度尺寸为_________，深度为_________。

（4）C2的含义是：C表示_________，2表示_________。

（5）$\sqrt{38\text{-}43HRC}$的含义是_________，其作用范围是_________。

（6）$\varnothing 8^{+0.015}_{\ 0}$小孔的定位尺寸是_________和_________，其表面结构代号是_________。

（7）用符号▼指出零件的径向与轴向尺寸基准。

（8）尺寸$\varnothing 35^{+0.025}_{\ 0}$中的$\varnothing 35$是_________尺寸，+0.025是_________偏差，0是_________偏差，尺寸公差为_________。

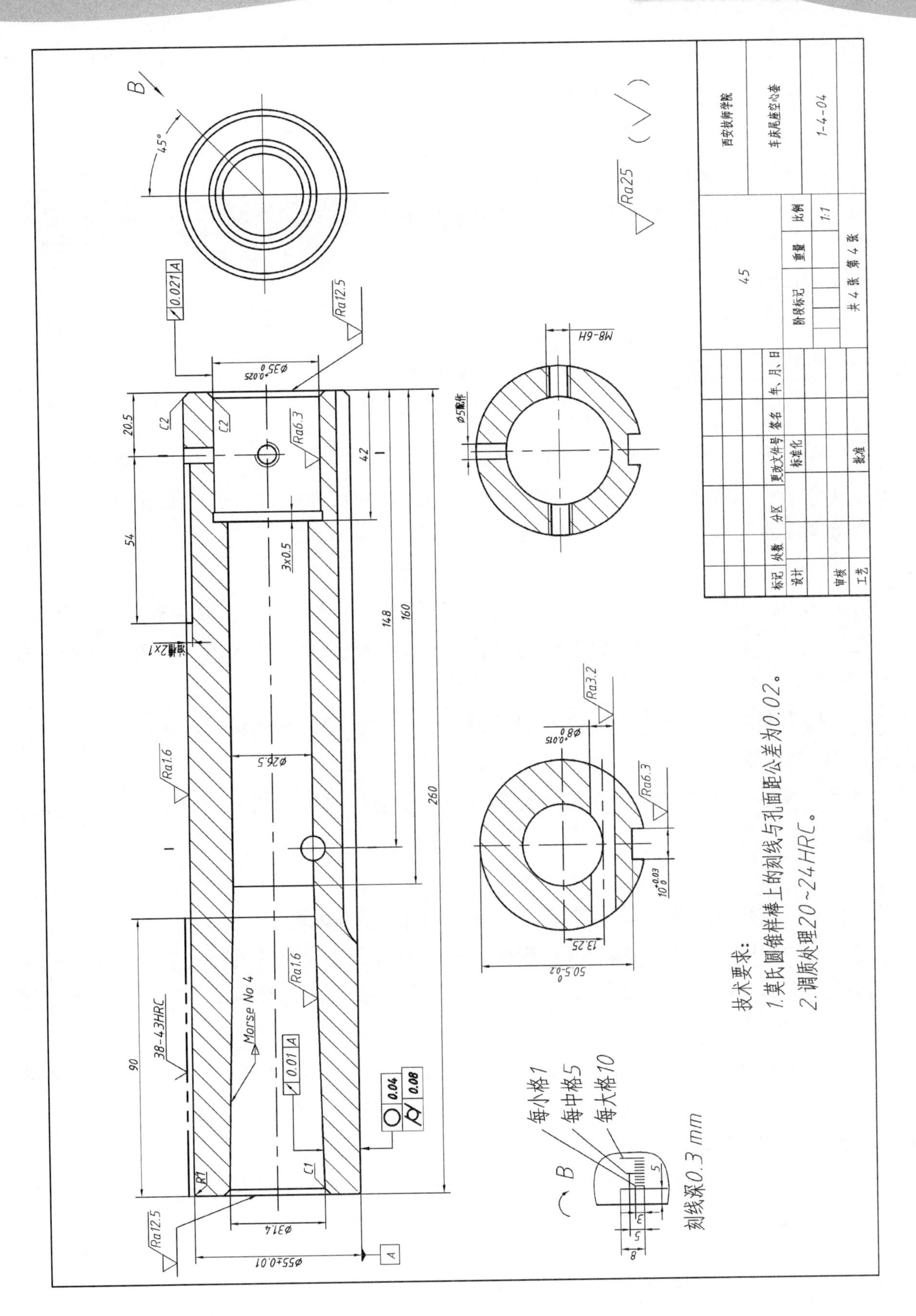

图1-4-4　车床尾座空心套

（9）零件主视图右端所标注的形位公差的含义是：__________内孔表面相对于__________轴线的__________公差为__________。

（10）| ⌭ | 0.08 |的含义：“⌭”表示__________，0.08表示__________。

（11）零件上表面粗糙度要求比较高的表面是__________和__________，其表面结构代号分别为__________和__________，零件下部键槽的表面结构代号为__________。

知识链接

知识点一：零件图的作用、内容和读图

1.零件图的作用

零件图是设计部门提交给生产部门的重要技术文件，它反映了设计者的意图，表达了对零件的要求（包括对零件的结构要求和制造工艺的可能性、合理性要求等），是制造和检验零件的依据。

2.零件图的内容

（1）图形：用一组图形将零件各部分的结构和形状正确、完整、清晰地表达出来。

（2）尺寸：将零件上各组成部分的形状及其相对位置的尺寸正确、完整、清晰、合理地标注出来。

（3）技术要求：对零件在制造和检验时应达到的各项技术指标、要求，用规定的代号或文字注写出来。

（4）标题栏：表明零件的名称、材料、数量、绘图比例、图号、日期及设计、绘图人员签名等。

3.读零件图的步骤

（1）读标题栏：了解零件的名称、材料、画图的比例、重量。

（2）分析视图，想象形状：分析视图，利用看组合体视图的方法，看懂各部分的形状。先看主要部分，后看次要部分；先看整体，后看细节；先看易懂的部分，后看难懂的部分。

（3）分析尺寸和技术要求：分析零件尺寸，除了找到尺寸基准外，还应按形体分析法，找到定形、定位尺寸和总体尺寸，分析表面粗糙度，公差与配合、形位公差等内容，注意它们与尺寸精度的关系。

（4）综合考虑：把读懂的结构形状、尺寸标注和技术要求等内容综合起来，就能比较全面地读懂这张零件图。

知识点二：零件图的作用、内容和读图

零件图中除了图形和尺寸外，还有制造该零件时应满足的一些加工要求，通常称为技术要求，如尺寸公差、几何公差、表面结构等。技术要求一般是用符号、代号或标记

标注在图样上，或者用文字注写在图样的适当位置。

满足一定的技术要求的零件，可以实现互换性。例如，灯泡坏了，可以换个新的。自行车、钟表的零部件坏了，也可以换个新的。之所以这样方便，是因为这些合格的产品和零部件具有在尺寸、功能上彼此互相替换 的性能。

所谓互换性是指在同一规格的一批零件或部件中，任取其一，不需任何挑选或附加修配就能装在机器上，达到规定的性能要求。

零件加工的过程中，由于种种因素的影响，各部分的尺寸和形状不能做到绝对正确，总是有或大或小的误差。但从零件的功能看，不必要求尺寸和形状等几何量制造得绝对准确，只要求这些几何量在某一规定范围内变动，保证同一规格零件彼此充分近似。这个允许变动的范围叫做公差。

一、尺寸公差

1.分析尺寸公差

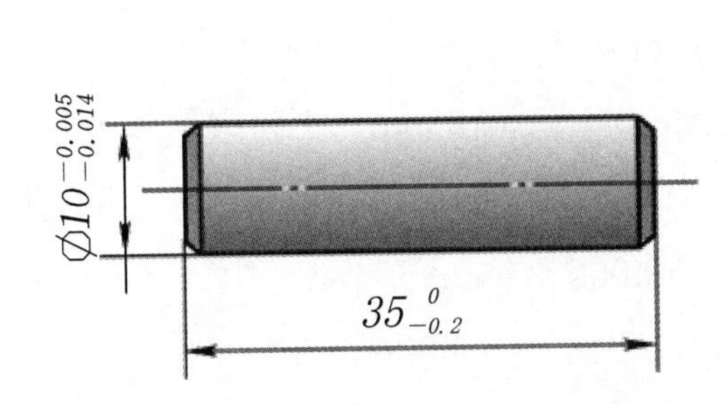

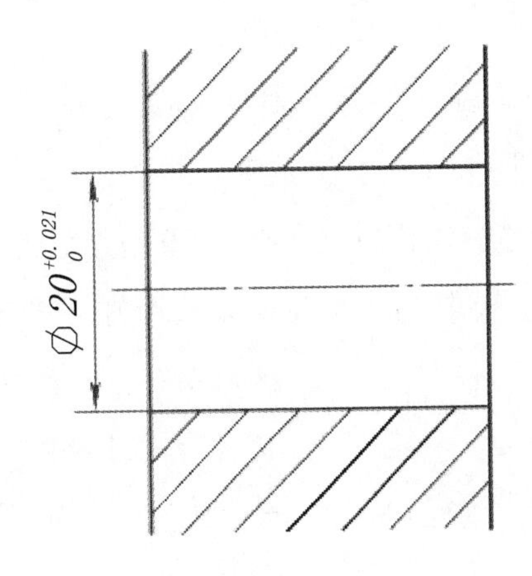

图1-4-5　销轴、孔的尺寸

以图1-4-5销轴直径尺寸$\varnothing 10^{-0.005}_{-0.014}$、孔径尺寸$\varnothing 10^{+0.021}_{0}$ 为例，分析尺寸公差（见图1-4-6）。

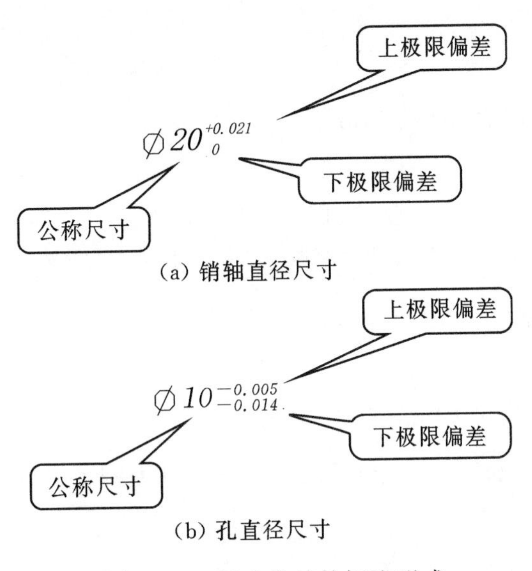

图1-4-6　尺寸公差的标注形式

（1）尺寸。

①公称尺寸：设计给定的尺寸。孔用D表示，轴用d表示。图1-4-5中销轴直径尺寸∅10 mm是公称尺寸，孔径尺寸∅20 mm是公称尺寸。

②极限尺寸：允许尺寸变化的两个界限值。

孔的上极限尺寸：D_{up}　　　　轴的上极限尺寸：d_{up}

孔的下极限尺寸：D_{low}　　　　轴的下极限尺寸：d_{low}

③实际尺寸：通过测量获得的某一尺寸。孔用D_a表示，轴d_a表示。加工零件的实际尺寸在极限尺寸范围内，即认为零件加工合格。

（2）偏差与公差。

①偏差：某一尺寸（实际尺寸、极限尺寸等）减其公称尺寸所得的代数差。

极限偏差：极限尺寸减其公称尺寸所得的代数差称为极限偏差。

上极限偏差：上极限尺寸减其公称尺寸所得的代数差。孔、轴分别用ES、es表示。

孔：$ES = D_{up} - D$　　　　轴：$es = d_{up} - d$

下极限偏差：下极限尺寸减其公称尺寸所得的代数差。孔、轴分别用EI，ei表示。

孔：$EI = D_{low} - D$　　　　轴：$ei = d_{low} - d$

图1-4-5中，销轴直径尺寸10 mm的上极限偏差为−0.015 mm，下极限偏差为−0.014 mm。根据孔、轴极限偏差的计算公式可知，图1-4-5中，销轴直径尺寸10 mm的上、下极限尺寸为：

$$d_{up} = d + es = 10 + (-0.005) = 9.995\ \text{mm}$$

$$d_{low} = d + ei = 10 + (-0.014) = 9.986\ \text{mm}$$

同理，孔径尺寸20 mm的上、下极限尺寸为：

$$D_{up} = D + ES = 20 + (+0.021) = 20.021\ \text{mm}$$

$$D_{low} = D + EI = 20 + 0 = 20\ \text{mm}$$

销轴零件加工后，实测直径∅9.990 mm，请问直径尺寸合格吗？

②尺寸公差：是允许尺寸的变动范围，等于上极限尺寸与下极限尺寸之差，也等于上极限偏差与下极限偏差之差，尺寸公差是个没有正负号的绝对值。

孔的公差：$T_h = |D_{up} - D_{low}| = |ES - EI|$

轴的公差：$T_s = |d_{up} - d_{low}| = |es - ei|$

图1-4-5中，销轴直径尺寸10 mm的公差为：

$$T_s = |es - ei| = |(-0.005) - (-0.014)| = 0.009\ \text{mm}$$

孔径尺寸20 mm的公差为：

$$T_h = |ES - EI| = |+0.021 - 0| = 0.021\ \text{mm}$$

计算下列尺寸的公差、极限尺寸和极限偏差

标注尺寸	公称尺寸	上极限偏差	下极限偏差	上极限尺寸	下极限尺寸	公差
$\varnothing 40^{+0.052}_{-0.010}$						
$\varnothing 45^{+0.087}_{+0.025}$						

（3）公差带图。通常用公差带图表示孔、轴的偏差、公差和尺寸的关系。现以图1-4-5销轴直径尺寸$\varnothing 10^{-0.005}_{-0.014}$ mm、孔径尺寸$\varnothing 20^{+0.021}_{0}$ mm为例绘制孔、轴公差带图（见图1-4-7）。

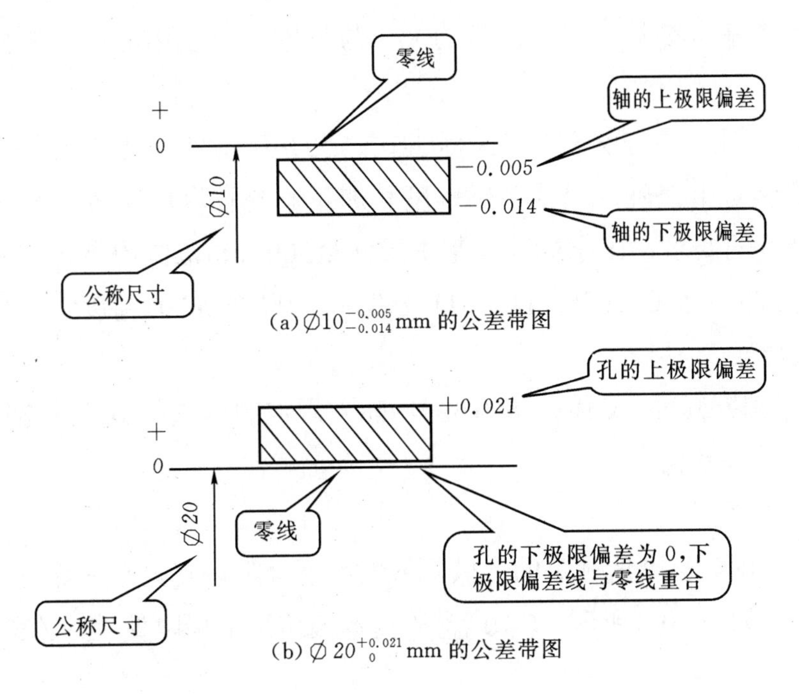

(a) $\varnothing 10^{-0.005}_{-0.014}$ mm 的公差带图

(b) $\varnothing 20^{+0.021}_{0}$ mm 的公差带图

图1-4-7　公差带图

公差带图由一条零线和相应公差带组成。

①零线：表示公称尺寸的一条直线，以其为基准确定偏差和公差，零线以上为正偏差，零线以下为负偏差。

②公差带：公差带图中由代表上、下极限偏差的两条直线所限定的一个区域。公差带在零线垂直方向上的宽度代表公差值，沿零线方向的长度可适当选取。

在公差带图中，公称尺寸用mm表示，习惯上偏差和公差用μm表示。

试绘制孔径$\varnothing 10^{+0.052}_{-0.010}$的公差带图。

2.标准公差及基本偏差

公差带有两个基本参数，即公差带的大小与位置。大小由标准公差确定，位置由基本偏差确定。

（1）标准公差系列：标准公差是国家标准中规定的用以确定公差带大小的任一公差值。

标准公差等级是用来确定尺寸精确程度和加工难易程度的。为了满足机械制造中各零件尺寸不同精度的要求，国家标准在基本尺寸至500 mm范围内规定了20个标准公差等级，分别用符号IT01、IT0、IT1、IT2～IT18表示。其中，IT01精度等级最高，其余依次降低，IT18等级最低。

附表6列出了国家标准（GB/T 1800.3—1998）规定的机械制造行业常用尺寸（尺寸至500 mm）的标准公差数值。

（2）基本偏差系列。

①基本偏差。国家标准所规定的上极限偏差或下极限偏差，它为靠近零线或位于零线的那个极限偏差。如图1-4-7所示，$\varnothing 10^{-0.005}_{-0.014}$的基本偏差为上极限偏差，$\varnothing 20^{+0.021}_{0}$的基本偏差为下极限偏差。

②基本偏差代号。国家标准（简称国标）中已将基本偏差标准化，规定了孔、轴各28种公差带位置，孔用大写字母，轴用小写字母，共28种，基本偏差系列如图1-4-8所示。

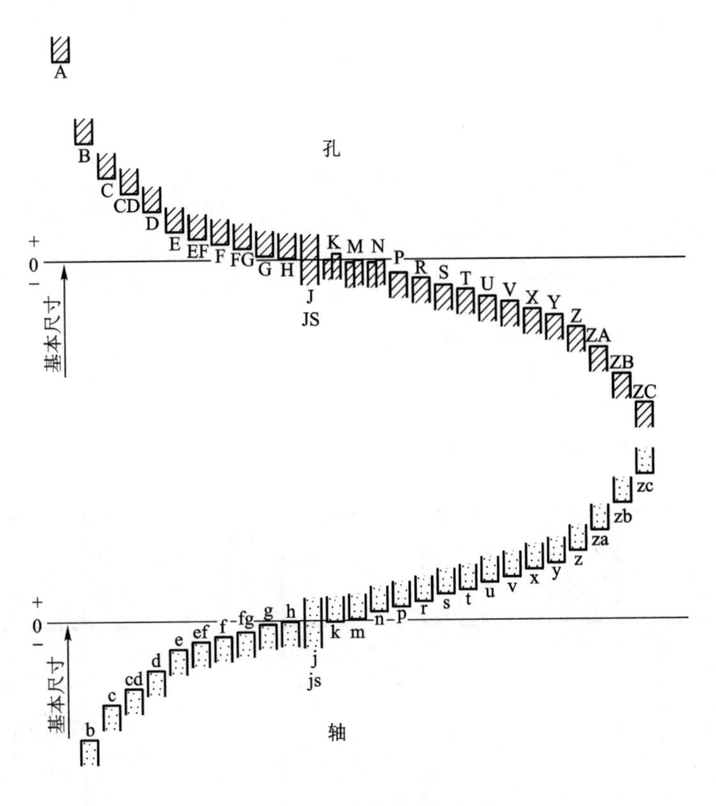

图 1-4-8　基本偏差系列

③基本偏差系列特点：

i：基本偏差系列中的H（h）其基本偏差为零。

ii：JS（js）与零线对称，上偏差ES（es）=＋IT/2，下偏差EI（ei）=－IT/2，上下偏差均可作为基本偏差。

iii：孔的基本偏差系列中，A～H的基本偏差为下偏差，J～ZC的基本偏差为上偏差；轴的基本偏差中a ～ h的基本偏差为上偏差，j ～ zc的基本偏差为下偏差。

公差带的另一极限偏差“开口”，表示其公差等级未定。

④基本偏差数值。国家标准已列出轴、孔基本偏差数值表，如附表7和附表8所示，在实际中可查表确定其数值。

3. 尺寸公差在图样中的标注

孔、轴公差带代号由基本偏差代号与公差等级数字组成，如图1-4-9所示。

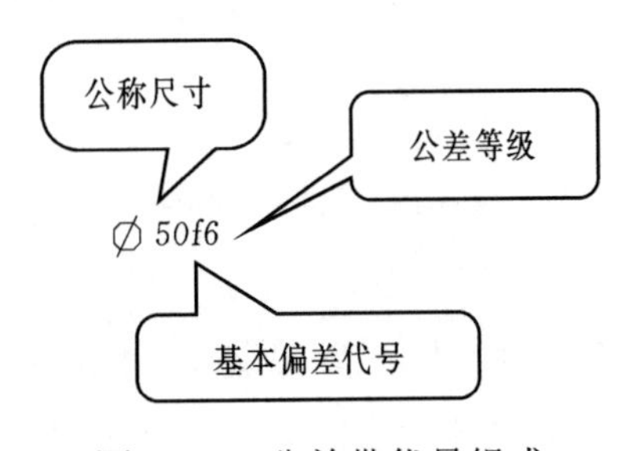

图1-4-9　公差带代号组成

练一练

（1）利用标准公差数值表和轴的基本偏差数值表，按下列步骤确定∅50f6轴的极限偏差数值。

查标准公差数值表得，IT6= ________________μm，查轴的基本偏差数值表得，基本偏差es=______________μm，所以，ei=es－IT6=_______________ =______________μm，在图样上可标注为___________________。

零件图中的标注形式，如下图1-4-10所示。

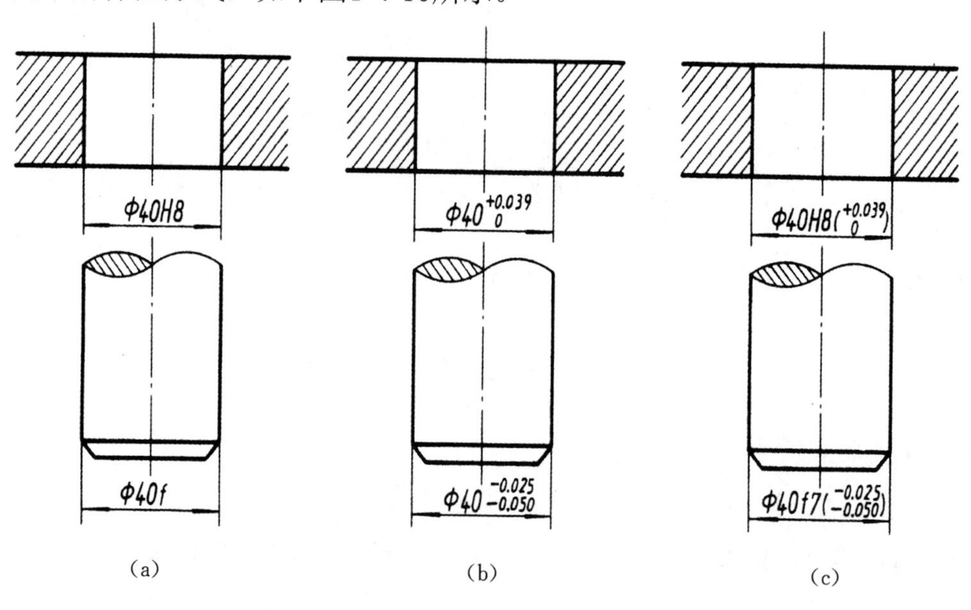

图1-4-10　尺寸公差在零件图上的标注

小提示

零件上只有尺寸精度要求高的部位才标注尺寸公差，其余为未注公差（也称自由公差），GB/T 1804—2000对线性尺寸的未注公差规定了4个公差等级，即：f（精密级）、m（中等级）、e（粗糙级）、v（最粗级），并制定了相应的极限偏差数值，但这些数值在图样上不注出，而由车间在加工时加以控制。

二、几何公差

一个合格的零件，其尺寸是由尺寸公差来保证的。除此之外，零件表面的形状和各表面之间的相对位置的准确程度，在机器中各零件之间的相对位置的准确程度，也要有技术要求来保证，这就是几何公差。几何公差包括形状公差和位置公差。

1. 形状公差和位置公差

①形状公差是零件实际要素形状对其理想形状所允许的变动量。如图1-4-11所示的圆柱尺寸是由尺寸公差来保证的，即∅20h7。但如果对圆柱有形状要求，就要标注形状公差代号，如| ○ | 0.02 |。它表明，圆柱表面在垂直于轴线的任一正截面上所形成的圆必须位于半径相差0.02 mm（公差值）的两个同心圆之间。

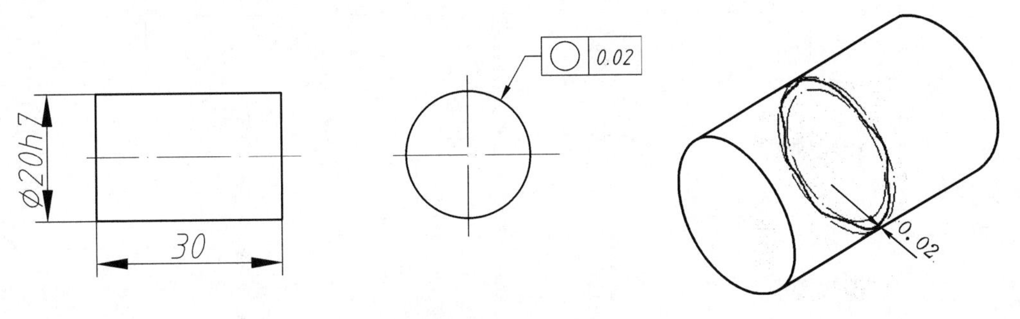

图1-4-11　形状公差

②位置公差是零件实际要素的位置相对其理想位置所允许的变动量。图1-4-12表明长方体的上表面对下表面的要求是：上表面必须位于距离为0.05 mm（公差值）且平行于基准平面的两平行平面之间。

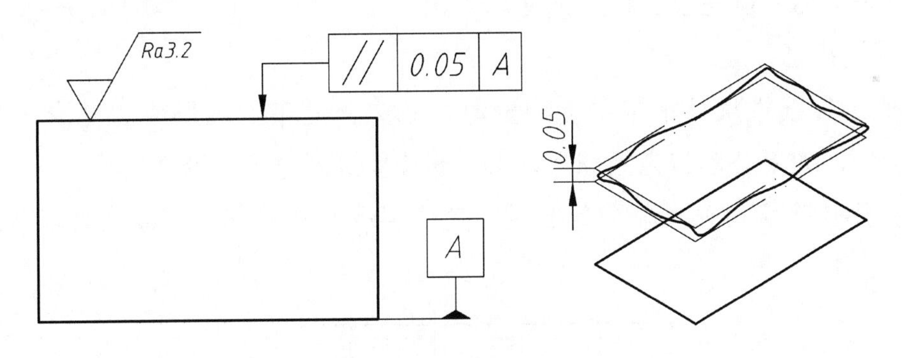

图1-4-12　位置公差

形状公差和位置公差简称形位公差。

2. 形位公差带

形位公差带用来限制被测实际要素变动的区域。它是一个几何图形，只要被测要素完全落在给定的公差带内，就表示被测要素的形状和位置符合设计要求。如图1-4-11和1-4-12中双点画线表示的区域。

3. 形位公差项目符号及标注

（1）几何公差符号。几何公差的项目符号见表1-4-1。

表1-4-1几何公差项目符号

分类	项目	符号
形状公差	直线度	⏤
	平面度	⏥
	圆度	○
	圆柱度	⌭
（轮廓公差）形状或位置公差	线轮廓度	⌒
	面轮廓度	⌓

分类		项目	符号
位置公差	定向	平行度	∥
		垂直度	⊥
		倾斜度	∠
	定位	同轴（心）度	◎
		对称度	⌯
		位置度	⌖
	跳动	圆跳动	↗
		全跳动	⌰

（2）几何公差框格。

用公差框格标注几何公差时，公差要求注写在划分成两格或多格的矩形框格内，矩形框格用细实线绘制，框格高度是图中尺寸数字高度的2倍，框格长度根据需要而定。公差框格（见图1-4-13）自左至右顺序标注以下内容：

①几何特征符号；

②公差值：以线性尺寸单位表示的量值，如果公差带为圆形或圆柱形，公差值前应加注符号“∅”，如果公差带为圆球形，公差值前应加注符号“S∅”。

③基准：用一个字母表示单个基准或用几个字母表示基准体系或公共基准。

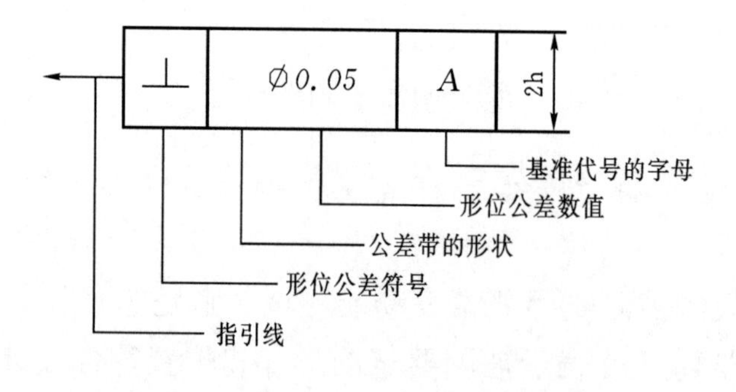

图1-4-13　形位公差框格的组成

（3）几何公差标注。

①公差框格通过指引线指向被测要素。指引线用细实线表示，可从框格的任一端引出，引出段必须垂直于框格，指向被测要素。引向被测要素时允许弯折，但不得多于两次。

②被测要素是轮廓要素时，指引线的箭头应指在该轮廓要素线或其延长线上，并应

明显地与尺寸线错开（见图1-4-14）。

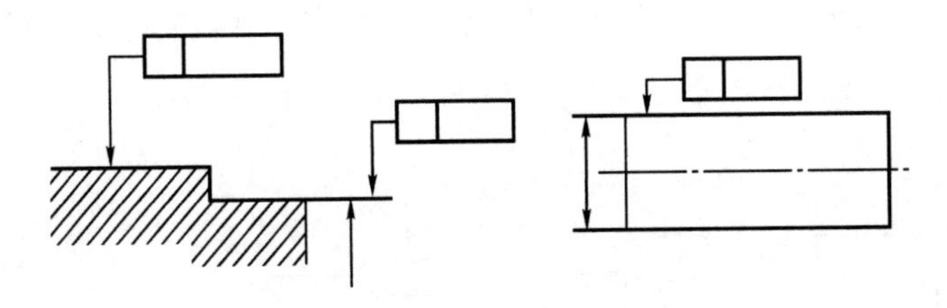

图1-4-14　被测要素为轮廓线或轮廓面

③ 被测要素是中心要素时，指引线的箭头应与确定该要素的轮廓尺寸线对齐（见图1-4-15）。

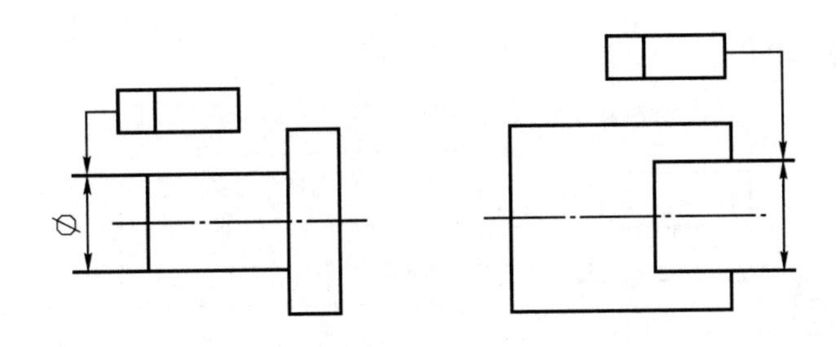

图1-4-15　被测要素为中心线或中心面

（4）基准符号及标注。

①与被测要素相关的基准用一个大写字母表示。字母标注在基准方格内，与一个黑色的或空白的三角形相连以表示基准（见图1-4-16）。

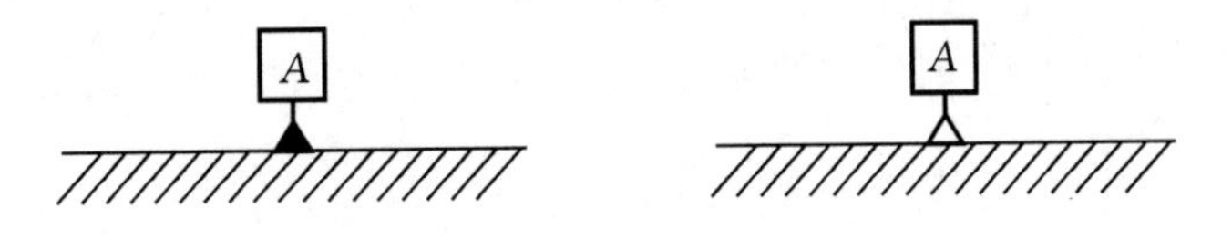

图1-4-16 基准符号

②带基准字母的基准三角形应按如下规定放置：当基准要素是轮廓线或轮廓面时，基准三角形放置在要素的轮廓线或其延长线上（与尺寸线明显错开，见图1-4-17（a））；基准三角形也可以放置在该轮廓面引出线的水平线上（见图1-4-17（b））。

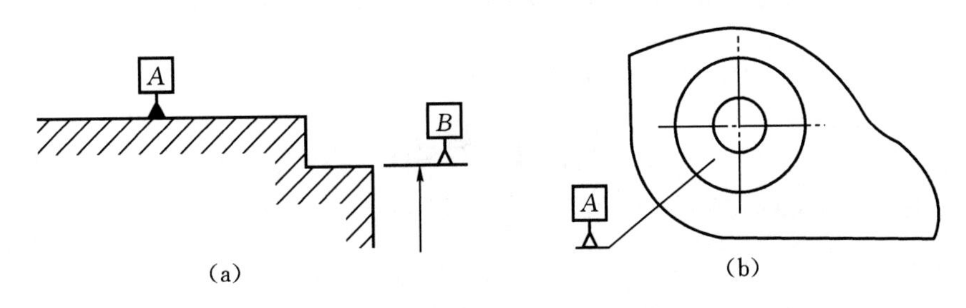

图1-4-17　基准为轮廓线或轮廓面

当基准是尺寸要素确定的轴线、中心平面或中心点时，基准三角形应放置在该尺寸线的延长线上（见图1-4-18）。如果没有足够的位置注基准要素尺寸的两个尺寸箭头，则其中一个箭头可用基准三角形代替（见图1-4-18（b）、（c））。

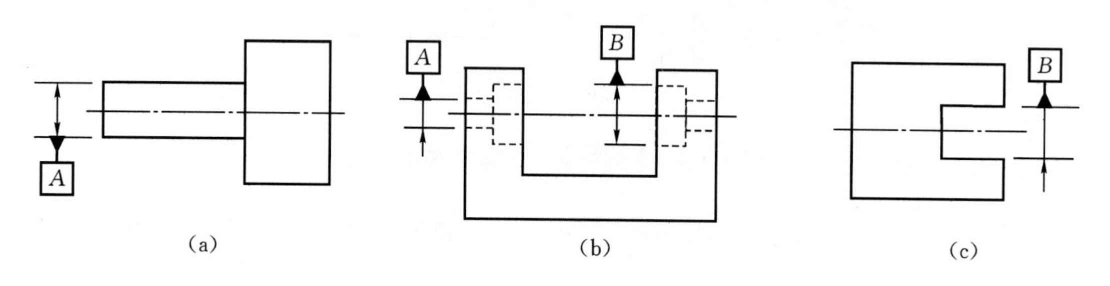

图1-4-18　基准为中心线或中心平面

（5）形位公差标注实例。

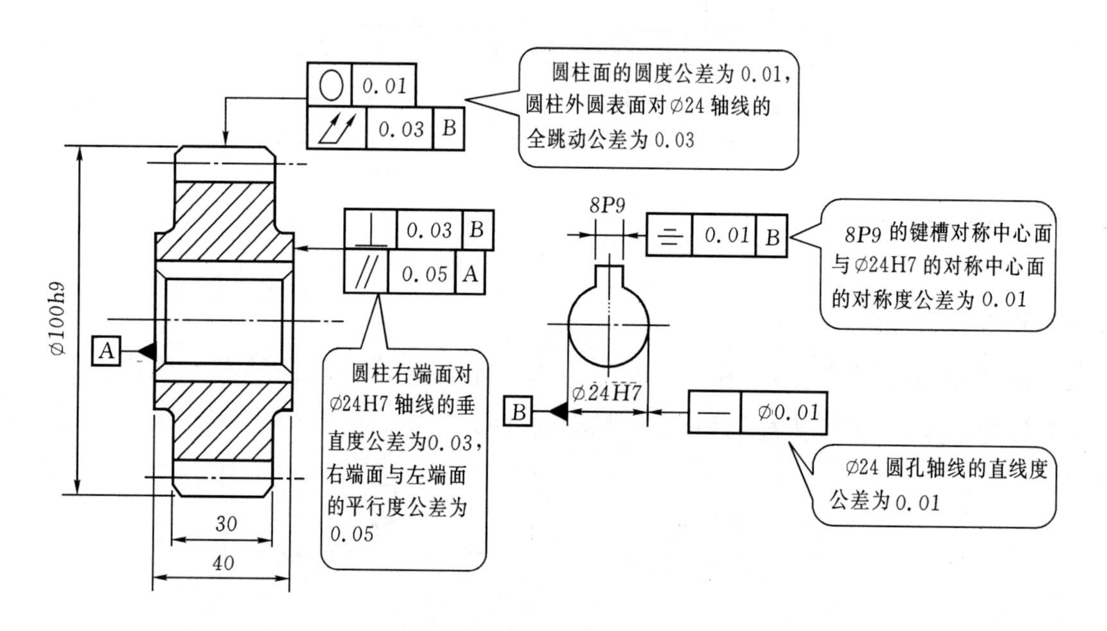

图1-4-19　形位公差标注实例

零件的一般部位靠尺寸公差就可以限制形状和相对位置，所以用不到几何公差，只有在零件的某些有较高精度要求的部位才标注几何公差。

三、表面结构

1.基本概念

表面结构是表面粗糙度、表面波纹度、表面缺陷、表面纹理和表面几何形状的总称。这里，我们主要学习表面粗糙度表示法。

表面粗糙度是指加工后的零件表面因刀痕、金属塑性变形等影响有形成表面峰谷的高低程度和间距状况的微观几何形状特性，实质上是指表面的微观高低不平度（见图1-4-20）。

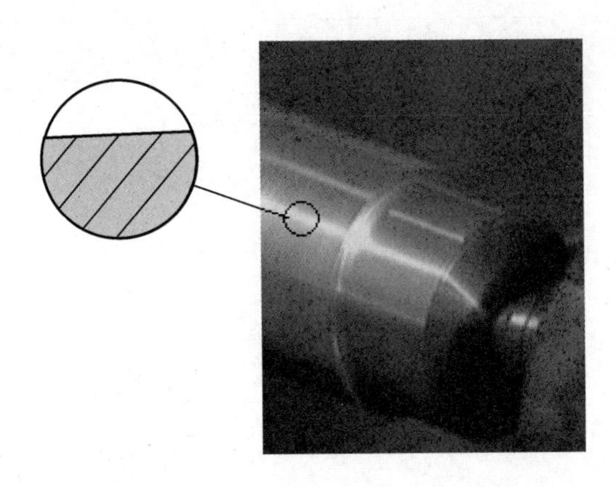

图1-4-20　加工表面经放大后的图形

2.评定参数

零件表面结构的评定参数有轮廓参数、图形参数和支承率曲线参数。其中轮廓参数是机械图样中最常用的评定参数，它又分为三种：R轮廓参数（粗糙度参数）、W轮廓参数（波纹度参数）和P轮廓参数（原始轮廓参数）。本节主要介绍表面结构表示法中涉及到的主要轮廓参数R_a和R_z。

① 轮廓算术平均偏差R_a：它是在取样长度L_r内，纵坐标Z（x）（被测轮廓上的各点至基准线x的距离）绝对值的算术平均值，如图1-4-21所示，可用下式表示：

$$R_a = \frac{1}{L_r}\int_0^{L_r} \left|Z(x)\right| \mathrm{d}x$$

② 轮廓最大高度R_z：它是在一个取样长度内，最大轮廓峰高与最大轮廓谷深之和，如图1-4-21所示。

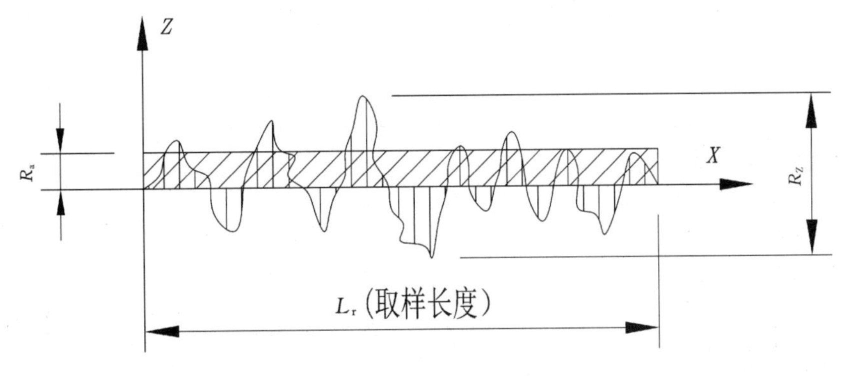

图1-4-21　R_a、R_z参数示意图

3.表面结构的图形符号

国家标准规定了五种表面结构的符号，见表1-4-2。

表1-4-2 表面结构的图形符号

符号名称	符号样式	含义及说明
基本图形符号		未指定工艺方法的表面；仅用于简化代号标注，没有补充说明时不能单独使用
扩展图形符号		用去除材料的方法获得表面，如通过车、铣、刨、磨等机械加工的表面
		用不去除材料的方法获得表面，如铸、锻等
完整图形符号		在图形符号的长边上加一横线，用于标注表面结构特征的补充信息
工件轮廓各表面图形符号		当在某个视图上组成封闭轮廓的各表面有相同的表面结构要求时，应在完整图形符号上加一圆圈，标注在图样中工件的封闭轮廓线上

4.图形符号的画法及尺寸

图形符号的画法如图1-4-22所示，表1-4-3列出了图形符号的尺寸。

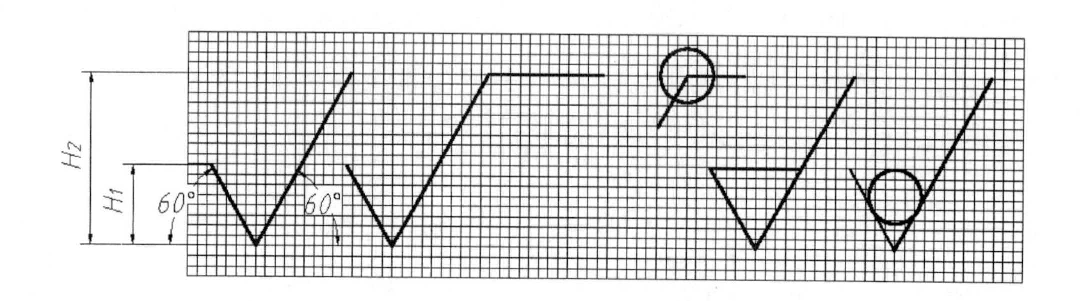

图1-4-22 图形符号的画法

表1-4-3 图形符号的尺寸

单位：mm

数字与字母的高度h	2.5	3.5	5	7	10	14	20
高度H_1	3.5	5	7	10	14	20	28
高度H_2（最小值）	7.5	10.5	15	21	30	42	60

注：H_2取决于标注内容。

5.表面结构要求在图形符号中的注写位置

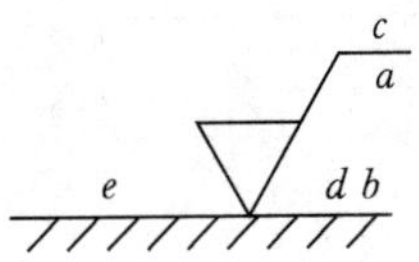

位置 a　注写表面结构的单一要求

位置 a 和 b　a 注写第一表面结构要求；b 注写第二表面结构要求

位置 c　注写加工方法，如“车”“磨”“镀”等

位置 d　注写表面纹理方向，“＝”“×”“M”

位置 e　注写加工余量

图1-4-23　表面结构要求在图形符号中的注写位置

6.表面结构代号

表面结构符号中注写了具体参数代号及数值等要求后即称为表面结构代号。表面结构代号的示例及含义见表1-4-4。

表1-4-4　表面结构代号

代号	含义/说明
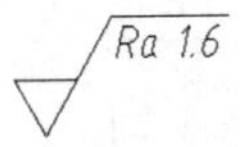 Ra 1.6	表示表面用去除材料的方法获得，R_a的上限值为1.6μm
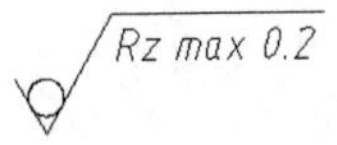 Rz max 0.2	表示表面用非去除材料的方法获得，R_z的最大值为0.2μm
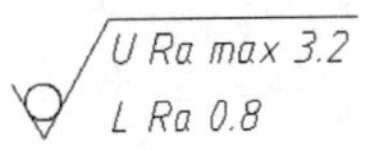 U Ra max 3.2 L Ra 0.8	表示表面用非去除材料的方法获得，R_a的上限值为3.2μm，R_a的下限值为0.8μm

7.表面结构要求在图样中的标注

表面结构要求在图样中的标注实例如表1-4-5所示。

表1-4-5表面结构要求在图样中的标注

说明	实例
（1）表面结构要求可标注在轮廓线或其延长线上	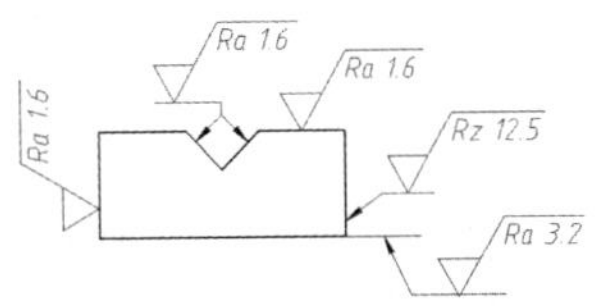 Ra 1.6　Ra 1.6　Ra 1.6　Rz 12.5　Ra 3.2
（2）表面结构要求也可用带箭头和黑点的指引线引出标注	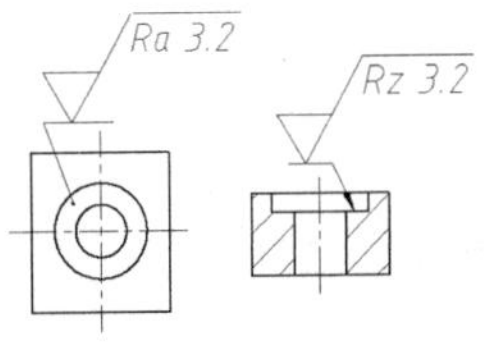 Ra 3.2　Rz 3.2

续表

说明	实例
（3）在不致引起误解时，表面结构要求可以标注在给定的尺寸线上	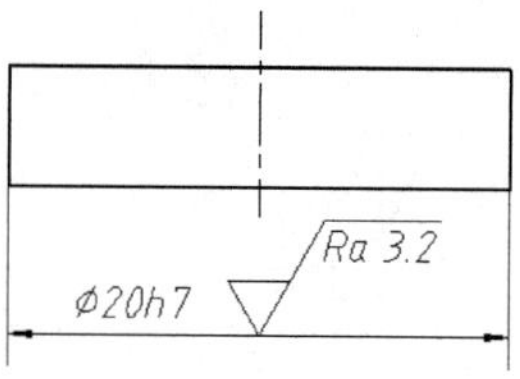 Ra 3.2 φ20h7
（4）表面结构要求可以标注在几何公差框格的上方	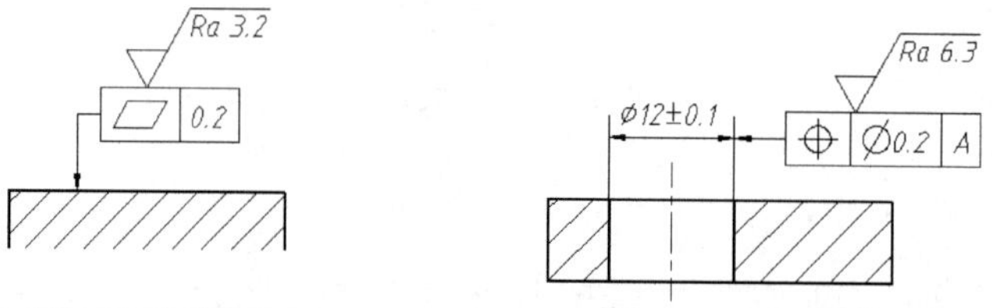 Ra 3.2 0.2 Ra 6.3 φ12±0.1 ∅0.2 A
（5）如果在工件的多数表面有相同的表面结构要求，则其表面结构要求可统一标注在图样的标题栏附近	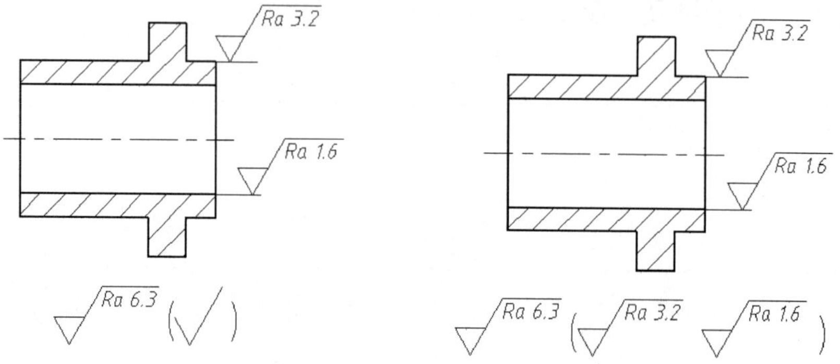 Ra 3.2 Ra 1.6 Ra 6.3 （a） Ra 3.2 Ra 1.6 Ra 6.3 Ra 3.2 Ra 1.6 （b）
（6）当多个表面有相同的表面结构要求或图纸空间有限时，可以采用简化注法，简化注释标注在图形或标题栏附近	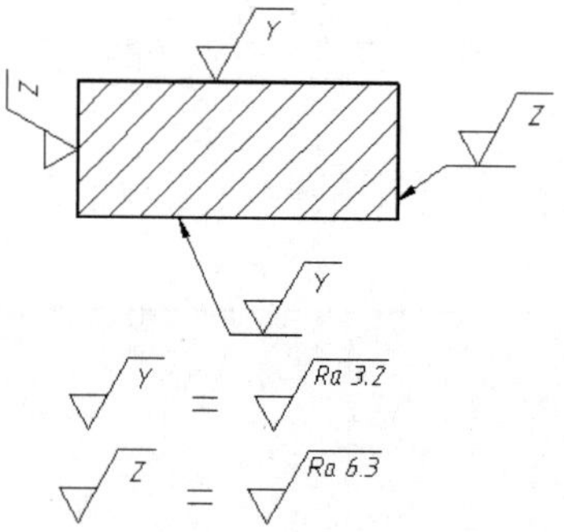 Y Z Z Y Y = Ra 3.2 Z = Ra 6.3

任务实施

※STEP 1　按下列步骤识读零件图，进一步完善引导文问题的回答

（1）读标题栏；

（2）分析视图，想象形状；

（3）分析尺寸和技术要求；

（4）综合考虑；

（5）完善引导文问题的回答。

※STEP 2　小组互相检查答案并纠正错误

活动小结

本学习活动中，我们学习了识读零件图的方法和步骤，为下一步绘制零件图打下了基础。

活动二 CAD绘制较复杂轴、套类零件图

知识链接

知识点一：快速编辑命令的使用

1.夹点编辑

（1）命令功能：在不发命令情况下，用直接点取或默认窗口方式选择一个或多个对象，被选择对象上会出现若干个蓝色小方框，利用夹点功能可以编辑对象。

（2）夹点命令启用方式：鼠标左键单击某个蓝色小方框，该夹点便会高亮显示，命令窗口出现夹点编辑方式提示。

（3）编辑模式：

①利用夹点拉伸对象；②利用夹点移动对象；③利用夹点旋转对象；

④利用夹点缩放对象；⑤利用夹点镜像对象。

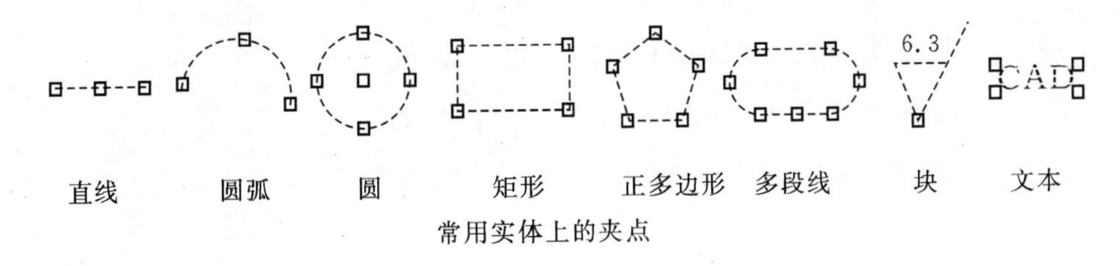

常用实体上的夹点

小提示

夹点的设置

工具菜单→选项→选项标签下可以设置选中和未选中的颜色，并可调节夹点的大小。

2.“特性”选项板编辑

（1）命令功能：选取单个对象时，将显示所选对象的颜色、线型、厚度、层、特殊点的坐标等属性，用户可以方便地浏览或修改所选对象中系统允许修改的某些特性；当

选取多个对象时，将显示所选对象的共同特性。

（2）命令调用方式：

图标方式：“特性”按钮→
键盘输入方式：Properties
单击“对象”→“右键”→“特性选项”

知识点二：零件公差标注

1.尺寸公差标注

（1）输入尺寸文本标注。在执行线性尺寸标注命令后，从尺寸标注提示中选择多行文字（M），弹出“多行文字编辑器”对话框，如标注图1-4-24，在执行线性尺寸标注命令后，从尺寸标注提示中选择多行文字（M），弹出“多行文字编辑器”对话框，在< >符号前输入“%%C”，符号后输入“－0.020＾－0.041”并且选取进行堆叠，单击“确定”，用光标确定尺寸位置。

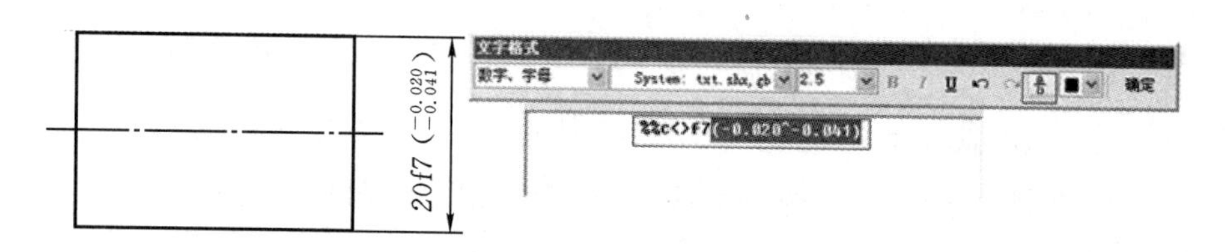

图1-4-24

（2）利用“特性”对话框编辑尺寸。在执行线性尺寸标注命令后，双击已标注的线性尺寸，弹出“特性”对话框，在“标注前缀”输入“%%C”；“显示公差”选择“极限偏差”；“公差等级”选择0.000；“水平放置公差”选择下；“公差下偏差”输入0.041；“公差上偏差”输入－0.020；“公差消去后续零”选择否；关闭“特性”对话框。

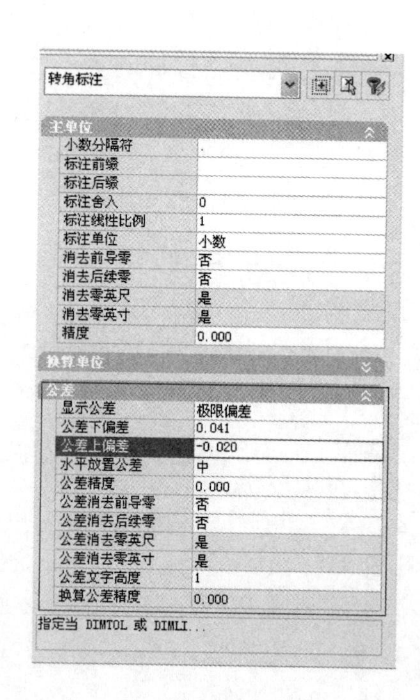

图1-4-25

2.形位公差标注

①命令功能：用来进行引出标注。

②命令调用方式：

菜单方式：【标注】→【引线】
图标方式：标注工具栏 →
键盘输入方式：QLEADER

③<回车>或空格或右键，弹出“引线设置”对话框，如图1-4-26所示。

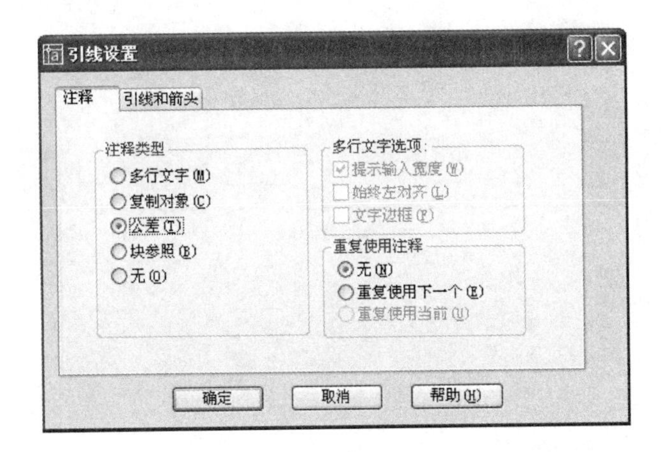

图1-4-26

④单击“公差”，选择引线和箭头，如图1-4-27所示。

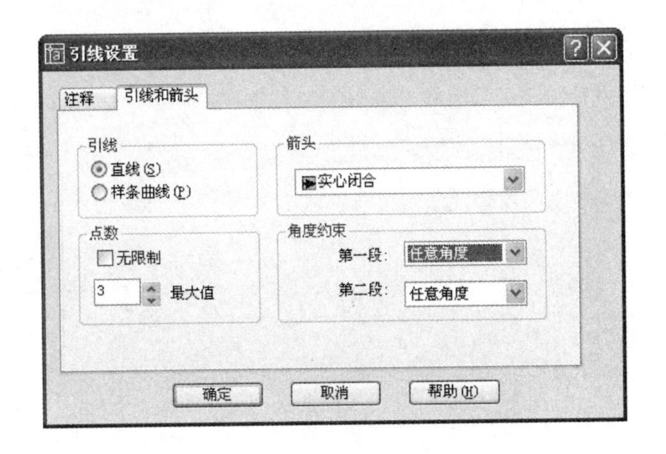

图1-4-27

⑤单击确定，弹出“形位公差”对话框，如图1-4-28所示。

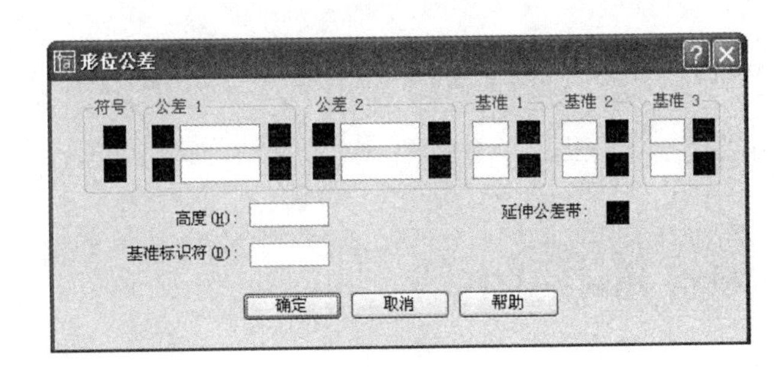

图1-4-28

⑥根据图纸上形位公差要求，填写“形位公差”对话框，如图1-4-29所示。

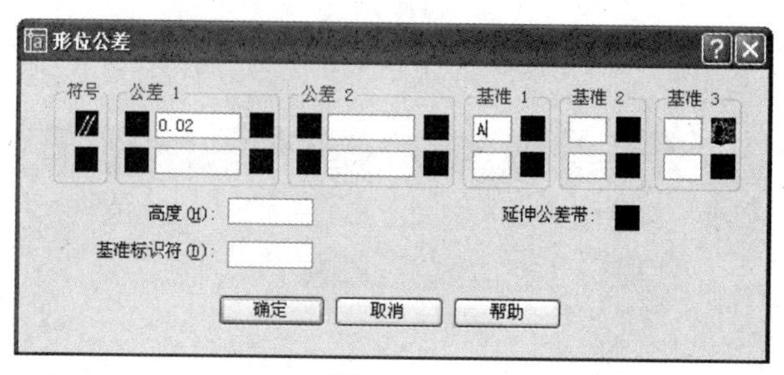

图1-4-28

⑦确定。

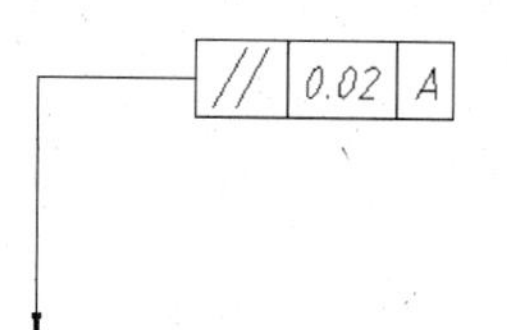

3.表面结构的标注

（1）绘制标准的表面结构符号；

（2）用文字注写R_a值；

（3）利用复制命令在零件图上进行标注；

（4）双击R_a数值，编辑文字修改R_a数值。

任务实施

分组运用AutoCAD绘制所给零件图（每组至少绘制一个轴、一个套，绘图速度快的同学可多绘制）。

活动小结

本学习活动中，我们学习了AutoCAD中尺寸公差、形位公差和表面结构的标注方法。正确、快速地对图样进行标注，是绘制工程图的一项重要内容。

活动三 结果评价与学习小结

展示汇报

※STEP 1　学生总结零件图识读的步骤及要点

※STEP 2　教师对学生的总结进行点评及补充

※STEP 3　学生将绘制的零件图张贴展示并评比

※STEP 4　教师对学生图样中存在的问题进行讲评

活动小结

（1）识读零件图过程中，你认为难点在哪里，你是怎么解决的？

（2）CAD绘制零件图过程中，你认为难点在哪里，你是怎么解决的？

（3）总结轴套类零件的表达方案和尺寸标注方法。

盘盖类及箱体类零件的测绘与识读

学习项目1　卡盘的测绘

学习项目2　直齿圆柱齿轮的测绘

学习项目3　铣刀头座体的测绘

学习项目4　盘盖类、箱体类零件图的识读

项目描述

卡盘属于盘类零件。采用任务驱动教学方式，通过本项目的学习，学生可独立使用游标卡尺对卡盘进行测量并绘制草图，运用AutoCAD的基本命令完成卡盘零件图的CAD图样绘制。

该项目按下述作业流程进行：卡盘零件测绘→卡盘零件的草图绘制→卡盘零件图的CAD绘制→图纸上交和验收。

实训场地

一体化测绘教室。

<table>
<tr><th colspan="4">任务书</th></tr>
<tr><td>项目</td><td colspan="3">卡盘的测绘</td></tr>
<tr><td rowspan="2">学习目标</td><td>知识目标</td><td colspan="2">（1）掌握盘盖类零件的视图表达方案和尺寸标注方法
（2）掌握CAD图块的创建与使用（创建表面结构）
（3）了解尺寸公差、形位公差与表面结构等技术要求的选择方法</td></tr>
<tr><td>能力目标</td><td colspan="2">（1）能合理选择卡盘的表达方案并进行尺寸标注
（2）能够绘制卡盘零件草图
（3）能初步确定卡盘的技术要求并进行标注
（4）能熟练使用常规测量工具测量卡盘零件的尺寸
（5）会用CAD软件绘制盘类零件工作图</td></tr>
<tr><td>要求</td><td colspan="3">（1）依据卡盘绘制零件草图
（2）测量零件尺寸并标注
（3）手工绘制卡盘零件图样
（4）使用CAD软件绘制卡盘零件图样</td></tr>
<tr><td rowspan="3">学习活动</td><td colspan="2">活动</td><td>建议课时</td></tr>
<tr><td>1</td><td>卡盘零件表达方案的选择</td><td>2 h</td></tr>
<tr><td>2</td><td>卡盘零件表达方案的确定及草图的绘制</td><td>4 h</td></tr>
</table>

续表

	活动		建议课时
学习活动	3	卡盘零件尺寸的测量与标注	6 h
	4	卡盘零件CAD图样的绘制	4 h
	5	结果评价与学习小结	4 h
立体图	图2-1-1		

活动一 卡盘零件表达方案的选择

活动引入

1.卡盘零件的用途

卡盘是起支承和轴向定位作用的。

2.卡盘零件结构形状分析

卡盘属于盘盖类零件，其主体多由__________体构成，内部为空心结构，轴向尺寸小而径向尺寸较大，并在径向分布有3个__________。

想一想

独立思考：卡盘应该怎样表达呢？它与轴套类零件结构有什么区别？

____

____

____

活动小结

本活动重点分析卡盘的结构，从而初步确定卡盘零件的表达方案。

活动二 卡盘零件表达方案的确定及草图的绘制

小组讨论

交流各自表达方案的优劣，初步确定本组的表达方案。

知识链接

知识点一：盘盖类零件的结构特点和表达方案

1.结构特点

盘盖类零一般轴向尺寸小而径向尺寸较大，零件的主体多数由回转体构成，可能同轴或不同轴，也有主体形状是矩形的，并在径向分布有螺孔或光孔、销孔、轮辐等结构。如各种端盖、齿轮、带轮、手轮、链轮、箱盖等。

2.表达方法

（1）盘盖类零件一般也是在车床和磨床上加工的，所以应按形状特征和加工位置选择主视图，轴线水平放置。

（2）盘盖类零件一般需要两个主要视图，一个轴向视图，一个端视图。

（3）盘盖类零件的其他结构形状，支撑板可用移出断面或重合断面表示。

（4）根据盘盖类零件的结构特点（空心），具有对称平面时，可作半剖；无对称平面时，可作全剖。

知识点二：盘盖类零件尺寸标注

盘盖类零件主要有两个方向的尺寸，即径向尺寸和轴向尺寸。通常以轴孔的轴线作为径向尺寸基准。一般以端面或与其他零件表面相接触的较大端面作为轴线尺寸基准。由于盘盖类零件上常有一些孔结构，因此定形尺寸和定位尺寸要明显标注。尤其在圆周上分布的小孔的定位圆直径是此类零件的典型定位尺寸。按照尺寸标注的清晰性考虑，内部结构与外部结构应分开标注。同时要注意标注的合理性，在任务一的项目2中已有标注合理性的介绍。

任务实施

※STEP 1　学习盘盖类零件的表达方法及尺寸标注方法

※STEP 2　根据所学知识修改并确定卡盘的表达方案和尺寸标注

※STEP 3　徒手绘制卡盘零件草图

※STEP 4　互相检查草图的正确性并修改

活动小结

本活动重点学习盘盖类零件的表达方案及尺寸标注的方法。学生通过讨论确定本组的卡盘零件的表达方案绘制零件草图。

活动三　卡盘零件的尺寸的测量与标注

知识点一：表面结构的选择

1.表面结构的选择原则

①一般情况下，选用参数R_a（或R_z）控制表面粗糙度即可满足要求。

②表面粗糙度评定参数选定后，应规定其允许值。

③表面粗糙度的参数值已经标准化，设计时应按国家标准规定的参数系列选取。

④同一零件上，工作表面粗糙度值小于非工作表面。

⑤摩擦表面粗糙度值小于非摩擦表面。

⑥运动速度高、单位面积压力大，以及受交变应力作用的钢质零件圆角、沟槽处、应有较小的粗糙度。

⑦配合性质要求高的配合表面，如小间隙的配合表面，受重载荷作用的过盈配合表面，都应有较小的表面粗糙度。

⑧尺寸精度要求高时，参数值应相应地取小。

2.表面结构R_a值的选择

（1）与表面粗糙度样块对比。

①结构（见图2-1-2）。

图2-1-2

②测量原理。

比较法测量是指将被测表面与已知幅度特征参数值的表面粗糙度样块相比较，从而判断表面粗糙度的一种检测方法。

比较时，可用肉眼观察、手动触摸，也可借助显微镜、放大镜。所用表面粗糙度样板的材料、形状及加工方法应尽可能与被测表面一致。比较法简单易行，适于在车间使用，缺点是评定结果的可靠性很大程度上取决于检验人员的经验。比较法仅适用于评定表面粗糙度要求不高的工件。

（2）依据主要加工方法及表面特征（见表2-1-1）。

表2-1-1　R_a值及应用

$R_a/\mu m$	表面结构特征	主要加工方法	应用举例
50、100	明显可见刀痕	粗车、粗铣、粗刨、钻、粗纹锉刀和粗砂轮加工	粗糙度最低的加工面，一般很少使用
25	可见刀痕		
12.5	微见刀痕	粗车、刨、立铣、平铣、钻	不接触表面、不重要的接触面，如螺钉、倒角、机座底面等。
6.3	可见加工痕迹	精车、精铣、精刨、铰、镗、粗磨等	没有相对运动的零件接触面，如箱盖、套筒要求紧贴的表面、键和键槽工作面；相对运动速度不高的接触面，如支架孔、衬套的工作表面等
3.2	微见加工痕迹		
1.6	看不见加工痕迹		
0.8	可辨加工痕迹方向	精车、精铰、精拉、精镗、精磨等	要求很好紧密的接触面，如与滚动轴承配合的表面、锥销孔等；相对运动速度较高的接触面，如滑动轴承的配合面、齿轮轮齿的工作表面
0.4	微辨加工痕迹方向		

表面结构R_a的选择可将表面粗糙度样块及主要加工方法和表面特征综合考虑。

知识点二：盘盖类零件的一般技术要求

1. 表面结构

盘盖类零件有配合关系的内外表面及起轴向定位作用的端面，其R_a值要小一些。如有配合要求的孔，其R_a值一般为3.2~0.8，要求高的精密齿轮内孔R_a值可达0.4。端面作为零件的装配基准，其R_a值一般为1.6~6.3。

2. 尺寸公差

盘盖类零件的内孔和一个端面是该类零件安装于轴上的装配基准，设计时大多以内孔和端面为设计基准来标注尺寸和各项技术要求。孔的精度要求较高，其直径尺寸公差等级一般为IT7，若上面有与其他零件相配的外圆面，其直径公差等级一般为IT6。

3. 几何公差

盘盖类零件往往对支撑用端面有较高的平面度及两端平行度要求，还可能有端面对轴孔的圆跳动要求，对内孔等有与平面的垂直度要求，外圆、内孔间有同轴度要求等。

4. 卡盘尺寸公差和几何公差

如图2-1-1所示：

①A处内孔尺寸公差为G7；

②C处外径尺寸公差为h6；

③B面对A处内孔轴线的垂直度公差为0.02 mm。

零件的几何公差和尺寸公差还要根据该零件在机器中的功用、工作位置及与其他零件的配合关系，结合结构和制造工艺方面的知识来确定。

任务实施

※STEP 1　在已学量具中选用合适的测量工具

※STEP 2　卡盘零件的尺寸测量

※STEP 3　卡盘零件的尺寸标注

※STEP 4　初步选择卡盘的表面结构并在草图中标注

※STEP 5　按给定要求标注卡盘零件的尺寸公差和几何公差

※STEP 6　互相检查技术要求标注的正确性并修改

活动小结

本任务重点学习表面结构的选择方法，练习初步选择卡盘零件表面结构的能力，学习技术要求的标注方法。

活动四　卡盘零件CAD图样的绘制

知识链接

知识点一：卡盘图样表面结构符号的标注

1.块的基本概念

块是可由用户定义的子图形，用户可以将绘图过程中需要重复使用的图形对象定义为块，使用时只要插入到指定位置即可。

2.创建和使用块

（1）定义块：又称内部块。定义块对话框如图2-1-3所示。

命令调用方式：

菜单方式：【绘图】→【块】→【创建】

图标方式：

键盘输入方式：BLOCK命令格式

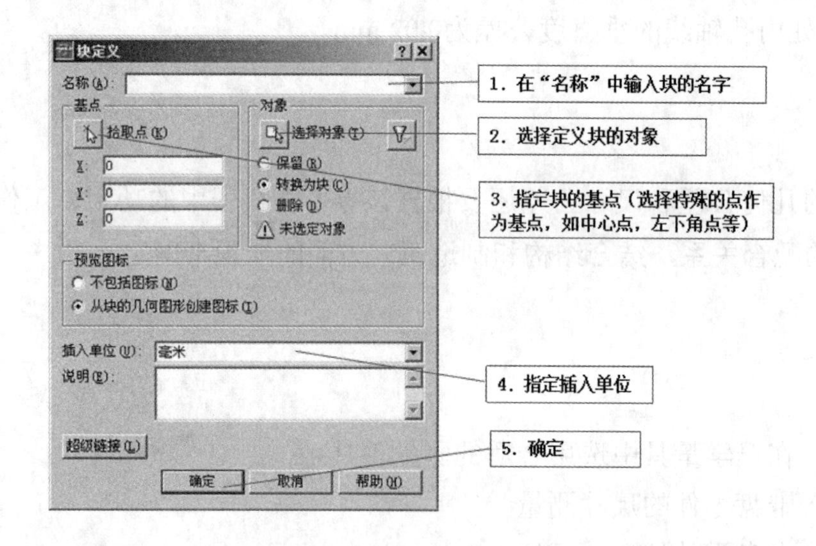

图2-1-3

（2）写块：又称外部块，在命令行输入“WBLOCK”后回车，打开“写块”对话框，如图2-1-4所示。

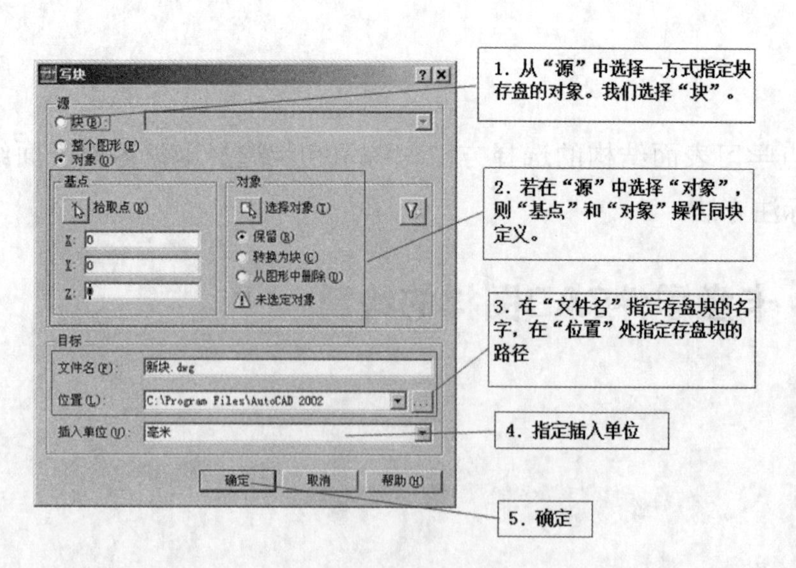

图2-1-4

内部块只能在所设置的图形文件中使用；外部块是一个外部的图形文件，任意.DWG文件都可以调用。

（3）插入图块：如图2-1-5所示。

命令调用方式：

菜单方式：【插入】→【块…】

图标方式：

键盘输入方式：INSERT

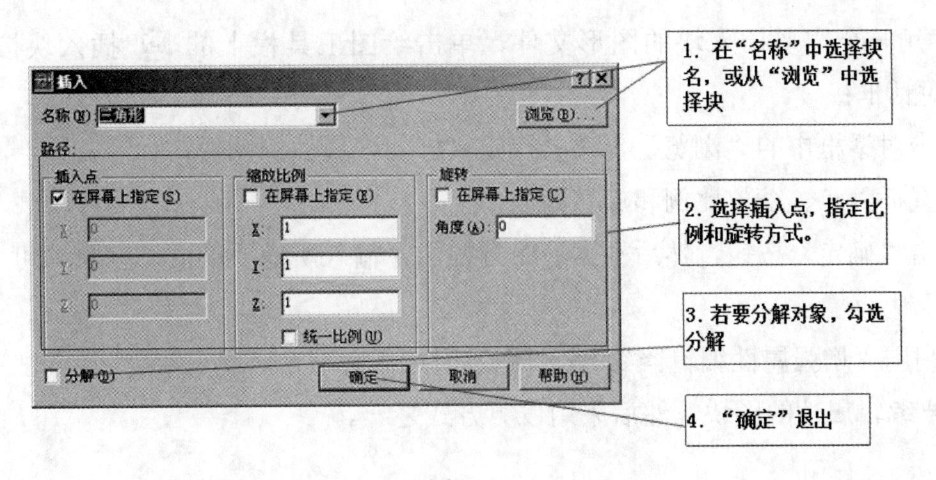

图2-1-5

知识点二：图块属性

图块属性的概念：图块附加一些可以变化的文本信息，以增强图块的通用性。

1.建立带属性的块

（1）定义属性：

菜单方式：【绘图】→【块】→【定义属性】（见图2-1-6）

键盘输入方式：ATTDEF

（2）建立带属性的块：

① 绘制构成图块的实体图形；

② 定义属性（见图2-1-6）；

③ 将绘制的图形和属性一起定义成图块（见图2-1-7）。

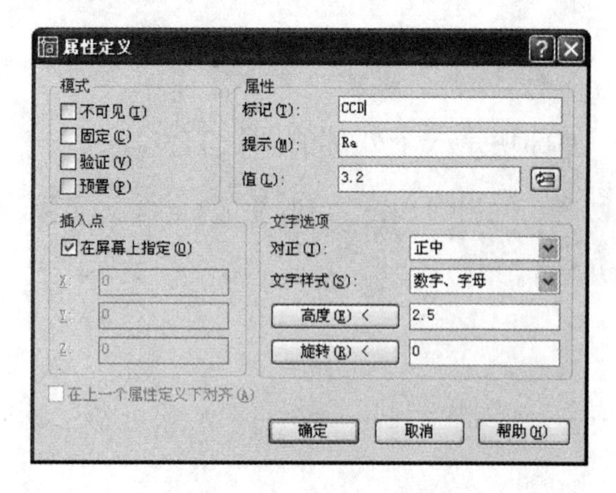

图2-1-6

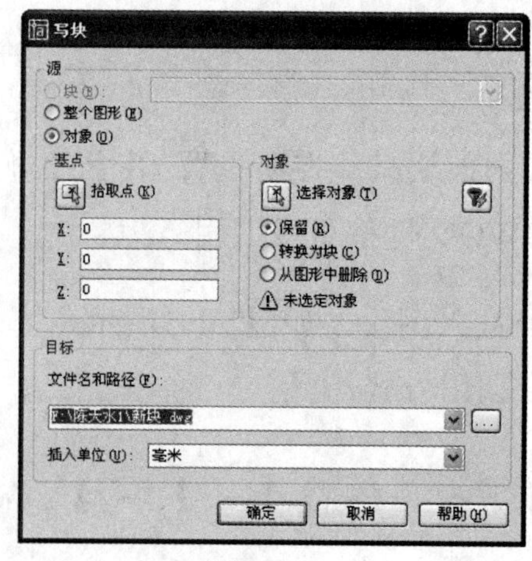

图2-1-7

（3）插入带属性的块：

① 打开一个需要插入块的图形文件，单击绘图工具栏上的 插入块按钮，打开“插入”对话框；

② 单击对话框中的“浏览”，选择已定义好的带属性的图块；

③ 设置插入点、缩放比例和旋转角度；

④ 单击“确定”按钮，然后根据命令行提示，输入所需要的文本信息即可。

2.编辑图块属性

（1）利用“增强属性编辑器” 编辑图块属性。

双击要编辑属性的图块，然后采用以下方式之一。

工具栏：

菜单方式：选择菜单【修改】→【对象】→【属性】→【单个】

（2）利用“ATTEDIT” 编辑图块属性。

菜单方式：【修改】→【对象】→【属性】→【全局】

键盘输入方式：ATTEDIT

（3）利用“块属性管理器” 编辑图块属性。

图标方式：

菜单方式：【修改】→【对象】→【属性】→【块属性管理器】

建立一个带属性的表面结构块并插入图形。

任务实施

依据手工图样，应用CAD软件绘制卡盘零件图。

活动小结

本任务重点学习AutoCAD的文字标注方法和尺寸标注方法，正确、快速地设置标注样式，是绘制工程图样的一项重要内容。

活动五 结果评价与学习小结

展示汇报

※STEP 1　每组推举人员讲解本组卡盘零件表达方案的选取
※STEP 2　教师对各组表达方案选择的合理性进行评讲
※STEP 3　学生将绘制的图样张贴展示并评比
※STEP 4　教师对学生的图样中存在的问题进行评讲

学习小结

（1）确定卡盘表达方案时，哪个部分的结构不好表达？如何解决？

____

____

____

（2）卡盘零件在尺寸标注中，困难在哪？如何解决？

____

____

____

（3）在本项目学习中，我们学了哪些新知识？

____

____

____

项目描述

齿轮零件是切削加工专业常见典型零件类型，齿轮零件测绘是机械测绘重要部分。采用任务驱动教学方式，通过本项目的学习，学生可独立使用测量工具对齿轮进行测量，运用AutoCAD的基本命令完成齿轮CAD图样绘制。

该项目按下述作业流程进行：齿轮草图→齿轮零件尺寸测量→齿轮零件图的CAD绘制→图纸上交和验收。

实训场地

一体化测绘教室。

<table>
<tr><th colspan="4">任务书</th></tr>
<tr><td>项目</td><td colspan="3">直齿圆柱齿轮的测绘</td></tr>
<tr><td rowspan="2">学习目标</td><td>知识目标</td><td colspan="2">（1）掌握齿轮参数的计算方法
（2）熟悉齿轮轮齿结构及齿轮啮合的规定画法及尺寸标注
（3）了解齿轮技术要求
（4）掌握直齿圆柱齿轮的测绘方法
（5）了解毂键槽尺寸的查表</td></tr>
<tr><td>能力目标</td><td colspan="2">（1）能正确计算齿轮的各部分尺寸
（2）能正确测量直齿圆柱齿轮的尺寸并绘制齿轮草图
（3）能熟练应用CAD绘制齿轮零件工作图</td></tr>
<tr><td>要求</td><td colspan="3">（1）依据齿轮零件绘制零件草图
（2）测量零件尺寸并标注
（3）标注齿轮的技术要求
（4）使用CAD软件绘制齿轮零件图样</td></tr>
<tr><td rowspan="3">学习活动</td><td colspan="2">活动</td><td>建议课时</td></tr>
<tr><td>1</td><td>直齿圆柱齿轮表达方案的选择</td><td>2 h</td></tr>
<tr><td>2</td><td>直齿圆柱齿轮表达方案的确定及草图的绘制</td><td>6 h</td></tr>
</table>

续表

	活动		建议课时
学习活动	3	直齿圆柱齿轮尺寸的测量与标注	2 h
	4	直齿圆柱齿轮CAD图样的绘制	2 h
	5	结果评价与学习小结	4 h
立体图	图2-2-1		

活动一 直齿圆柱齿轮表达方案的选择

活动引入

一、齿轮用途及结构

1. 用途

齿轮是机械传动中应用最广泛的一种传动件，它支承在轴上，用于传递动力或变换轴的转速和旋转方向，齿轮总是成对使用的（见图2-2-2）。

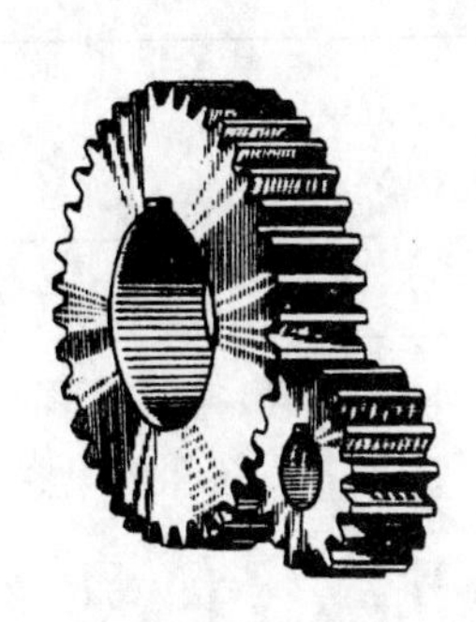
(a) 外啮合传动

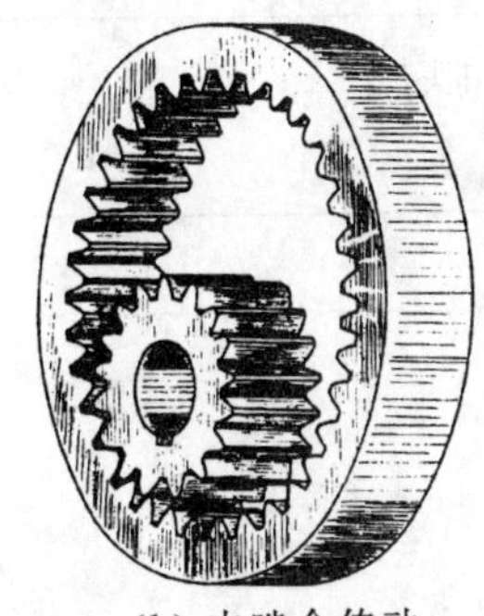
(b) 内啮合传动

(c) 齿轮条传动

图2-2-2 直齿圆柱齿轮传动

2. 结构

齿轮根据其大小不同，形式也有所改变，可分为锻造齿轮、铸造齿轮和焊接齿轮。锻造齿轮又分为齿轮轴、实心式齿轮和腹板式齿轮。本项目所用齿轮为腹板式齿轮。

二、直齿圆柱齿轮形状分析

（1）直齿圆柱齿轮由轮缘、轮辐和轮毂构成，见图2-2-3。

（2）轮缘上有轮齿，轮辐上有__________个均布的通孔，轮毂上加工有__________用于和轴进行连接。

图2-2-3　齿轮结构

（1）直齿圆柱齿轮属于哪类零件？

____

（2）一般的表达方法是什么（几个基本视图，如何表达）？

____

（3）齿轮的轮齿又该怎么表达呢？

____

____

活动小结

本学习活动重点认识齿轮结构形状，从而初步确定直齿圆柱齿轮的表达方案。

活动二 直齿圆柱齿轮表达方案的确定及草图的绘制

小组讨论

交流说明各自视图的选择及投影方向，重点思考轮齿部分如何表达。

知识链接

知识点一：标准直齿圆柱齿轮参数的计算

1. 标准直齿圆柱齿轮各部分名称及有关参数（见图 2-2-4）

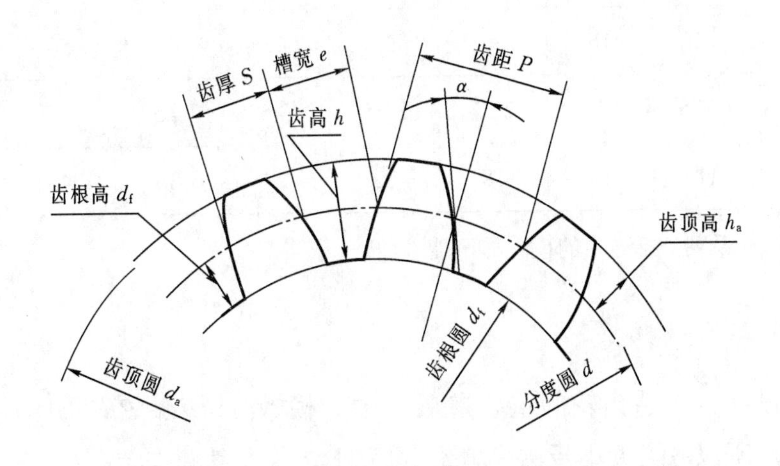

图2-2-4 直齿圆柱齿轮各部分名称

（1）齿顶圆（直径d_a）：通过圆柱齿轮齿顶的假想圆称为齿顶圆。

（2）齿根圆（直径d_f）：通过圆柱齿轮齿根的假想圆称为齿根圆。

（3）分度圆（直径d）：齿轮设计和加工时计算尺寸的基准圆称为分度圆。它位于齿顶圆和齿根圆之间，是一个约定的假想圆。

（4）齿高h：轮齿在齿顶圆与齿根圆之间的径向距离称为齿高。齿高h分为齿顶高h_a和齿根高h_f两段（$h=h_a+h_f$）：

齿顶高h_a：齿顶圆与分度圆之间的径向距离；

齿根高h_f：齿根圆与分度圆之间的径向距离。

（5）齿数z：即轮齿的个数，它是齿轮计算的主要参数之一。

（6）齿距P、齿厚S、齿槽宽e：

分度圆上相邻两齿同侧齿廓之间的弧长称为齿距，用P表示；

分度圆上一个轮齿的两侧齿廓之间的弧长称为齿厚，用S表示；

分度圆上一个齿槽的两侧齿廓之间的弧长称为槽宽，用e表示。

三者之间：$P=S+e$；对于标准齿轮$S=e$。

（7）模数m：

由于分度圆周长　　$\pi d=Pz$

所以　　$d=P/\pi z$

令　　$P/\pi=m$

则　　$d=mz$

式中m称为齿轮的模数，它等于齿距与圆周率π的比值。模数以mm为单位，为了便于设计和制造，模数的数值已标准化，如表2-2-1所示。

表2-2-1　渐开线圆柱齿轮的标准模数系列　　单位：mm

第一系列	1	1.25	1.5	2	2.5	3	4	5	6	8
	10	12	16	20	25	32	40	50	—	
第二系列	1.125	1.375	1.75	2.25	2.75	3.5	4.5	5.5	（6.5）	7
	9	（11）	14	18	22	28	36	45	—	

注：优先选用第一系列，括号内的模数尽可能不用。

模数是设计、制造齿轮的重要参数。由于模数m与齿距P成正比，而P决定了轮齿的大小，所以m的大小反映了轮齿的大小。模数大，轮齿大，在其他条件相同的情况下，轮齿的承载能力也就大，反之承载能力就小。另外，一对互相啮合的两个齿轮，其模数必须相等。加工齿轮也须选用与齿轮模数相同的刀具，因而模数又是选择刀具的依据。

（8）中心距a：两圆柱齿轮轴线之间的距离称为中心距。当两标准齿轮标准安装时，分度圆应相切，其标准中心距$a=d_1/2+d_2/2=1/2(z_1+z_2)$。

（9）传动比i：

主动齿轮的转速n_1（r/min）与从动齿轮的转速n_2（r/min）之比，与从动齿轮的齿数与主动齿轮的齿数之比，即$i=n_1/n_2=z_2/z_1$。

2.直齿圆柱齿轮各基本尺寸计算

齿轮轮齿各部分的尺寸都是根据模数来确定的。标准直齿圆柱齿轮各基本尺寸计算关系见表2-2-2。

表2-2-2　标准直齿圆柱齿轮轮齿各部分的尺寸计算

基本参数	名称及符号	计算公式
模数m 齿数z	齿顶圆直径d_a	$d_a=m(z+2)$
	分度圆直径d	$d=mz$
	齿根圆直径d_f	$d_f=m(z-2.5)$
	齿顶高h_a	$h_a=m$
	齿根高h_f	$h_f=1.2m$
	齿高h	$h=2.2m$
	中心距a	$a=(d_1+d_2)/2=m(z_1+z_2)/2$

知识点二：单个直齿圆柱齿轮的画法

齿轮的轮齿部分，如果按其真实投影绘制比较麻烦，所以国家标准规定轮齿画法，如图2-2-5所示。

（1）齿顶圆和齿顶线用粗实线绘制。

（2）分度圆和分度线用细点画线绘制（分度线应超出轮齿两端面2～3 mm）。

（3）齿根圆和齿根线在视图中用细实线绘制，也可省略不画；在剖视图中，轮齿一律按不剖处理，齿根线用粗实线绘制。

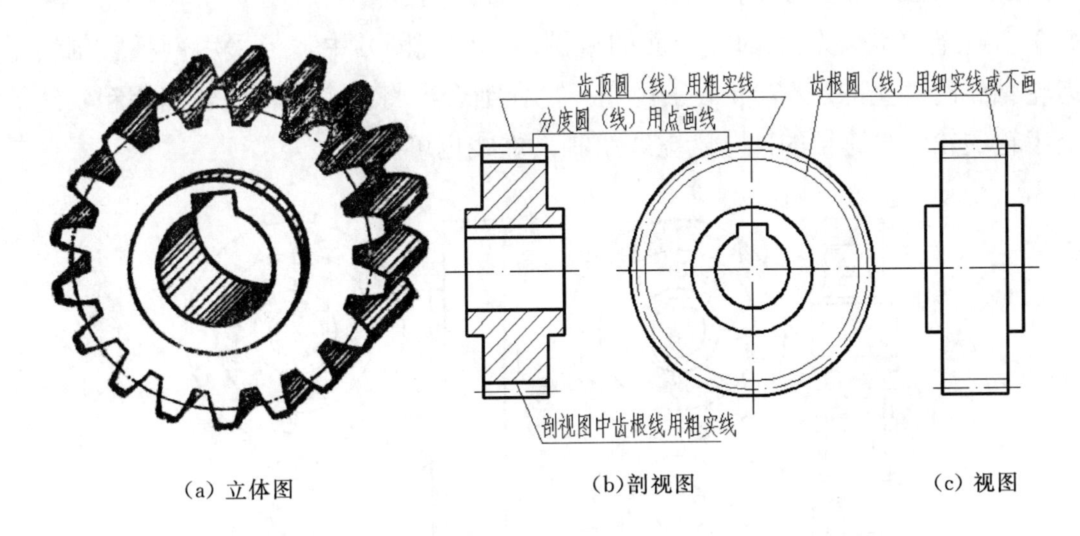

(a) 立体图　(b)剖视图　(c) 视图

图2-2-5　单个齿轮的绘制

（4）齿轮除了轮齿部分外，其余轮体结构均应按真实投影绘制。轮体的结构和尺寸，由设计要求确定。

知识点三：直齿圆柱齿轮的表达方法

齿轮属于轮盘类零件，其表达方法与一般轮盘类零件相同。通常将轴线水平放置，可选用两个视图（见图2-2-5）；或一个视图和一个局部视图（见本活动知识点五图2-2-8），对于直齿轮其中非圆视图可选用全剖视，对于斜齿轮或人字齿轮，为表达其轮齿倾斜方向，其非圆视图可选择局部剖或半剖（见图2-2-6）。

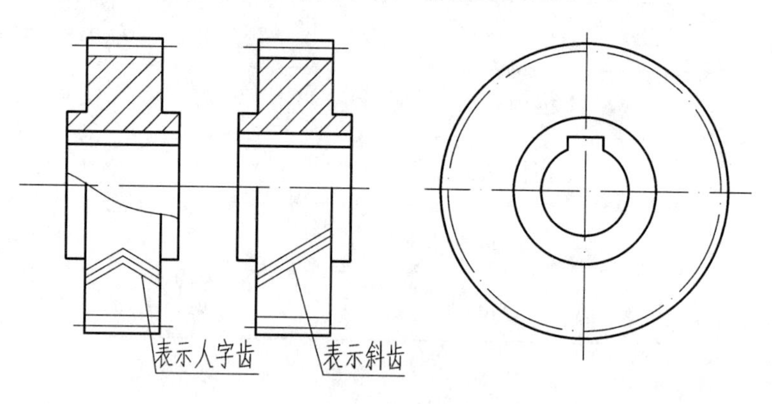

图2-2-6　斜齿轮、人字齿轮的绘制

知识点四：两直齿圆柱齿轮啮合的画法

两齿轮啮合时，除啮合区外，其余部分均按单个齿轮绘制。啮合区按如下规定绘制（见图2-2-7）：

（1）在垂直于齿轮轴线的投影面的视图（反映为圆的视图）中，两分度圆应相切，齿顶圆均按粗实线绘制，如图2-2-7（a）左视图所示；在啮合区内的齿顶圆也可以省略不画，如图2-2-7（b）左视图所示。齿根圆全部省略不画。

（2）在平行于齿轮轴线的投影面的视图（非圆视图）中，当采用剖视且剖切平面通过两齿轮轴线时（见图2-2-7（a）主视图），在啮合区将一个齿轮的轮齿用粗实线绘制，另一个齿轮的轮齿被遮挡的部分用虚线绘制，虚线也可省略。

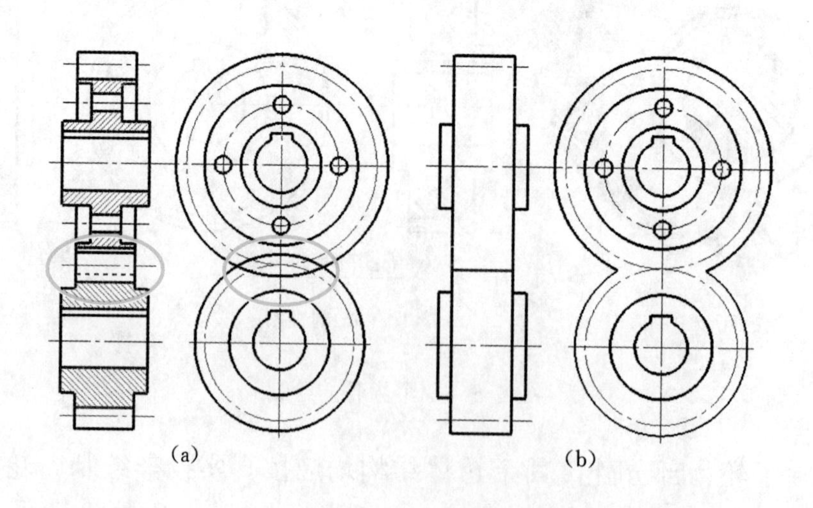

图2-2-7　两齿轮啮合的绘制

注意啮合区域的绘制（5条线）：两齿轮的齿顶线（齿顶圆）、两齿轮的齿根线（齿根圆）、两齿轮的分度线重合（分度圆相切）。

（3）当不采用剖视而用外形视图表示时，啮合区的齿顶线不需画出，分度线用粗实线绘制；非齿合区的分度线仍用细点画线绘制，齿根线均不画出，如图2-2-7（b）中的主视图。

知识点五：齿轮的尺寸标注

图2-2-8所示为直齿圆柱齿轮的零件图。在齿轮零件图中，除具有一般零件的内容外，齿顶圆直径、分度圆直径必须直接注出，齿根圆直径规定不注（因加工时该尺寸由其他参数控制）；并在图样右上角的参数栏中注写模数、齿数、齿形、齿形角等基本参数。

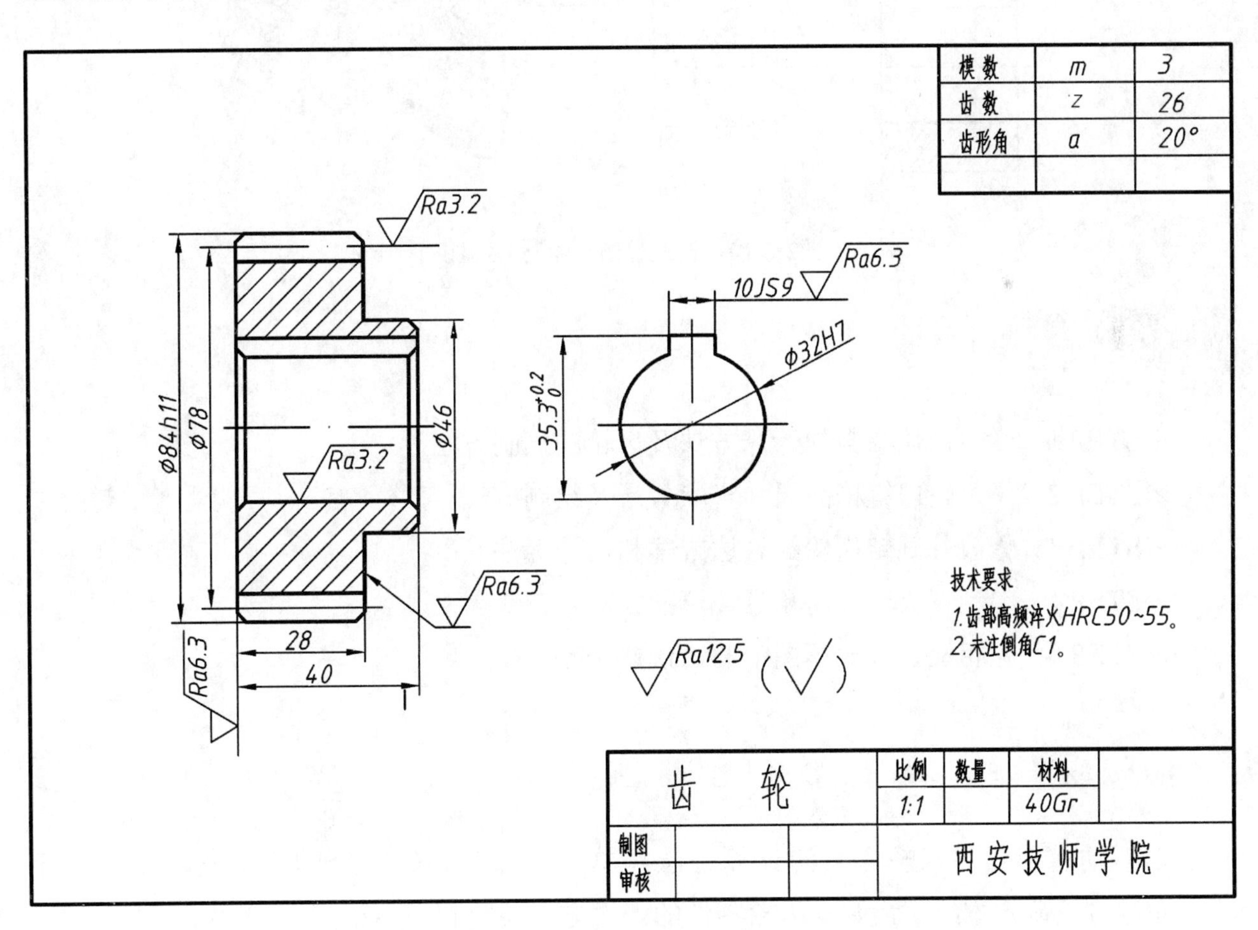

图2-2-8 齿轮零件图

知识点六：轮毂键槽尺寸的查取、绘制及标注

1. 轮毂键槽尺寸的查取

齿轮和轴通常采用键连接实现传动（见图2-2-9）。齿轮轮毂键槽的形式和尺寸，也随键的标准化而有相应的标准（见附表5）。与轴键槽相同，设计或测绘中，键槽的宽度、深度可根据被连接的轴径在标准中查得。轮毂键槽一般为通槽。

图2-2-9

2.轮毂键槽的绘制与标注（见图2-2-10）

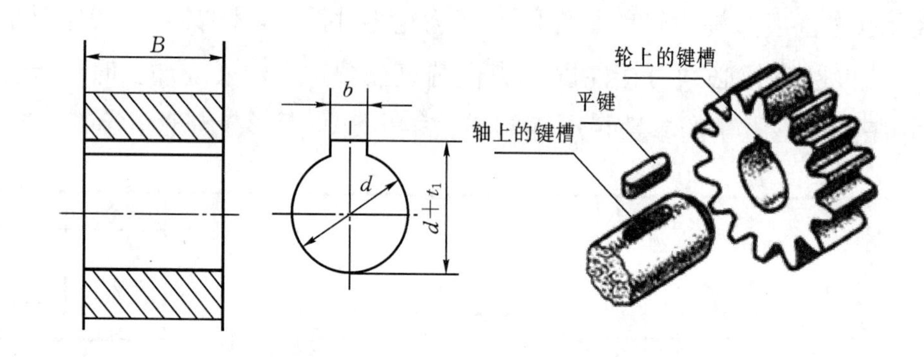

图2-2-10　轮毂键槽的绘制与标注

任务实施

※STEP 1　学习齿轮参数的计算方法及齿轮的绘制方法

※STEP 2　学习轮毂键槽的尺寸查取方法及绘制方法

※STEP 3　修改并确定齿轮的表达方案和尺寸标注

※STEP 4　绘制直齿圆柱齿轮零件草图

※STEP 5　互相检查齿轮草图中的错误并修改

活动小结

本活动重点学习齿轮参数的计算方法；单个齿轮及齿轮啮合的规定画法及尺寸标注。通过讨论确定本组直齿圆柱齿轮零件的表达方案并绘制零件草图。

活动三 直齿圆柱齿轮尺寸的测量与标注

知识链接

知识点一：标准直齿圆柱齿轮的测量

根据齿轮实物，通过测量，计算确定其主要参数和各基本尺寸，并测量其余各部分尺寸，然后集中标注在齿轮零件草图上。齿轮测绘主要在于确定齿数z和模数m这两个基本参数。直齿圆柱齿轮测绘的一般步骤如下：

（1）确定齿数z：数出被测齿轮的齿数。

（2）测量齿顶圆直径d_a：当齿轮的齿数是偶数时，可直接量得d_a，如图2-2-11（a）所示；当齿数为奇数时，应通过测出轴孔直径D和孔壁至齿顶的径向距离H（见图2-2-11（b）），然后按$d_a=D+2H$算出d_a。

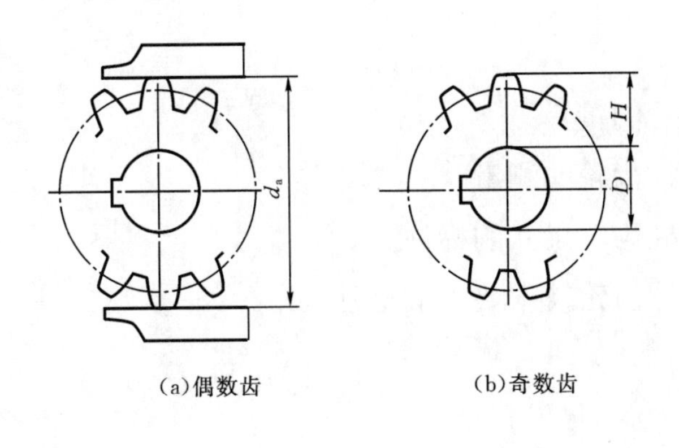

图2-2-11

（3）确定模数：根据$d_a= m（z+2）$，得$m= d_a/（z+2）$，将d_a和z代入该式中，可算出模数m，并对照模数表2-2-1选取与其相近的标准模数值。

（4）计算各基本尺寸：根据确定的标准模数，用表2-2-2的公式计算出基本尺寸（注意，当取标准模数后，应重新核算d_a，修正或确定所测的d_a值）。

（5）测量齿轮其他各部分尺寸。

知识点二：齿轮技术要求的选择

1. 材料、齿面硬度及热处理方式

齿轮材料的测定，可在齿轮不重要部位钻孔取样，进行材料化学成分分析，确定齿轮材质，或根据使用情况类比确定。通过硬度计可测出齿面的硬度，根据齿面硬度及肉眼观察齿部表面，确定其热处理方式。

2. 表面结构

齿轮各部分表面结构的选用可用粗糙度样板对比或粗糙度测量仪测出。齿轮都是依靠轮齿啮合来实现传动的，因此齿面表面结构要求较高。齿轮和轴有连接关系，所以与轴配合的毂孔表面结构要求较高（参照图2-2-8）。

3.几何公差

（1）轮毂键槽两侧面对毂孔轴线的对称度公差值为0.02 mm。

（2）齿轮两端面对毂孔轴线的端面圆跳动公差值为0.02 mm。

（3）齿顶圆柱面对毂孔轴线的径向圆跳动公差值为0.02 mm。

4. 尺寸公差

（1）齿顶圆的直径公差带代号为h11。

（2）毂孔直径的公差带代号为H7。

（3）轮毂键槽深度的尺寸公差可查附表5。

任务实施

※STEP 1　选择合适的量具

※STEP 2　直齿圆柱齿轮的测量

※STEP 3　直齿圆柱齿轮尺寸的标注

※STEP 4　直齿圆柱齿轮技术要求的标注

活动小结

本活动重点学习测量齿轮的方法，训练具体操作的能力。练习初步选择齿轮零件表面结构，强化技术要求的标注能力。掌握轮毂键槽的尺寸及深度尺寸公差的查取方法。

活动四　直齿圆柱齿轮CAD图样的绘制

任务实施

※STEP 1　应用CAD软件练习绘制图2-2-8 齿轮零件图

※STEP 2　依据零件草图，应用CAD绘制直齿圆柱齿轮零件图

活动小结

本活动重点回顾AutoCAD的各种命令，训练熟练应用命令快速绘制零件图的能力。

活动五 结果评价与学习小结

展示汇报

※STEP 1　每组推举人员讲解表达方案的选取

※STEP 2　教师对各组表达方案选择的合理性进行讲评

※STEP 3　学生将绘制的图样张贴展示并评比

※STEP 4　教师对学生的图样中存在的问题进行讲评

学习小结

（1）通过本项目的学习，我们学习了哪些新知识？

____

____

（2）在绘制齿轮的过程中，出现了什么问题？你是如何解决的？

____

____

（3）你觉得在齿轮的测量过程中，要掌握的要点是什么？

____

____

学习项目3 铣刀头座体的测绘

项目描述

箱体零件测绘是前期学习测绘方法和CAD绘图的扩展和加深。采用任务驱动教学方式，通过本项目的学习，学生可独立使用游标卡尺、内卡钳、外卡钳、螺纹规、钢直尺等测量工具对箱体进行测量，并运用AutoCAD的基本命令完成箱体零件图的CAD绘制。

该项目按下述作业流程进行：铣刀头座体零件草图的绘制→铣刀头座体零件尺寸的测量→铣刀头座体的CAD图样绘制→图纸上交和验收。

实训场地

一体化测绘教室。

<table>
<tr><th colspan="4">任务书</th></tr>
<tr><td>项目</td><td colspan="3">铣刀头座体的测绘</td></tr>
<tr><td rowspan="2">学习目标</td><td>知识目标</td><td colspan="2">（1）熟悉箱体零件的表达方案和尺寸标注方法
（2）了解零件的工艺结构</td></tr>
<tr><td>能力目标</td><td colspan="2">（1）能合理选择铣刀头座体的表达方案并进行尺寸标注
（2）能熟练使用常规测量工具测量铣刀头座体的尺寸
（3）具有绘制铣刀头座体零件草图的能力
（4）能初步选择铣刀头座体的技术要求
（5）能正确使用绘图仪器和工具绘制铣刀头座体的零件工作图</td></tr>
<tr><td>要求</td><td colspan="3">（1）依据铣刀头座体零件绘制零件草图
（2）测量零件尺寸并标注
（3）使用CAD软件绘制铣刀头座体零件图样</td></tr>
<tr><td rowspan="7">学习活动</td><td colspan="2">活动</td><td>建议课时</td></tr>
<tr><td>1</td><td>铣刀头座体零件表达方案的选择</td><td>2 h</td></tr>
<tr><td>2</td><td>铣刀头座体零件表达方案的确定及草图的绘制</td><td>6 h</td></tr>
<tr><td>3</td><td>铣刀头座体零件尺寸的测量</td><td>2 h</td></tr>
<tr><td>4</td><td>铣刀头座体技术要求的标注</td><td>2 h</td></tr>
<tr><td>5</td><td>铣刀头座体零件CAD图样的绘制</td><td>4 h</td></tr>
<tr><td>6</td><td>结果评价与学习小结</td><td>4 h</td></tr>
<tr><td>立体图</td><td colspan="3">图2-3-1</td></tr>
</table>

活动一 铣刀头座体零件表达方案的选择

活动引入

一、铣刀头座体零件形状分析

1.作用

座体在铣刀头部件中起支承轴的作用（见图2-3-2）。

2.铣刀头座体形状分析

座体的结构可分为四部分：上部为圆筒状，两端的轴孔支承轴承，轴孔直径与轴承外径一致，左右两端面上加工有螺纹孔用于与端盖的连接，中间为圆形腔体（直接铸造不加工）；下部是方形底板，有四个安装孔，为了安装平稳和减少加工面，底板下部开通槽；座体上、下两部分之间是连接板和肋板（见图2-3-2）。

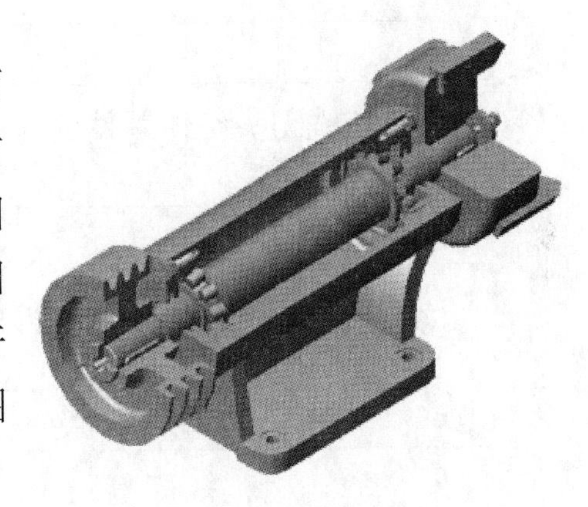

图2-3-2

知识点一：视图的选择

1.主视图的选择

主视图是一组图形的核心，画图和看图都是从主视图出发的。选择主视图应考虑以下几个方面。

（1）零件的安放位置，它包括：

①零件的加工位置：零件在机械加工时必须固定并夹紧在一定的位置上，选择主视图时，应尽量与零件的加工位置一致，使加工时看图方便。如轴、套、盘等回转体类零件。

②零件的工作位置：零件在机器或部件中都有一定的工作位置，选择主视图时应尽量与零件的工作位置一致，以便与装配图直接对照。如支座、箱体类非回转体类零件。

③主体放正：零件在机器或部件中处于倾斜位置，选择主视图时可将主体放正绘制。如拨叉、摇臂、叉架等。

④自然安放平稳：如泵体、阀体等。

（2）确定零件主视图的投影方向。

主视图的投影方向应该能够反映零件的主要形状特征，即表达零件的结构形状以及各组成部分之间的相对位置关系。

2．其他视图的选择

主视图确定后，要分析该零件还有哪些结构形状未表达完整，如何将主视图未表达清楚的部位用其他视图进行表达，并使每个视图都有表达重点。在选择视图时，应优先选用基本视图及在基本视图上作剖视。在完整、清晰地表达零件结构形状的前提下，尽量减少视图的数量，力求制图简便，看图方便。

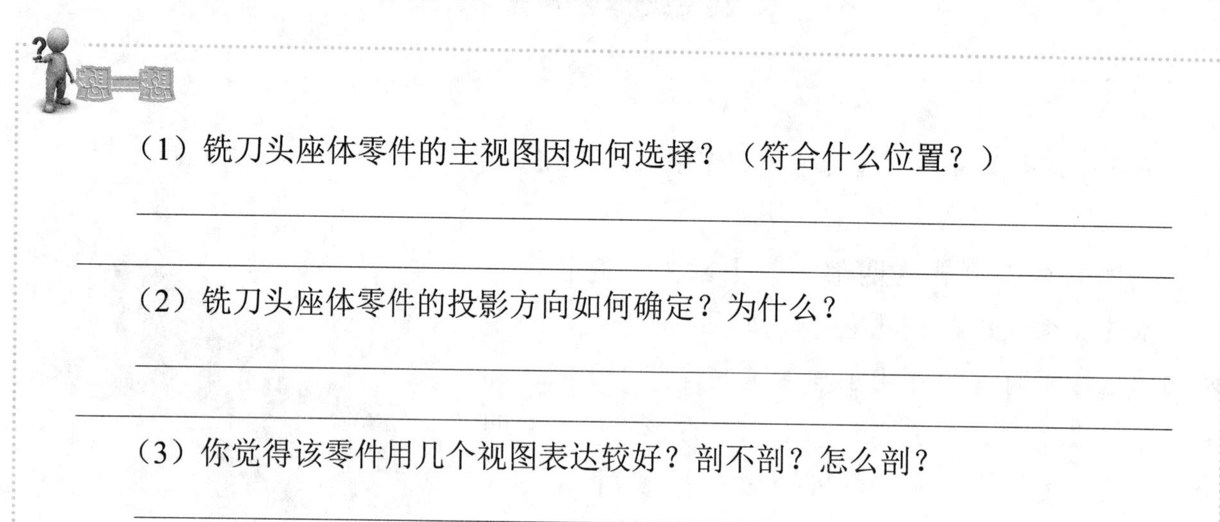

（1）铣刀头座体零件的主视图因如何选择？（符合什么位置？）

（2）铣刀头座体零件的投影方向如何确定？为什么？

（3）你觉得该零件用几个视图表达较好？剖不剖？怎么剖？

活动小结

本学习活动重点帮助分析铣刀头座体结构，从而初步确定铣刀头座体零件的表达方案。

活动二 铣刀头座体零件表达方案的确定及草图的绘制

小组讨论

小组讲解各自的表达方案，评选最优方案，并初步确定本组的表达方案。

知识链接

知识点一：箱体类零件的表达方法

1.箱体类零件功用

箱体零件指泵体、阀体、变速箱的箱体等，主要起包容、支承其他零件的作用。

2.箱体类零件的结构特征

此类零件的结构形状比较复杂，毛坯多为铸件，加工工序多，有较多形状、大小各异的凸台和孔等结构，内部以圆形或方形腔体为主要特征。

3.箱体类零件表达方法

箱体类零件通常按工作位置和结构形状特征来选择主视图，并以垂直或平行于主要支承孔轴线方向作为主视图的投影方向。一般会采用两个及两个以上的基本视图，用通过主要支承孔轴线的剖切（全剖、半剖或局剖）来表达其内部结构。另外，根据需要还会增加局部视图、斜视图、断面图等表达箱体的一些局部结构。

知识点二：箱体类零件的尺寸标注方法和技术要求

1. 箱体类零件的尺寸标注方法

箱体类零件通常以底面作为高度方向的主要尺寸基准，长度和宽度方向通常以重要端面或对称面为主要尺寸基准。

（1） 定位尺寸：一般在形体分析的基础上确定结构之间的定位尺寸。如安装孔的中心距、形体孔的中心高、箱体孔的中心距、尺寸基准与其他结构之间的位置确定等，都有直接注出，以保证加工、装配精度。

（2） 定形尺寸：确定各基本结构的大小，这类尺寸较多，注意要标注齐全，不要遗漏。

2.箱体类零件的技术要求

一般情况下箱体类零件的结构较为复杂，通常是对旋转件进行支撑，其支撑孔本身的尺寸精度、相互间位置精度及支承孔与其端面的位置精度对零件的使用性能有很大的影响，因此箱体类零件的技术要求通常包含：孔径精度、孔与孔的位置精度、孔与平面的位置精度、主要平面的精度与表面结构等。

（1） 尺寸公差：箱体上有配合的孔都有尺寸公差，最常见的就是与滚动轴承或滑动轴承的配合。

（2） 几何公差：箱体类零件常有平面度（支撑面）、同轴度（支撑轴的两端箱孔轴线）、垂直度（两组箱孔轴线之间）、平行度（箱孔轴线对底面、箱孔轴线之间）的要求。

（3） 表面结构：箱体类零件大多为铸件，加工面应标注R_a等具体数值，不加工面标注不加工符号“$\sqrt{}$”。

知识点三：零件结构的工艺性

1.零件铸造工艺结构

（1） 拔模斜度：铸件在内外壁沿起模方向应有斜度， 称为拔模斜度。当斜度较大时，应在图中表示出来，否则不予表示，如图2-3-3所示。

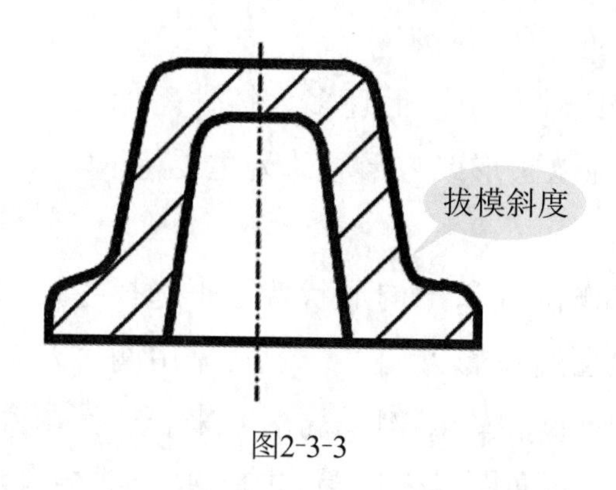

图2-3-3

（2）铸造圆角：铸件表面相交处采用圆角，避免起模时砂型尖角处落砂，同时避免铸件尖角处产生裂纹、缩孔，如图2-3-4所示。

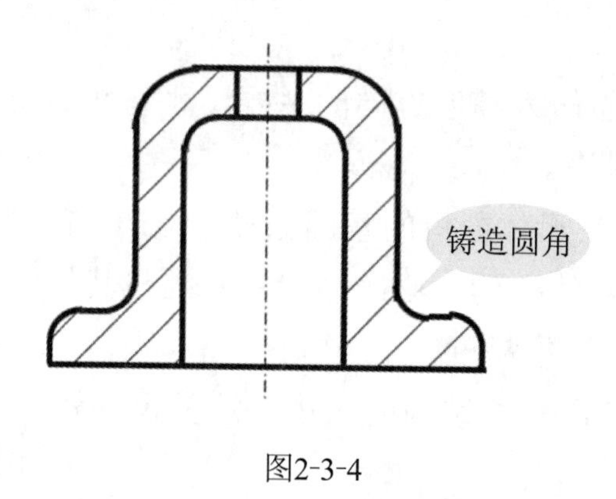

图2-3-4

（3）铸件壁厚应均匀：铸件在浇注时，为防止因壁厚不均匀导致冷却速度不同而在肥厚处产生缩孔、裂纹等，要求铸件壁厚均匀一致或采用逐渐过渡的结构，如图2-3-5所示。

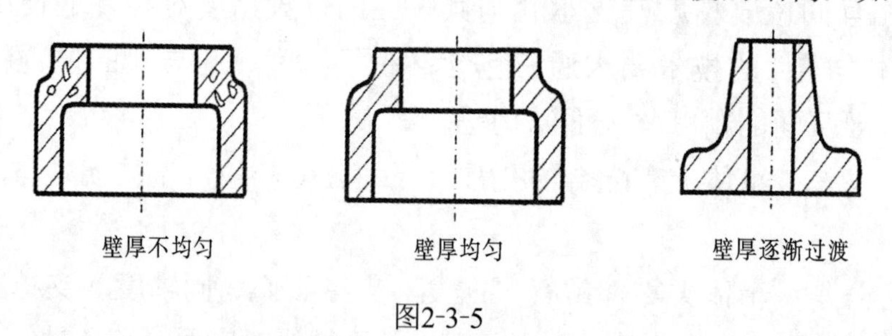

图2-3-5

（4）过渡线：由于铸件表面相交处有铸造圆角存在，使表面的相贯线变得不太明显，为区分不同表面，相贯线以过渡线的形式画出。

①两曲面相交（见图2-3-6）。

②平面和平面相交或平面与曲面相交（见图 2-3-7）。过渡线在转角处断开，并加画过渡圆弧，其弯向应与铸造圆角的弯向一致。

③圆柱与肋板组合时过渡线的画法（见图2-3-8）。

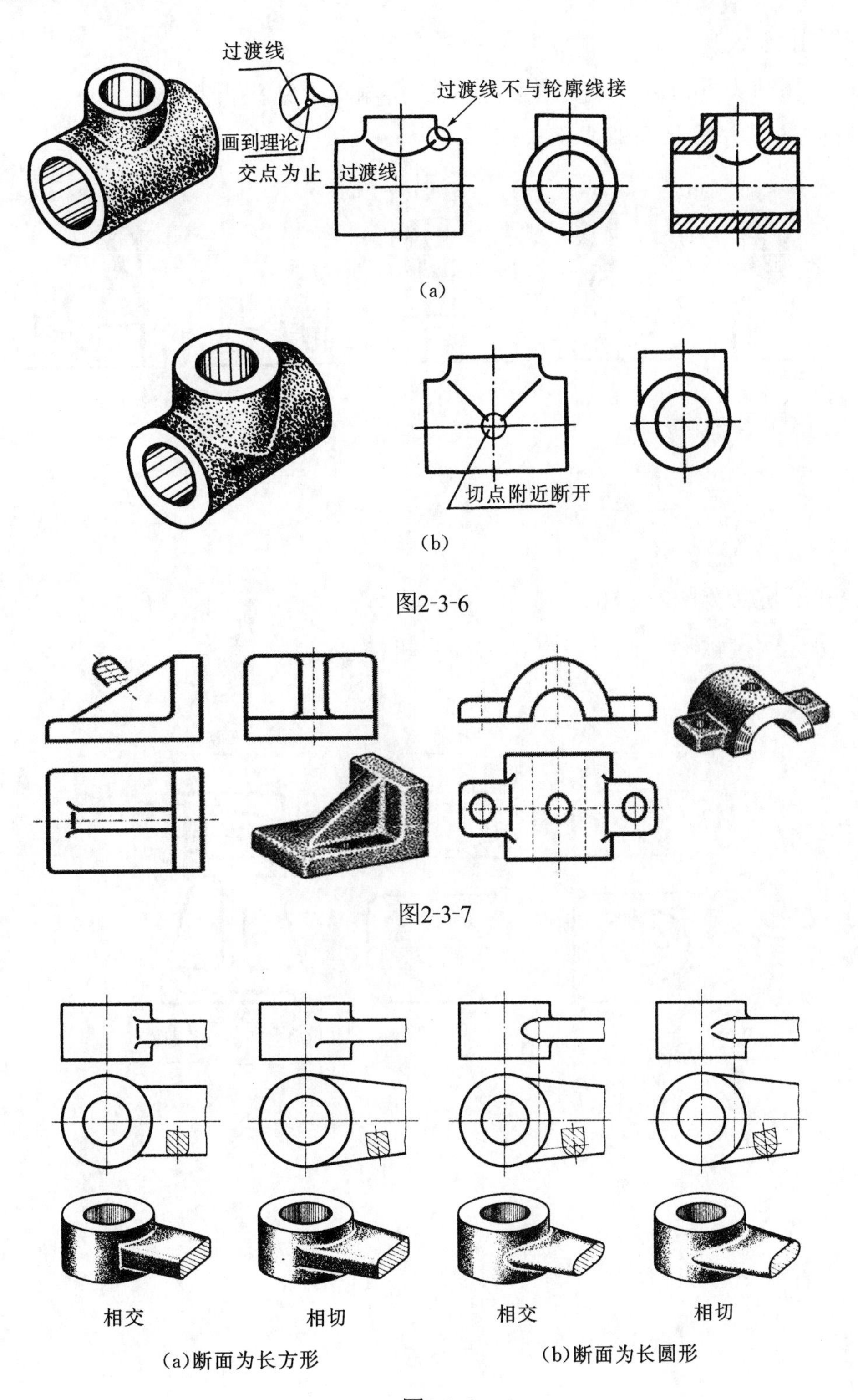

图2-3-6

图2-3-7

图2-3-8

2.零件机械加工工艺结构

在任务一中已经介绍了倒角、圆角、螺纹退刀槽和砂轮越程槽。在这里介绍其他的工艺结构。

① 钻孔端面。

作用：应和钻头垂直且结构完整，避免钻孔偏斜或钻头折断。

试在图2-3-9下方填写合理或不合理。

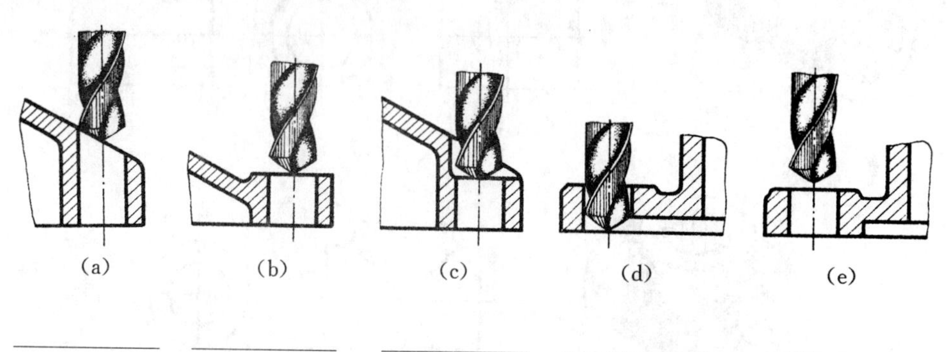

________ ________ ________ ________ ________

图2-3-9

②凸台和凹坑（见图2-3-10）。

作用：保证两接触零件接触良好，并减少机械加工量。

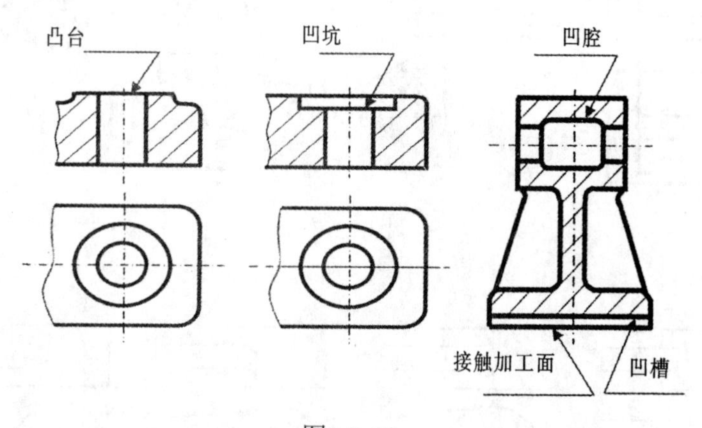

图2-3-10

看一看

箱体类零件表达方法和尺寸标注示例如图2-3-11所示。

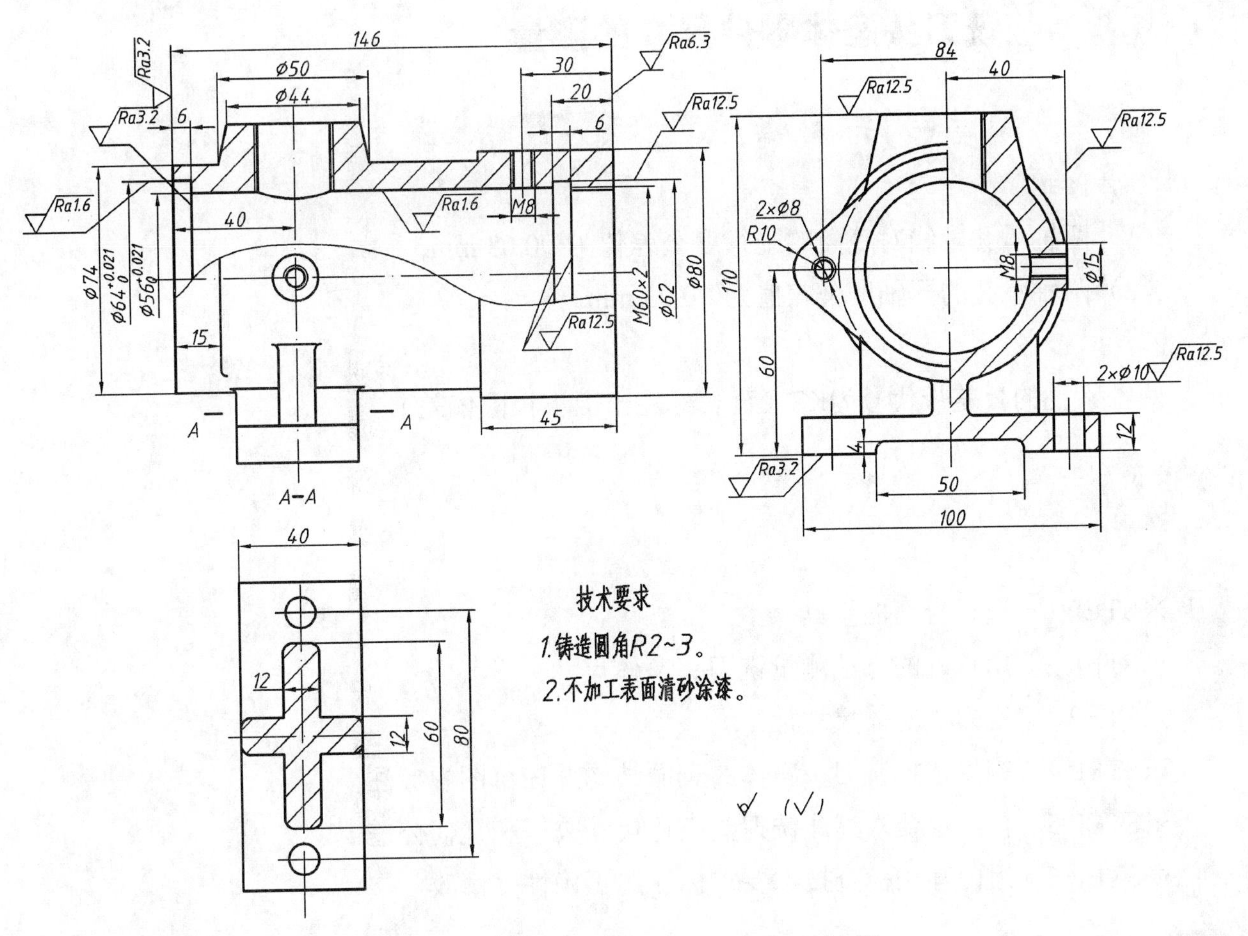

图2-3-11　箱体类零件的表达方案和尺寸标注

任务实施

※STEP 1　学习箱体类零件的表达方法和尺寸标注

※STEP 2　学习零件的结构的工艺性

※STEP 3　参考图2-3-11修改并确定铣刀头座体的表达方案

※STEP 4　徒手绘制铣刀头座体零件草图

※STEP 5　互相检查草图的正确性并修改

活动小结

本学习活动重点学习箱体类零件的表达方法和尺寸标注方法。学生通过讨论确定本组的铣刀头座体表达方案，绘制铣刀头座体零件草图。

活动三 铣刀头座体零件尺寸的测量

知识点：给定铣刀头座体的几何公差和尺寸公差

1.几何公差

（1）两轴承孔轴线对底面的平行度公差值为∅0.03 mm；

（2）两轴承孔的同轴度公差值为∅0.03 mm。

2. 尺寸公差

两轴承孔的公差带代号为K7（查表标注出上下极限偏差）。

任务实施

※STEP 1　选择合适的量具

※STEP 2　用正确的方法测量铣刀头座体尺寸

※STEP 3　铣刀头座体尺寸标注

※STEP 4　初步选择铣刀头座体的表面结构并在草图中标注

※STEP 5　按给定要求标注铣刀头座体尺寸公差和几何公差

※STEP 6　组内互相检查技术要求标注的正确性并修改

箱体表面结构要求的选择

箱体类零件通常通过底板安装在机器或部件上，因此其底面的表面结构要求较高，另外箱体上的支承孔与所支承的零件间是配合关系，无论是尺寸精度还是表面结构要求都很高；箱体类零件的端面有装配要求时，也具有较高的表面结构要求。

表面结构具体数值可参照任务二的项目1（卡盘的测绘）。

活动小结

本活动重点训练测量工具的使用，加强熟练程度；训练初步选择铣刀头座体表面结构的能力；强化技术要求在图样中的标注。

活动四 零件CAD图样的绘制

任务实施

※STEP 1　练习绘制图2-3-11

※STEP 2　依据草图，应用CAD软件绘制铣刀头座体零件图

活动小结

本活动重点训练运用CAD软件的熟练程度。

活动五 结果评价与学习小结

展示汇报

※STEP 1　每组推举人员讲解表达方案的选取

※STEP 2　教师对各组表达方案选择的合理性进行讲评

※STEP 3　学生将绘制的图样张贴展示并评比

※STEP 4　教师对学生的图样中存在的问题进行讲评

学习小结

（1）初步确定的表达方案与最终确定的表达方案有无区别？如有，区别在哪？改动的原因是什么？

____

____

____

（2）完成图样的绘制过程中，困难在哪里？如何解决？

____

____

____

项目描述

较复杂盘盖类、箱体类零件图的识读是机械测绘中提升各类零件图的识读与绘制能力的训练项目。采用任务驱动教学方式，通过本项目的学习，学生可独立识读较复杂盘盖类、箱体类零件图，运用AutoCAD的基本命令完成较复杂盘盖类、箱体类零件图的CAD绘制。

该项目按下述作业流程进行：较复杂盘盖类、箱体类零件图的识读并回答相应问题→零件图的CAD绘制→图纸上交和验收。

实训场地

一体化测绘教室。

<table>
<tr><th colspan="4">任务书</th></tr>
<tr><td>项目</td><td colspan="3">盘盖类、箱体类零件（端盖、泵体）零件图的识读</td></tr>
<tr><td rowspan="2">学习目标</td><td>知识目标</td><td colspan="2">理解盘盖类、箱体类零件图的特点和一般的识读方法</td></tr>
<tr><td>能力目标</td><td colspan="2">（1）熟练应用CAD绘制盘盖类、箱体零件图
（2）具有识读盘盖类、箱体类零件图的能力</td></tr>
<tr><td>要求</td><td colspan="3">（1）总结盘盖类、箱体类零件图的特点和一般的识读方法
（2）分组讨论识读零件图并回答问题</td></tr>
<tr><td rowspan="4">学习活动</td><td colspan="2">活动</td><td>建议课时</td></tr>
<tr><td>1</td><td>盘盖类、箱体类零件图的识读</td><td>4 h</td></tr>
<tr><td>2</td><td>较复杂盘盖类、箱体类零件图的CAD绘制</td><td>2 h</td></tr>
<tr><td>3</td><td>结果评价与学习小结</td><td>2 h</td></tr>
<tr><td>零件图</td><td colspan="3">见图2-4-1、见图2-4-2、见图2-4-3、见图2-4-4</td></tr>
</table>

活动一 盘盖类、箱体类零件图的识读

活动引入

一、根据已学知识试回答以下问题

（1）盘盖类零件的＿＿＿＿尺寸小而＿＿＿＿尺寸较大，零件的主体多数由＿＿＿＿体够成，也有主体形状是矩形的，并在径向分布有＿＿＿＿等结构。

（2）盘盖类零件一般选用两个视图，一个为＿＿＿＿向视图，另一个是＿＿＿＿视图，为表达某些局部结构，可补充＿＿＿＿等。盘盖类零件的主视图通以加工位置和表达轴向结构特征为原则选取， 由于零件多为空心结构，主视图通常采用＿＿＿＿剖或剖，另一视图表达零件的径向结构形状特征。

（3）箱体类零件的结构形状比较复杂，毛坯多为＿＿＿＿，加工工序多，有较多形状、大小各异的凸台和孔等结构，内部以＿＿＿＿形或＿＿＿＿形腔体为主要特征。

（4）箱体类零件一般采用多个基本视图，通常按＿＿＿＿和＿＿＿＿特征来选择主视图，并以＿＿＿＿或＿＿＿＿与主要支承孔轴线方向作为主视图的投影方向。一般用通过主要支承孔轴线的＿＿＿＿来表达其内部结构，另外采用局部视图、局部剖视图、斜视图、断面图等表达箱体的一些局部结构。

（5）识读零件图的步骤：

第一步：＿＿＿＿＿＿＿＿＿＿＿＿＿＿＿＿

第二步：＿＿＿＿＿＿＿＿＿＿＿＿＿＿＿＿

第三步：＿＿＿＿＿＿＿＿＿＿＿＿＿＿＿＿

第四步：＿＿＿＿＿＿＿＿＿＿＿＿＿＿＿＿

二、盘盖类、箱体类零件图引导文

前期我们已经进行了较复杂轴套类零件图的识读，对零件图的识读方法及步骤有了一定的理解。为提升我们对不同种类零件的读图能力，试依据所给零件图运用已有知识尽可能多地回答后面的问题。（每组至少选择一个盘盖类和一个箱体类零件）

1．读零件图2-4-1，填空回答下列问题

（1）该零件的名称是＿＿＿＿，所用材料为＿＿＿＿，绘图比例为＿＿＿＿，是＿＿＿＿（放大、缩小、原值）比例它属于四大零件中的＿＿＿＿零件。

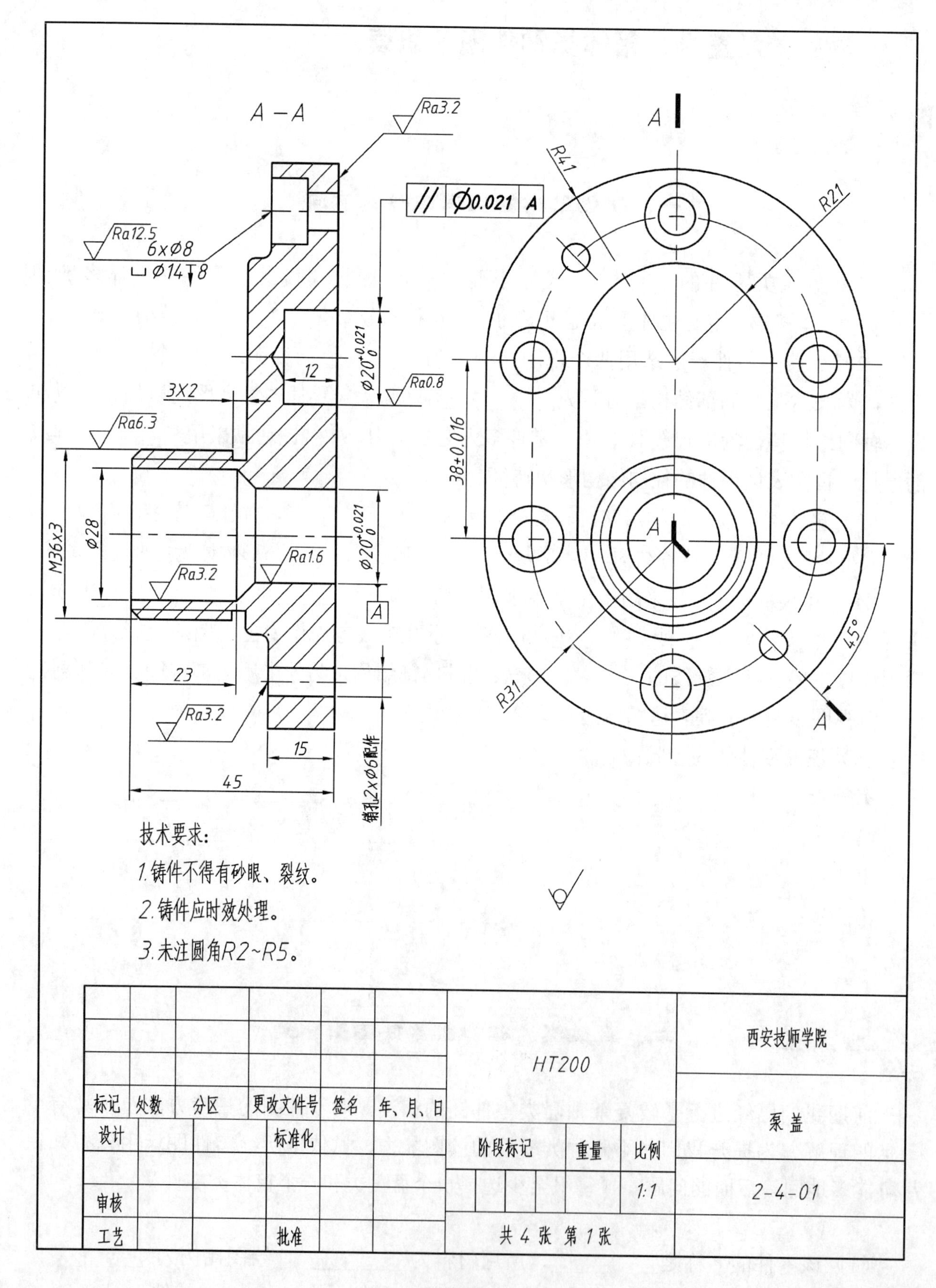
A－A
Ra3.2
Ra12.5
6×Ø8
⌴Ø14↧8
// Ø0.021 A
Ø20+0.021 0
12
Ra0.8
3X2
Ra6.3
M36×3
Ø28
Ra1.6
Ra3.2
Ø20+0.021 0
A
23
Ra3.2
15
45
销孔2×Ø6配作
A
R41
R21
38±0.016
A
45°
R31
A
技术要求：
1.铸件不得有砂眼、裂纹。
2.铸件应时效处理。
3.未注圆角R2~R5。
HT200
西安技师学院
标记 处数 分区 更改文件号 签名 年、月、日
泵盖
设计 标准化
阶段标记 重量 比例
1:1
2-4-01
审核
工艺 批准
共 4 张 第 1 张

图2-4-1

（2）该图主视图的画图位置是零件的________位置，表达方法采用________视图。

（3）该零件在结构上主要由________体构成，其主体部分是带有________凸台的长圆形盖板和带有________及________的圆柱凸台组成。总长为________、总宽为________、总高为________。

（4）该零件端面上有________个大小为________的沉孔，还有________个大小为________的销孔；中心有两个轴孔，下方是一个贯通的通孔，上方有一个直径为________、深度为________的________孔。

（5）用符号▼在图中指出零件长、宽、高的主要尺寸基准。

（6）销孔的定位尺寸为________，沉孔的定位尺寸为________。

（7）在主视图中标注的3×2的含义是________________________。

（8）M36×3的含义是：M为________、36为________、3为________。

（9）∅25H8孔的公称尺寸为________、公差等级为________级、基本偏差代号为________、上极限偏差为________、下极限偏差为________。

（10）该零件上两轴孔的高度定位尺寸是________，两孔在高度方向的距离最大为________，最小为________。

（11）| ⊥ | 0.02 | A | 的含义为：被测要素是________、公差要求项目是________、公差值为________、基准要素是________。

（12）该零件表面质量要求最高的是________，其R_a值为________；销孔的表面结构R_a值为________。

2.读零件图2-4-2，填空回答下列问题

（1）用符号▼在图中指出零件长、宽、高的主要尺寸基准。

（2）该零件的主视图是________剖视图，采用的剖切面为________。

（3）表示________牙________螺纹，公称直径是________，线数是________，旋向是________，________径和________径的________是7H，________深度为10，________深度为12。

（4）该零件的表面结构共有________种要求，最高要求的表面结构R_a值为________，最低要求的表面结构R_a值为________。

（5）图中的含义：被测要素是________、公差要求项目是________、公差值为________、基准要素是________。

（6）图中的含义：被测要素是________、公差要求项目是________、公差值为________、基准要素是________。

（7）∅55g6的含义：公称尺寸为________、公差等级为________级、基本偏差代号为________、上极限偏差为________、下极限偏差为________。

（8）R_c1/4表示________螺纹，尺寸代号是________。

（9）∅90左端面上有________个沉孔，定位尺寸是________，定形尺寸是________。

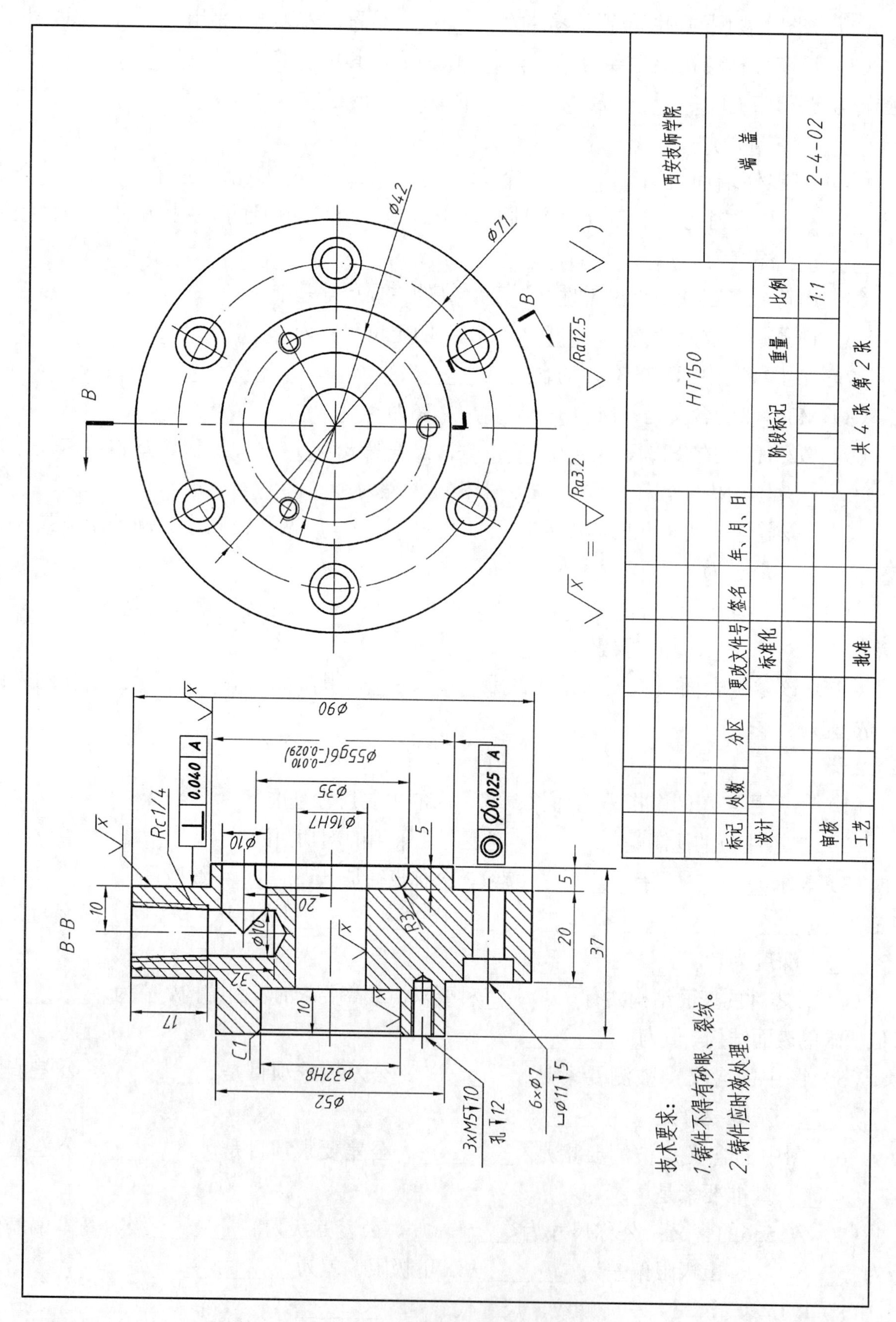
B-B
B
Rc1/4
0.040 A
Ø0.025 A
Ø90
Ø55g6(-0.010/-0.029)
Ø35
Ø16H7
Ø10
Ø32H8
Ø52
Ø42
Ø71
R3
C1
3×M5↧10
孔↧12
6×Ø7
⌴Ø11↧5
Ra12.5
Ra3.2
技术要求：
1.铸件不得有砂眼、裂纹。
2.铸件应时效处理。
西安技师学院
端盖
2-4-02
HT150
标记 处数 分区 更改文件号 签名 年、月、日
设计 标准化 阶段标记 重量 比例
审核
工艺 批准
1:1
共 4 张 第 2 张

图2-4-2

3.读零件图2-4-3，填空回答下列问题

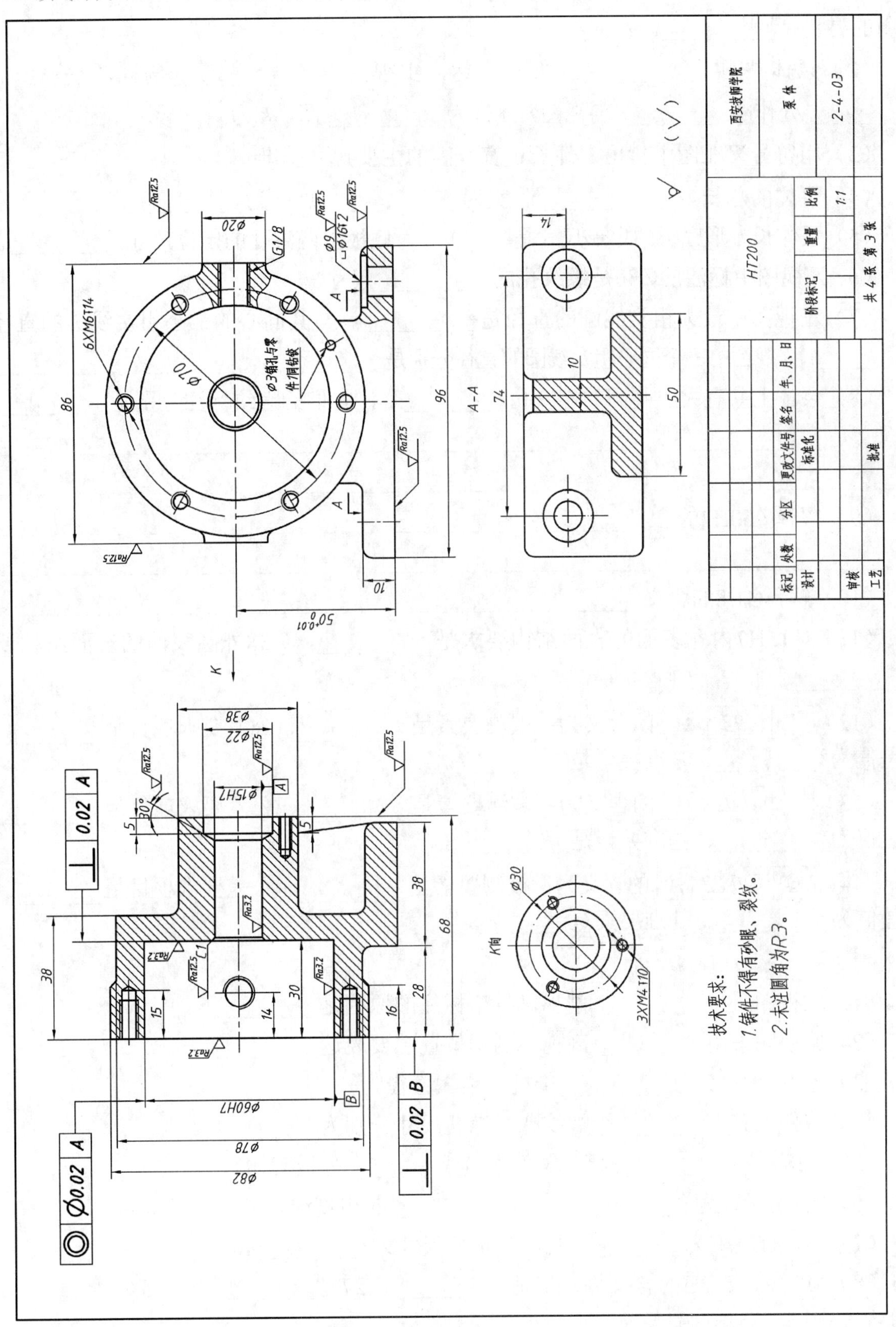

图2-4-3

（1）泵体选择的绘图比例为_________，是_________（放大、缩小、原值）比例；选用的材料是_________。

（2）泵体共用了_________个图形表达，主视图作了_________剖视，左视图上有_________处作了_________剖视图，*A-A*为_________图，*K*为_________图。

（3）用符号▼在图中指出零件长、宽、高的主要尺寸基准。

（4）泵体的总长为_________，总宽为_________，总高为_________。

（5）泵体长方形底板的定形尺寸是_______，底板上两沉孔的定位尺寸是_______。

（6）*K*视图中标注的∅30是螺纹孔的_________尺寸。

（7）左视图中最大粗实线圆的直径是_________，与其同心的最小粗实线圆的直径是_________；*K*视图中三个同心粗实线圆的直径分别是_________，_________，_________。

（8）泵体上共有大小不同的螺纹孔________个，它们的螺纹标注分别是_________，其含义是____。

（9）解释∅60H7的含义____。

（10）解释G1/8的含义____。

（11）∅15H7内孔表面的表面结构要求是_________，∅38外圆表面的表面结构要求是_________。

（12）| ⊥ | *0.02* | *A* | 的含义为：被测要素是_________、公差要求项目是_________、公差值为_________、基准要素是_________。

（13）| ⊥ | *0.02* | *B* | 的含义为：被测要素是_________、公差要求项目是_________、公差值为_________、基准要素是_________。

（14）| ◎ | *∅0.02* | *A* | 的含义为：被测要素是_________、公差要求项目是_________、公差值为_________、基准要素是_________。

4.读零件图2-4-4，填空回答下列问题

（1）主视图采用_________剖视，省略标注的原因是_________。

（2）俯视图采用_________剖视，剖切位置主要表达_________。

（3）零件上*C-C*为_________剖视，最大直径为_________。

（4）零件上有_________个螺纹孔，螺孔尺寸分别为_________。

（5）∅28×3是_________槽，零件上有_________处退刀槽。

（6）圈1所指线为孔_________与孔_________的相贯线。

（7）4×M12-7H为_________孔，其定位尺寸为_________。

（8）M27×1.5-7H的含义为：M是_________，27是_________，1.5是_________，7H是_________，旋向是_________。

（9）尺寸∅54H11中，H11为_________代号，H为_________，11为_________。零

件材料为________。

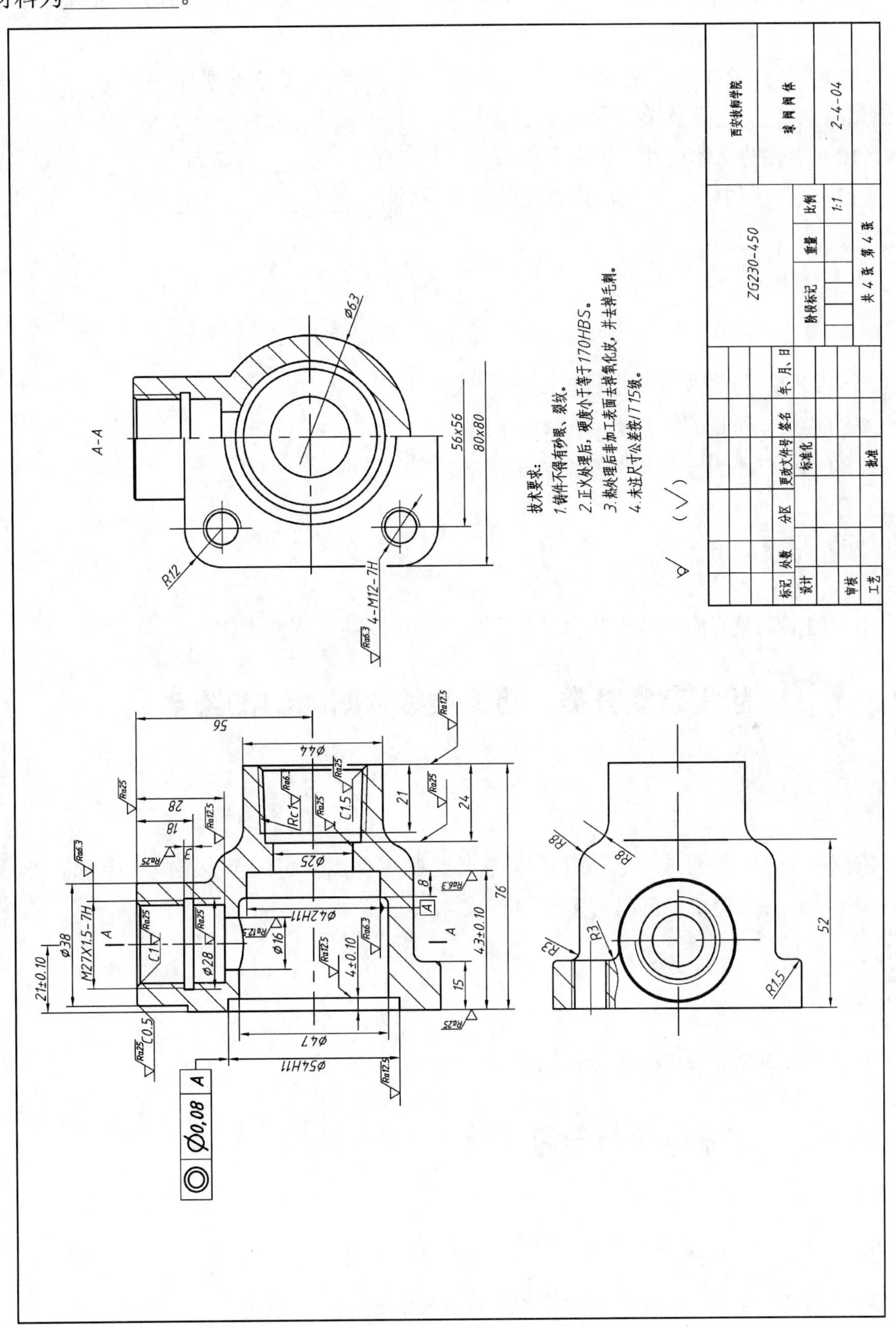
A-A
技术要求：
1.铸件不得有砂眼、裂纹。
2.正火处理后，硬度小于等于170HBS。
3.热处理后非加工表面去掉氧化皮，并去掉毛刺。
4.未注尺寸公差按IT15级。
ZG230-450
西安技师学院
球阀阀体
2-4-04
比例
1:1
共4张 第4张
标记 处数 分区 更改文件号 签名 年、月、日
设计 标准化
审核 批准
工艺
阶段标记 重量
4-M12-7H
M27X1.5-7H
Φ0,08 A

图2-4-4

（10）零件上最光滑孔的表面结构R_a值为__________，最粗糙表面的表面结构符号为__________。

（11）| ◎ | ∅0.08 | A | 的含义为：被测要素是__________、公差要求项目是__________、公差值为__________、基准要素是__________。

（12）零件的总体尺寸：长为__________、宽为__________、高为__________。

（13）左视图中，五个同心圆直径从大到小分别__________、__________、__________、__________、__________。

任务实施

※STEP 1　每组选取两个需识读的零件图

※STEP 2　讨论回答所选引导文的问题

※STEP 3　小组互相检查答案并纠正错误

活动小结

本学习活动重点回顾读图步骤并提升复杂零件图的读图能力。

活动二　较复杂盘盖类、箱体类零件图的CAD绘制

任务实施

依据所分配的零件图样，应用CAD软件绘制零件图（每组至少绘制一个盘盖类、一个箱体类，绘图速度快的同学可多绘制）。

活动小结

本活动重点训练运用CAD软件的熟练程度。

活动三　结果评价与学习小结

展示汇报

※STEP 1　学生总结零件图识读的步骤及要点

※STEP 2　教师依据问题的回答情况点评、讲解

※STEP 3　学生将绘制的CAD图样展示并评比

※STEP 4　教师对学生的图样中存在的问题进行讲评

学习小结

（1）对本次学习过程中有哪方面的提升？

____

____

____

（2）总结盘盖类、箱体类零件的识读与轴套类零件有什么异同。

____

____

____

组部件的测绘

机用平口钳的测绘

项目描述

机用平口钳是切削加工专业已接触过的装配体，熟悉工作原理和装配结构，且组成机用平口钳的零件结构也较简单，很多都是机械上常见的典型零件类型,是测绘装配体的入门训练项目。采用任务驱动教学方式，通过本项目的学习，学生可独立使用扳手、螺钉旋具、手钳等工具完成机用平口钳的拆卸和装配；使用游标卡尺、内卡钳、外卡钳、螺纹规、钢直尺对拆卸零件进行测量；运用AutoCAD软件完成机用平口钳装配图的CAD绘制。

该项目按下述作业流程进行：机用平口钳的拆卸并给零件编号→绘制装配示意图→测绘制机用平口钳各零件草图→手工绘制机用平口钳的装配图→机用平口钳各零件图的CAD图样→机用平口钳装配图的CAD绘制→图纸上交和验收。

实训场地

一体化测绘教室。

任务书	
项目	机用平口钳的测绘
学习目标	通过机用平口钳的测绘，能使我们对装配图内容、尺寸标注、装配图的表达方法、部件装配图的测绘步骤及方法有一个更加感性及深刻的认识。除此之外，对机用平口钳中用到的标准件装配图画法有一个了解，并对CAD二维绘图软件的使用更加熟练，为以后解决工作中遇到的问题做一个铺垫。
要求	（1）小组合作完成部件的拆装 （2）每人都要独立完成一份装配示意图 （3）小组合作完成机用平口钳各零件的测量，草图绘制 （4）每人手工完成机用平口钳装配图一份 （5）小组合作用CAD软件完成机用平口钳各零件零件图，每组交一份图纸 （6）每人用CAD软件绘制装配图一份

续表

	活动		建议课时
学习活动	1	机用平口钳装配体的拆卸	4 h
	2	绘制机用平口钳装配示意图	8 h
	3	测绘机用平口钳各零件零件草图	12 h
	4	手工绘制机用平口钳装配图并修改零件草图	20 h
	5	根据装配图修改零件草图并编注零件的技术要求	16 h
	6	CAD软件绘制机用平口钳各零件图和装配图	32 h
	7	结果评价与学习小结	4 h
立体图	图3-1-1		

活动一 机用平口钳装配体的拆卸

活动引入

1.机用平口钳工作原理

顺时针转动右侧手柄（螺母），推动中间螺杆向左移动，将动力传递给与螺杆相固联的动钳口使其向左移动，则动钳口与左侧定钳口距离逐渐缩小，直至夹紧被加工工件；当逆时针转动手柄时，钳口距离逐渐增大，松开被夹工件。

2.填空回答下列问题

（1）观察平口钳并动手操作回想一下在____________________机床上见过，它的作用是____________________。

（2）你认为机用平口钳在拆卸时要用到工具有____________________。

请在拆卸过程中认真思考以下问题：

（1）机用平口钳共有多少种零件组成，各零件的装配顺序应该是什么？

（2）机用平口钳共用了多少种标准件，都是什么？

（3）机用平口钳中哪些零件之间有配合关系，怎么配合？

知识链接

知识点：典型拆卸工具

表3-1-1常用拆卸工具

名称	实物图	用途
双头呆扳手		用于紧固或拆卸六角或方头螺栓、螺母，每把扳手可适应两种规格的螺栓或螺母
双头梅花扳手		用于紧固或拆卸六角或方头螺栓、螺母，每把扳手可适应两种规格的螺栓或螺母
活扳手		开口宽度可调节，能紧固或拆卸一定尺寸范围内的六角或方头螺栓、螺母
内六角扳手		专用于拆装内六角螺钉
钢丝钳		分绝缘柄和铁柄两种，用于夹持或弯折薄型片及切断金属丝

续表

名称	实物图	用途
尖嘴钳		在较狭小的工作空间夹持工件，用于夹持小零件和扭转细金属丝，带刃口的尖嘴钳还能剪断短细小零件
孔用弯嘴式挡圈钳		专用于拆装孔用弹性挡圈
轴用弯嘴式挡圈钳		专用于拆装轴用弹性挡圈
一字螺钉旋具		承受较大的转矩，并在尾部敲击；方形旋杆能用扳手夹持旋转，以增大转矩
十字螺钉旋具		用于紧固或拆卸十字槽螺钉，穿心式能承受较大的转矩，并在尾部敲击；方形旋杆能用扳手夹持旋转，以增大转矩

注意事项：

（1）使用扳手装配螺栓螺母时，不能随意在扳手柄部装长套筒或用锤子敲击增大旋转力矩，以防破坏螺纹连接件。

（2）用钳子夹持工件用力得当，防止变形或表面夹毛。切记不可用钳子代替扳手松紧M5以上螺纹连接件，以免损坏螺母或螺栓。

（3）用挡圈钳是要防止挡圈弹出伤人。

（4）普通旋具端部不能用锤子敲击，更不能把旋具当錾子、撬杠等其他工具使用。

工作实施

※STEP 1　选择并准备拆卸工具，在老师的指导下用正确的方法拆卸机用平口钳（小组合作）

※STEP 2　拆卸同时给零件顺序编号,联系机用平口钳的工作原理和用途，弄清组成各零件的名称、作用

※STEP 3　联系上面拆卸过程，回答上面想一想中的问题

活动小结

通过本活动重点弄清各零件的名称、作用及该装配体共有多少种零件组成，各零件的装配顺序应该是什么，从而为绘制装配体装配示意图做好铺垫。

活动二　绘制机用平口钳装配示意图

活动引入

为了便于在拆卸零件后，仍能顺利装配复原，最好在拆卸时就绘制出装配示意图，装配示意图的作用主要是用以记录各种零件的名称、数量及其在装配体中的相对位置及装配连接关系，同时也为绘制装配图作好准备。

知识链接

知识点：装配示意图的绘制

装配示意图是用规定符号和简单图线画出装配体各零件的大致轮廓，用以说明零件之间的装配关系和相对位置，以及传动情况和工作原理等的图样。

画装配图示意图时，应注意下列几点：

（1）示意图是将装配体假想为透明体而画出的，因而既要画出外形轮廓，又画出内、外零件间的连接、装配关系。

（2）每个零件只画出大致轮廓，用较形象、简单的线条表示。

（3）常用零件的规定符号见国家标准《机械制图 机构运动简图符号》（GB 4460－84）。

（4）装配示意图一般只画一、两个视图。两个零件的接触表面要留出空隙，以便区分零件。

（5）装配示意图一般应编出零件编号，列表写出零件的名称、数量、材料、等项目；同种零件只编一个号；简单装配体的装配示意图也可直接把零件名称、序号写在示意图中。

例如：如图3-1-2所示（a）为减压阀的装配体，（b）为减压阀的装配示意图。

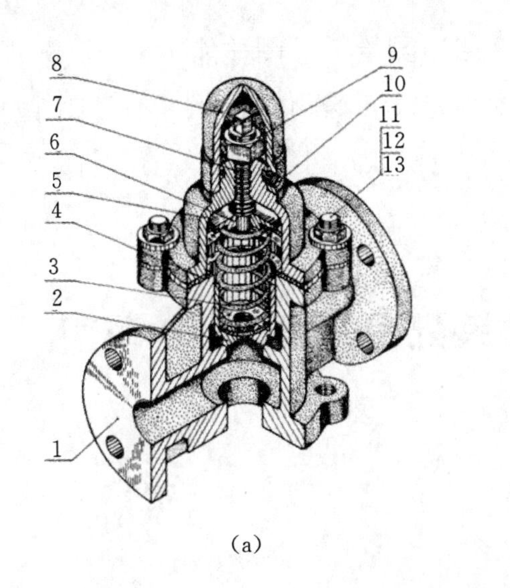

(a)

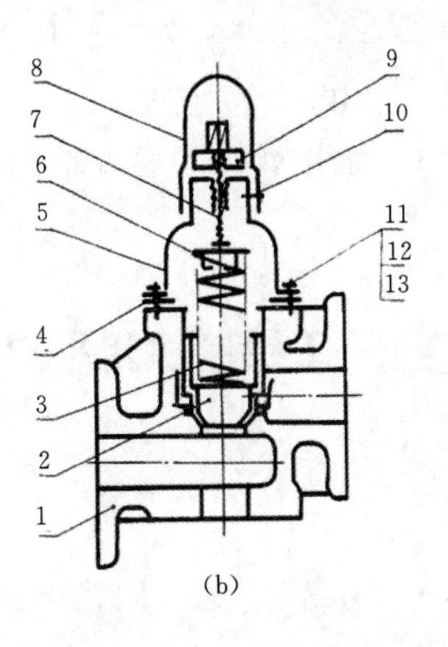

(b)

1—阀体；2—阀门；3—弹簧；4—垫片；5—阀盖；6—弹簧托盘；7—螺杆；
8—阀帽；9—螺母；10—固定螺钉；11—螺母；12—螺柱；13—垫圈

图3-1-2　减压阀装配体和装配示意图

在拆卸零件时，要把拆卸顺序搞清楚，并选用适当的工具。拆卸时注意不要破坏零件间原有的配合精度。还要注意不要将小零件如销、键、垫片、小弹簧等丢失。对于高精度的零件，要特别注意，不要碰伤或使其变形、损坏。

任务实施

※STEP 1　讨论在装配示意图中各零件的表达方法

※STEP 2　根据讨论结果，每人徒手绘制装配示意图一份

活动小结

本任务重点学习装配示意图绘制的方法与步骤。学生通过讨论、查资料确定装配体表达方案，并绘制装配示意图。

活动三 测绘机用平口钳各零件零件草图

任务实施

※STEP 1　温习前面所学零件图知识并回忆测绘零件图技能

※STEP 2　组内讨论并细致分工以便认真地完成该装配体各零件零件草图（每人2～3件）

※STEP 3　互相交换认真检查各零件表达方法、尺寸标注等的合理性及正确性，力求完美

活动四 手工绘制机用平口钳装配图并修改零件草图

知识链接

知识点一：装配图的作用和内容

1. 装配图的作用

装配图是用来表达机器或部件的装配关系的图样。表示一台完整机器的图样，称为总装配图；表示一个部件的图样，称为部件装配图。

装配图主要作用是表达机器或部件的工作原理、装配关系、结构形状和技术要求，用以指导机器或部件的装配、检验、调试、安装、维修等。因此，装配图是机械设计、制造、使用、维修以及进行技术交流的重要技术文件。

2. 装配图的内容

图3-1-3是实际生产用的装配图，从图中可以看出，一张完整的装配图应包括四方面内容。

（1）一组图形：应用各种表达方法，正确、完整、清晰和简便地表达机器或部件的工作原理，各零件的装配关系、连接方式、传动路线以及零件的主要结构形状。

（2）必要的尺寸：在装配图中，应标注出表示机器或部件的性能、规格以及装配、安装检验、运输等方面所必需的一些尺寸。

（3）技术要求：用文字或符号注写出机器或部件性能、装配和调整要求、验收条件、试验和使用规则等。

（4）零件的编号、明细栏和标题栏：为了便于看图、图样管理和进行生产前准备工作，在装配图中，应按一定的格式，对零部件进行编号，并画出明细栏，明细栏说明机器或部件上各零件的序号、名称、数量、材料及备注等。在标题栏中填入机器或部件的名称、重量、图号、比例以及设计、审核者的签名和日期。

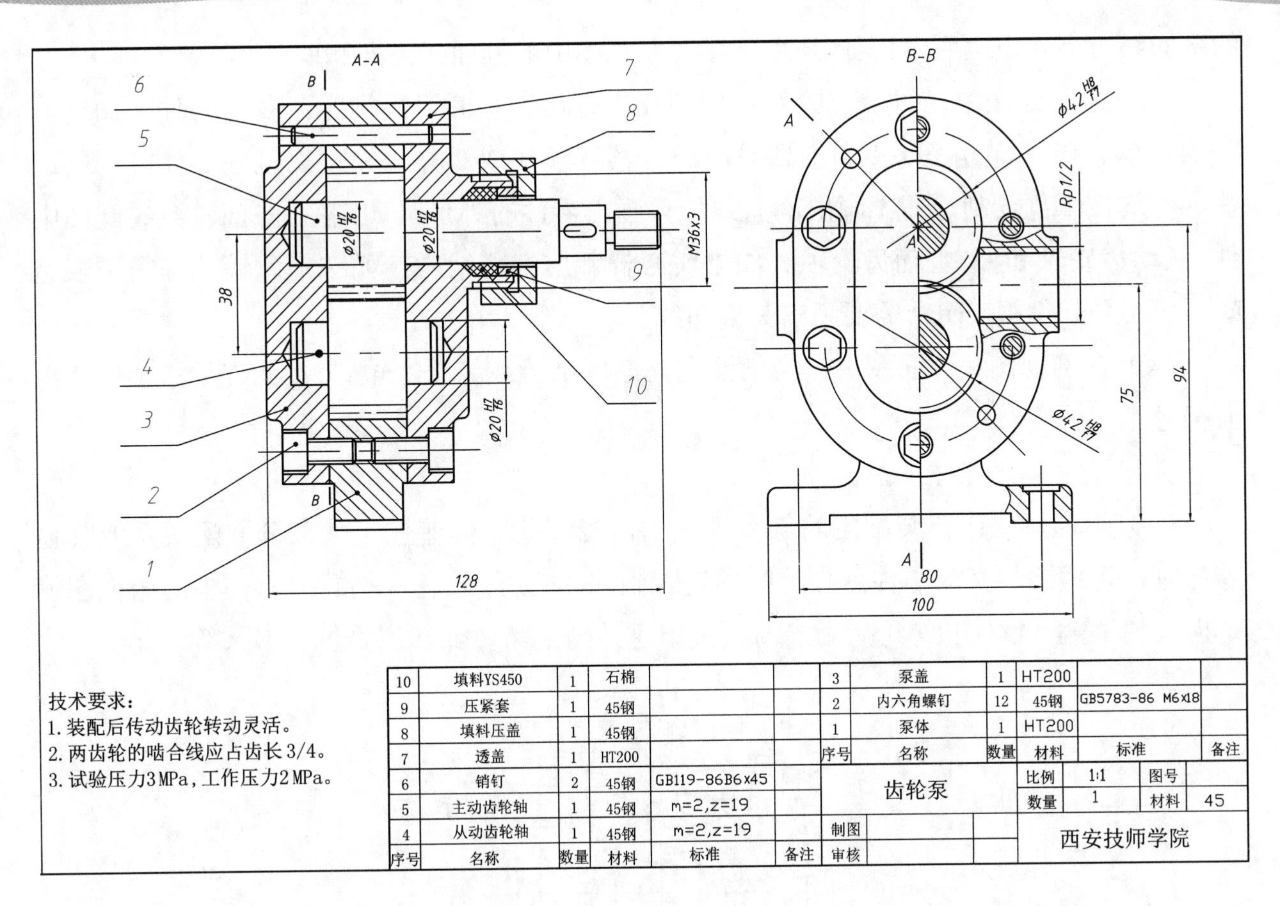

序号	名称	数量	材料	标准	备注
10	填料YS450	1	石棉		
9	压紧套	1	45钢		
8	填料压盖	1	45钢		
7	透盖	1	HT200		
6	销钉	2	45钢	GB119-86B6x45	
5	主动齿轮轴	1	45钢	m=2,z=19	
4	从动齿轮轴	1	45钢	m=2,z=19	
3	泵盖	1	HT200		
2	内六角螺钉	12	45钢	GB5783-86 M6x18	
1	泵体	1	HT200		

齿轮泵	比例	1:1	图号	
	数量	1	材料	45
制图	西安技师学院			
审核				

图3-1-3

知识点二：装配图常用表达方法

1. 装配图的规定画法

（1）两个相邻零件的接触表面和配合面，规定只画一条线，但当相邻两零件的基本尺寸不同时，即使间隙很小，也必须画出两条线，如图3-1-4左图中轴和孔的接触表面和配合表面都只画一条线，而右图中螺栓与孔是非接触面，应画两条线。

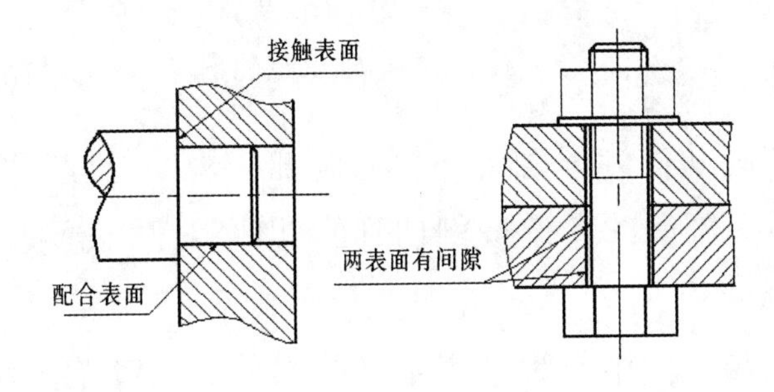

图3-1-4

（2）在剖视图中，相邻的两个零件剖面线方向相反或方向一致而间距不等。在各视图中，同一零件的剖面线方向与间隔必须一致。如图3-1-3中件3泵盖和件1泵体相邻两件

的剖面线方向相反，而件1泵体在主视图、左视图中的剖面线方向和间隔都一致。

（3）在装配图中，对于紧固件（如螺栓、螺母、垫圈、螺柱等）及实心件（如轴、手柄、球、连杆、键等），当剖切平面通过其轴线（或对称线）剖切这些零件时，则这些零件均按不剖绘制，即不画出剖面线，只画出零件的外形，如图3-1-3齿轮泵装配图中件4从动齿轮轴和件5主动齿轮轴。如果实心杆件上有些结构，如键槽、销孔等需要表达时，可用局部剖视表示，需要画出其剖面线。

（4）在剖视图和剖面图中，当剖面图的厚度小于或等于2 mm时，允许用涂黑代替剖面符号。

2. 部件的特殊表达方法

（1）拆卸画法：在装配图的某个视图上，当某些零件遮住了大部分装配关系或其他零件时，可假想将某些零件拆去绘制，这种画法称为拆卸画法。如图3-1-5中的俯视图就是拆去轴承盖、螺栓和螺母后画出的。采用这种画法需要加标注“拆去××等”。

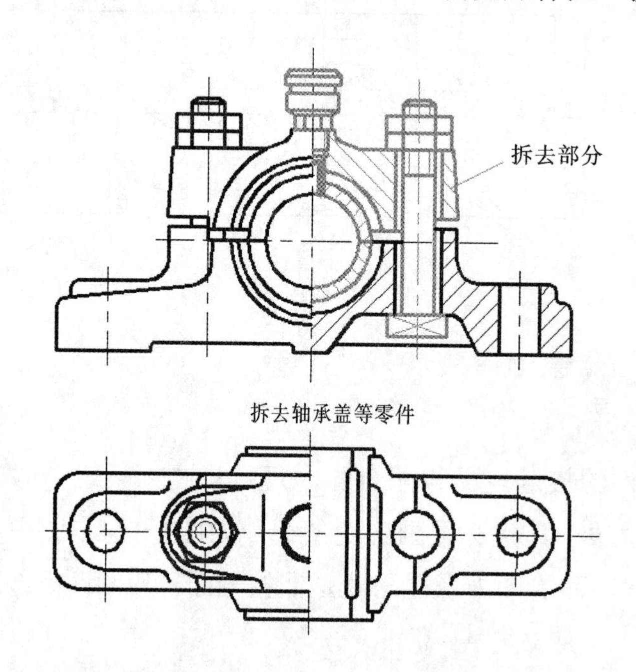

图3-1-5　滑动轴承装配图

（2）沿结合面剖切画法：为了表达部件的内部结构，可假想沿着两个零件的结合面进行剖切。结合面上不画剖面线，但被剖切到的其他零件如泵轴、螺栓、销等，则应画出剖面线，如图3-1-5所示。

（3）假想画法：在装配图中，为了表示某些零件的运动范围和极限位置时，可先在一个极限位置上画出该零件，再在另一个极限位置上用双点划线画出其轮廓，如图3-1-6

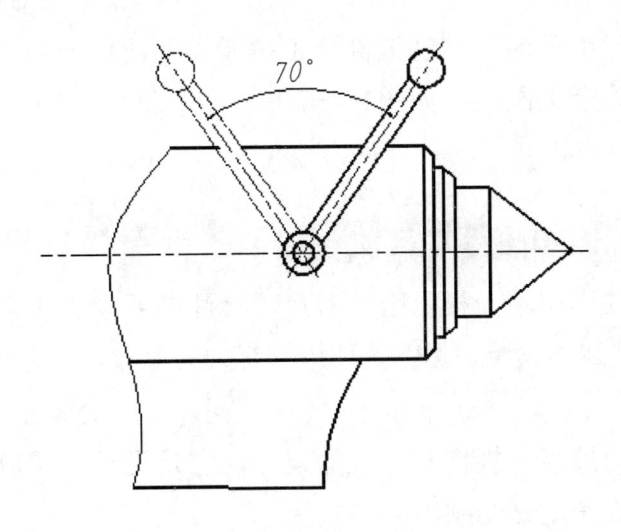

图3-1-6

（4）简化画法。

①对于装配图中的螺栓连接等若干相同的零件组，在不影响理解的前提下，允许仅详细地画出一处，其余则以点划线表示其中心位置。在装配图中，螺母和螺栓的头允许采用简化画法，如图3-1-7所示。

②在装配图中，表示滚动轴承时，允许按比例画法画出对称图形的一半，另一半只画出其轮廓，并用细实线画出轮廓的对角线，如图3-1-7所示。

③在装配图中，对零件的工艺结构，如圆角、倒角、退刀槽等允许不画。

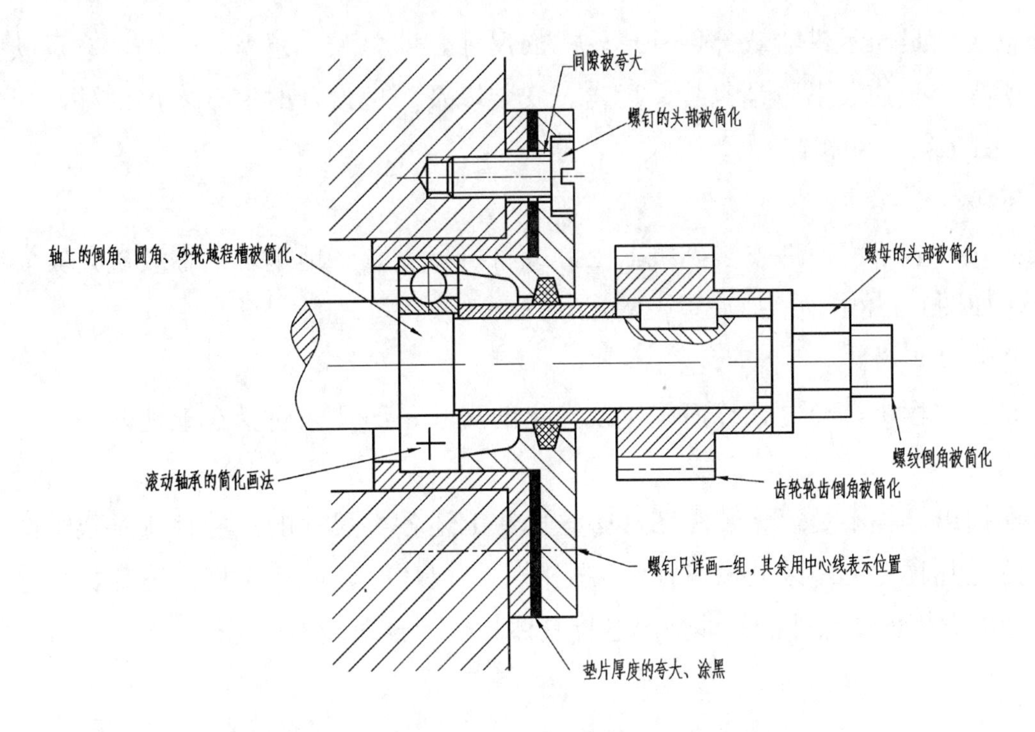

图3-1-7　装配图中的简化画法和夸大画法

（5）夸大画法：在装配图中，如绘制直径或厚度小于2 mm的孔或薄片以及较小的斜

度、锥度、间隙和细丝弹簧时，允许该部分不按原绘图比例而夸大画出，以便使图形清晰，这种表示方法称为夸大画法。如图3-1-7中垫片，图3-1-5中的轴承座、轴承盖上穿螺栓的孔都是夸大画出的。

知识点三：装配图中的尺寸标注

装配图与零件图的作用不一样，因此对尺寸标注的要求也不同，装配图只需标注与部件的规格、性能、装配、安装、运输、使用等有关的尺寸，可分为以下几类。

1. 性能（规格）尺寸

表示机器或部件的性能、规格和特征的尺寸，它是设计、了解和选用机器的重要依据，如图3-1-8中轴瓦的孔径∅50H8。

2. 装配尺寸

表示机器或部件上有关零件间装配关系的尺寸。主要有下列两种：

（1）配合尺寸：它是表示两个零件之间配合性质的尺寸，如图3-1-8中的∅90H9/f9，∅60H8/k7尺寸等，它由基本尺寸和孔与轴的公差带代号组成，是拆画零件图时确定零件尺寸偏差的依据。

（2）相对位置尺寸：它是表示装配机器时需要保证的零件间较重要的距离、间隙等。如图3-1-8中的85±0.3尺寸。

3. 外形尺寸

外形尺寸是表示机器或部件外形轮廓的尺寸，即总长、总宽、总高。它反映了机器或部件所占空间的大小，是包装、运输、安装以及厂房设计时需要考虑的外形尺寸，如图3-1-8中的240、80和152为外形尺寸。

4. 安装尺寸

安装尺寸表示将部件安装到机器上，或将机器安装到地基上，需要确定其安装位置的尺寸，如图3-1-8中轴承座底板上的尺寸180、6和17等。

5. 其他重要尺寸

在设计过程中，经过计算而确定或选定的尺寸，但又未包括在上述四类尺寸之中的重要尺寸。

应当指出，并不是每张装配图都必须标注上述各类尺寸的，并且有时装配图上同一尺寸往往有几种含义。因此，在标注装配图上的尺寸时，应在掌握上述几类尺寸意义的基础上，根据机器或部件的具体情况进行具体分析，合理地进行标注。

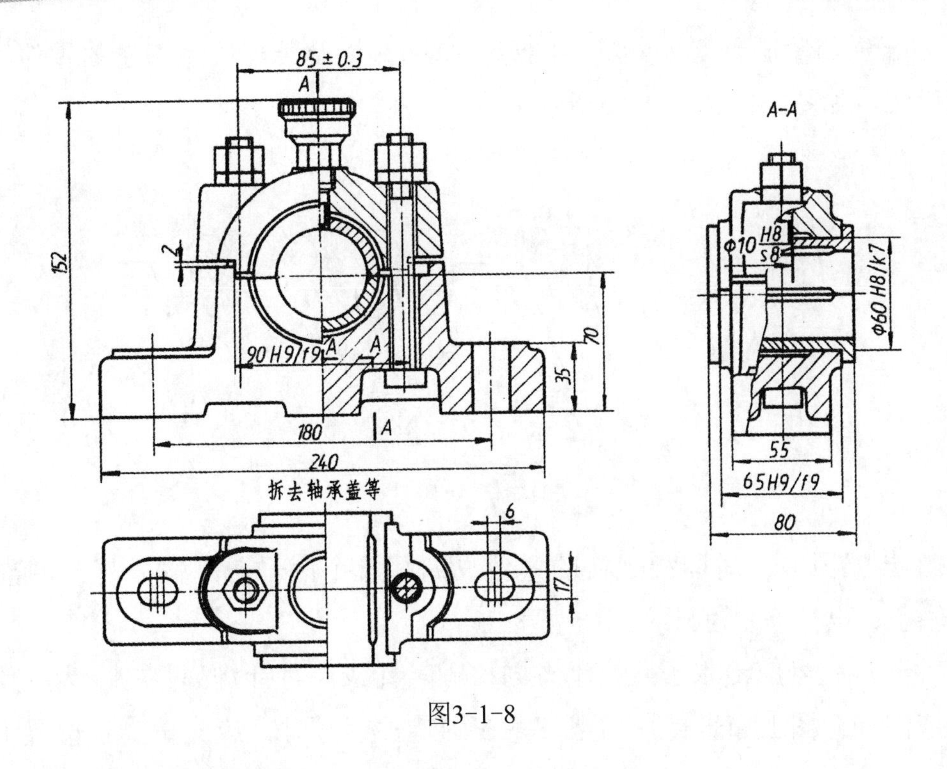

图3-1-8

知识点四：装配图的零、部件序号及明细栏

为了便于看图、装配、图样管理以及做好生产准备工作，需对每个不同的零件或组件编写序号，并填写明细栏。

1. 零、部件序号

装配图上所有的零件包括标准件在内，按一定顺序编注序号，如图3-1-3所示。关于零、部件序号标注的一些规定如下所述。

（1）零、部件序号（或代号）应标注在图形轮廓线外边，并填写在指引线一端的横线上或圆圈内，指引线、横线或圆均用细实线画出。指引线应从所指零件的可见轮廓线内引出，并在末端画一小圆点，序号字体要比尺寸数字大一号，如图3-1-9（a）所示。若所指部分内不宜画圆点时（很薄的零件或涂黑的剖面），可在指引线的末端画出箭头，并指向该部分的轮廓，如图3-1-9（b）所示。

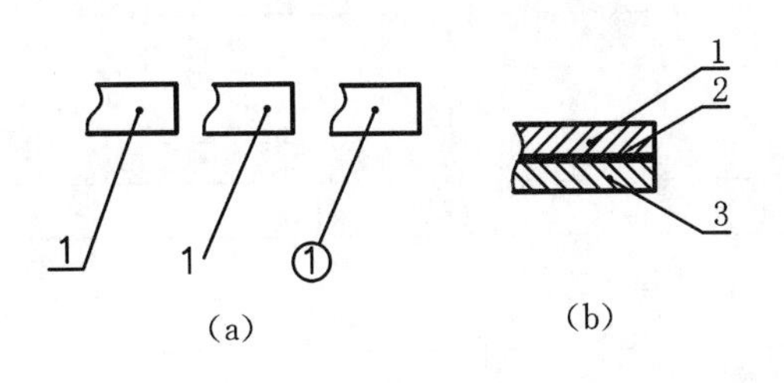

图3-1-9

（2）指引线相互不能相交，也不要过长，当通过有剖面线区域时，指引线尽量不与剖面线平行。必要时，指引线可画成折线，但只允许曲折一次，如图 3-1-10（a）所示。

（3）对于一组紧固件（如螺栓、螺母、垫圈）以及装配关系清楚的零件组，允许采用公共指引线，如图3-1-10（b）所示。

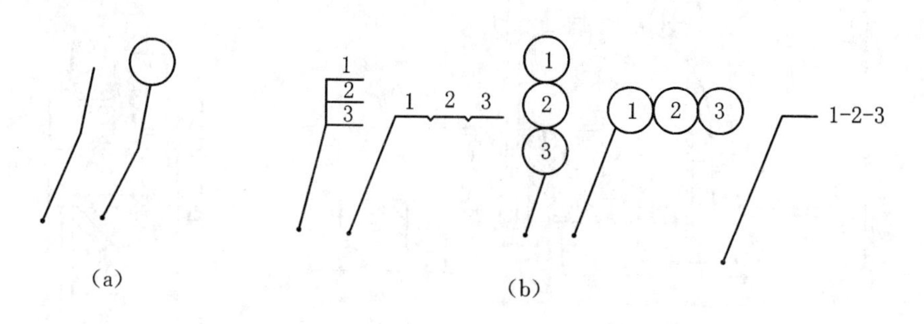

图3-1-10

（4）在装配图中，对同种规格的零件只编写一个序号；对同一标准的部件（如油杯、滚动轴承、电机等）也只编一个序号。

（5）序号或代号应沿水平或铅垂方向按顺时针或逆时针排列整齐。为了使指引线一端的横线或圆在全图上布置得均匀整齐，在画零件序号时，应先按一定位置画好横线和圆，然后再与零件一一对应，画出指引线，如图3-1-3所示。

2. 明细栏和标题栏

明细栏是机器或部件中所有零、部件的详细目录，栏内主要填写零件序号、代号、名称、材料、数量、重量及备注等内容。明细栏画在标题栏上方，外框为粗实线，内框为细实线，当位置不够时，也可在标题栏左方再画一排。明细栏中的零件序号应从下往上按顺序填写，以便增加零件时，可以继续向上画格。有时，明细栏也可不画在装配图内，按A4幅面单独画出，作为装配图的续页，但在明细栏下方应配置与装配图完全一致的标题栏。图3-1-11所示的格式可供学习时使用，工厂用明细栏以国标中规定的标准格式为准，需要时可查相关资料。

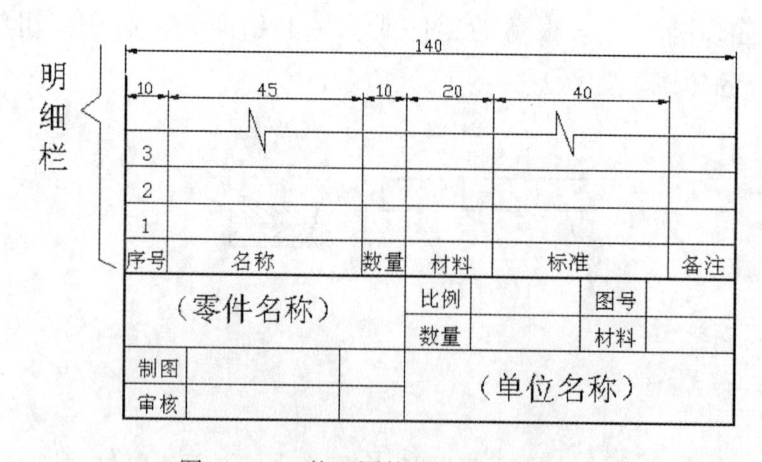

图3-1-11 装配图的明细栏和标题栏

知识点五：常用螺纹紧固件及连接图画法

1. 螺栓连接

螺栓用来连接两个不太厚并能钻成通孔的零件，与垫圈、螺母配合进行连接。如图3-1-12所示。

（1）螺栓连接画法。螺栓连接的紧固件有螺栓、螺母和垫圈，一般用比例画法绘制。所谓比例画法就是以螺栓上螺纹的公称直径为主要参数，其余各部分结构尺寸均按与公称直径成一定比例关系绘制。尺寸比例关系如图3-1-12所示。

（2）螺栓连接的画法。用比例画法画螺栓连接的装配图时，应注意以下几点：

①两零件的接触表面只画一条线，并不得加粗。凡不接触的表面，不论间隙大小，都应画出间隙（可采用夸大画法）。

②剖切平面通过螺栓轴线时，螺栓、螺母、垫圈可按不剖绘制，仍画外形。必要时，可采用局部剖视。

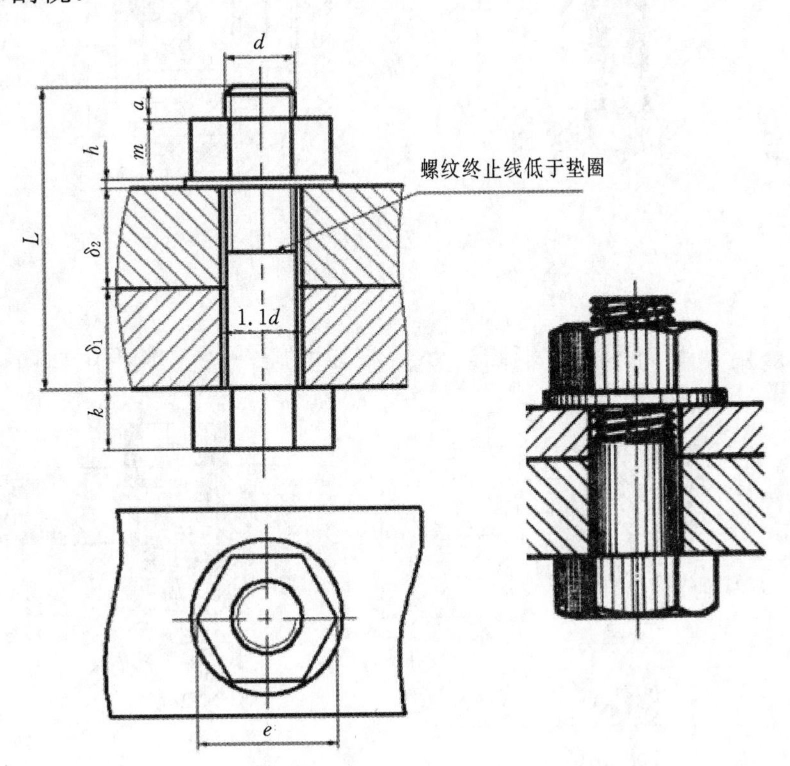

图3-1-12　螺栓连接

③两零件相邻接时，不同零件的剖面线方向应相反，或者方向一致而间隔不等。

④螺栓长度$L \geqslant \delta_1 + \delta_2 + h + m + a$，根据上式的估计值，然后选取与估算值相近的标准长度值作为L值。

2. 螺柱连接

当两个被连接件中有一个很厚，或者不适合用螺栓连接时，常用双头螺柱连接。

双头螺柱两端均加工有螺纹，一端与被连接件旋合，另一端与螺母旋合，如图3-1-13所示。用比例画法绘制双头螺柱的装配图时应注意以下几点：

①旋入端的螺纹终止线应与结合面平齐，表示旋入端已经拧紧。

②旋入端的长度b_m要根据被旋入件的材料而定，被旋入端的材料为钢时，$b_m=d$；被旋入端的材料为铸铁或铜时，$b_m=1.25d$～$1.5d$；被连接件为铝合金等轻金属时，取$b_m=2d$。

③旋入端的螺孔深度取$b_m+0.5d$，钻孔深度取b_m+d，如图3-1-13所示。

④螺柱的公称长度$L \geqslant \delta+h+m+a$，h、m、a参考螺栓连接，然后选取与估算值相近的标准长度值作为L值。

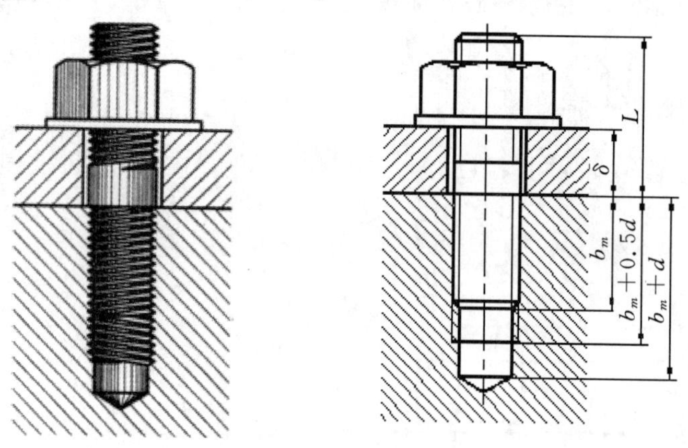

图3-1-13　双头螺柱连接图

3. 螺钉连接

螺钉连接一般用于受力不大又不需要经常拆卸的场合，如图3-1-14所示。

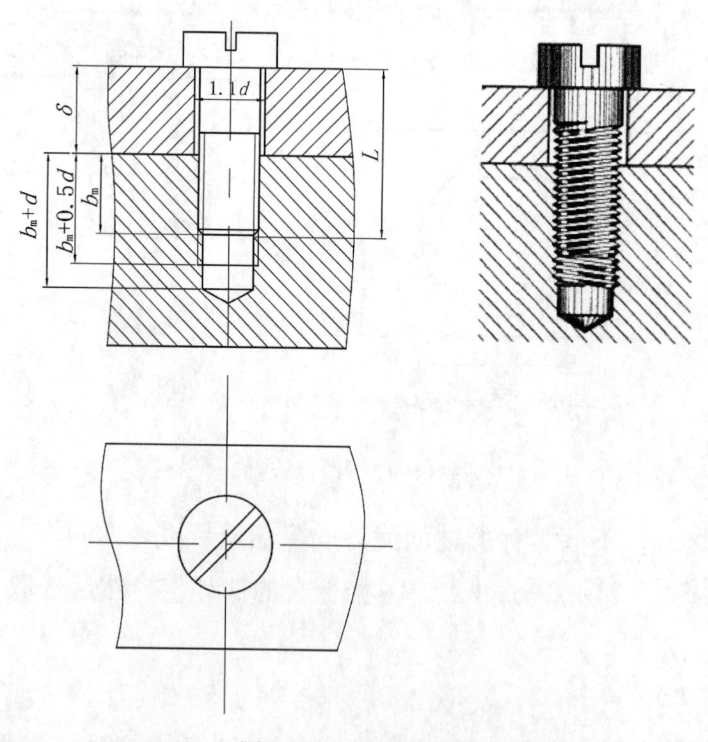

图3-1-14　螺钉连接

用比例画法绘制螺钉连接，其旋入端与螺柱相同，被连接板的孔部画法与螺栓相同，被连接板的孔径取1.1d。螺钉的有效长度$L \geqslant \delta + b_{m}$，并根据标准校正。画图时注意以下两点：

①螺钉的螺纹终止线不能与结合面平齐，而应画在盖板的范围内。

②具有沟槽的螺钉头部，在主视图中应被放正，在俯视图中规定画成45°倾斜。

知识点六：销连接的画法

销主要用来固定零件之间的相对位置，起定位作用，也可用于轴与轮毂的连接，传递不大的载荷，还可作为安全装置中的过载剪断元件。销的常用材料为35、45钢。

销有圆柱销和圆锥销两种基本类型，如图3-1-15所示，这两类销均已标准化。圆柱销利用微量过盈固定在销孔中，经过多次装拆后，连接的紧固性及精度降低，故只宜用于不常拆卸处。圆锥销有1∶50的锥度，装拆比圆柱销方便，多次装拆对连接的紧固性及定位精度影响较小，因此应用广泛。

销连接的画法如图3-1-15所示。

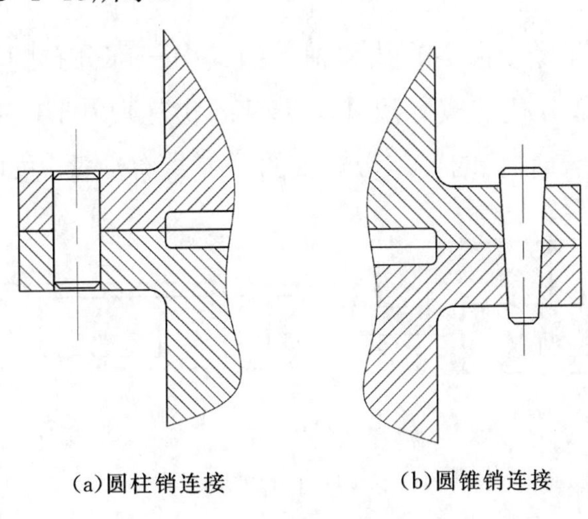

图3-1-15　销连接的画法

知识点七：配合公差

配合：基本尺寸相同，相互结合的孔轴公差带之间的关系。

1. 配合的分类

（1） 间隙配合：一批尺寸合格的孔和轴，当任一孔的实际尺寸都大于或等于轴的实际尺寸时，孔和轴之间所形成的配合为间隙配合。（间隙配合时孔的公差带完全在轴的公差带之上，如图3-1-16所示。）

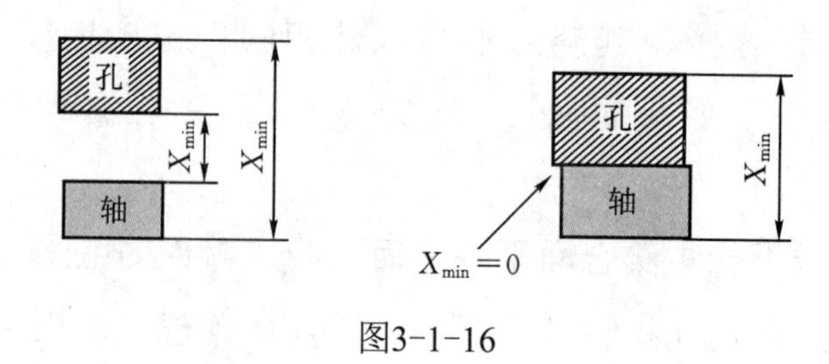

图3-1-16

（2）过盈配合：一批尺寸合格的孔和轴，当任一孔的实际尺寸都小于或等于轴的实际尺寸时，孔和轴之间所形成的配合为过盈配合。（过盈配合时孔的公差带完全在轴的公差带之下，如图3-1-17所示 。）

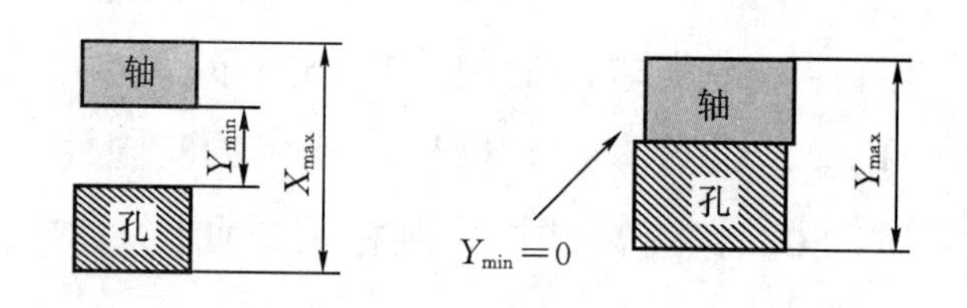

图3-1-17

（3）过渡配合：一批尺寸合格的孔和轴，当其中一部分孔的实际尺寸大于或等于轴的实际尺寸时，而另一部分孔的实际尺寸小于轴的实际尺寸时，孔和轴之间所形成的配合为过渡配合。（过渡配合时孔的公差带与轴的公差带有交叠，如图3-1-18所示。）

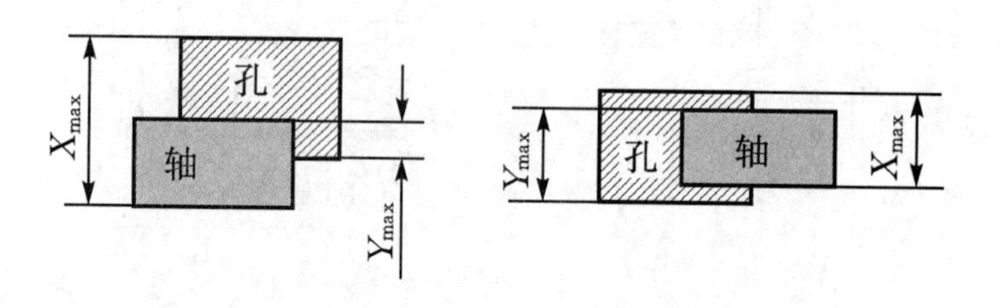

图3-1-18

练一练

查公差表确定∅60H8及∅60k7的极限偏差，并将它们的公差带画在一张公差带图中，根据公差带之间的关系判断它们属于什么配合。

2. 配合代号

配合代号用孔、轴公差带代号的组合表示，写成分数形式，分子为孔的公差带代号，分母为轴的公差带代号。

如∅60H8/k7，其含义是：基本尺寸为∅60 mm，孔的公差带代号为H8，轴的公差带代号为k7，为基孔制间隙配合。 在装配图中标注如图3-1-19所示。

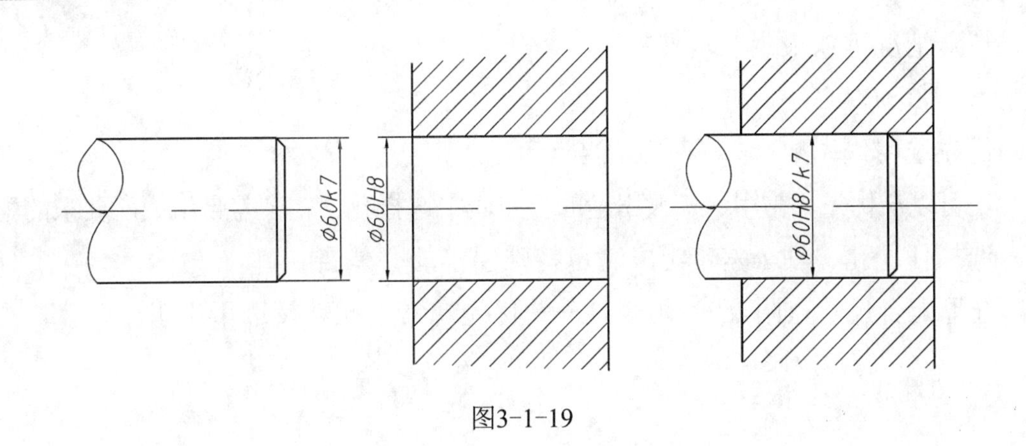

图3-1-19

3. 配合制

（1）基孔制配合：基本偏差为H的孔的公差带，与不同基本偏差的轴的公差带形成各种配合的一种制度 。例如：∅50H8/k7。

（2）基轴制配合：基本偏差为h的轴的公差带，与不同基本偏差的孔的公差带形成各种配合的一种制度。例如：∅62JS8/h7。

知识点八：配合尺寸选择

1. 基准制的选择

（1）优先采用基孔制。

（2）特殊情况采用基轴制圆柱型材的规格已标准化，用它作光轴时其为基准轴。轴径可以免去外圆的切削加工，只要按照不同的配合性质来加工孔，可实现技术与经济的最佳效果。

（3）与标准件配合,以标准件为基准件。例如：滚动轴承外圈与箱体孔的配合应采用基轴制，滚动轴承内圈与轴的配合应采用基孔制，并在标注配合尺寸时只标与轴承配合件的尺寸公差带代号而省略轴承的尺寸公差带代号。其注法如图3-1-20所示。

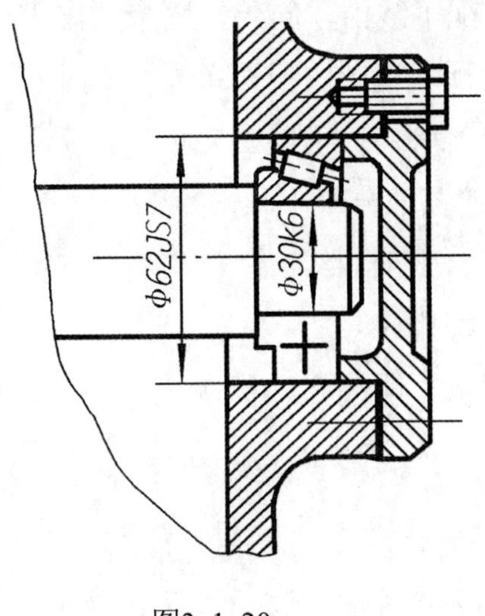

图3-1-20

（4）特殊情况可以采用非基准制。

2.配合选择的原则

（1）优先选用优先配合——常用配合。

（2）还可以从优先、常用、一般用途的公差表中选择孔、轴公差带组成所要求的配合。

（3）选择任一孔、轴公差带组成满足特殊要求的公差带。

具体选择配合尺寸查附表9～附表11——优先、常用配合及选用说明。

装配图在选择配合尺寸时，首先应对装配体进行分析，判断哪些地方有配合，配合的类型为哪种；再根据优先选择的配合形式及适用场合选择配合尺寸。

任务实施

现在我们已经通过前面的几个活动了解清楚了装配体的工作原理、零件间的装配关系、每种零件的数量及其在装配体中的功能，并且画出了每种零件的零件图，后面我们只需依据零件图拼画装配图。具体实施步骤如下：

※STEP 1　确定表达方案

（1）主视图的选择：主视图应能反映部件的主要装配关系和工作原理。

（2）其他视图的选择：分析主视图尚未表达清楚的装配关系或主要零件的结构形状，选择适当的表达方法将其表示清楚 。

※STEP 2　根据确定的表达方案、部件大小、视图数量，选取适当的绘图比例和图幅

先画出各视图的主要基准线，如轴的轴线、底板的底平面等，再画出主要装配干线中的主干零件，如轴、底板等。

※STEP 3　围绕主要装配干线由里向外，逐个画出零件的图形

一般从主视图入手，兼顾各视图的投影关系，几个基本视图结合起来绘制。先画主要零件，如轴、齿轮、支座、轴承、轴承盖、底板等；后画次要零件，如销、键、螺钉、螺母等；以可见部分为主，被遮挡部分可不画出 。

※STEP 4　校核、描深、画剖面线

※STEP 5　标注尺寸、编排序号

※STEP 6　填写技术要求、明细栏、标题栏，完成全图

活动小结

本活动结束后我们已经对装配图有了一定的了解，这为我们以后读装配图做好了铺

垫。同时，我们对画装配图有了一个更深的认识，使我们多了一项技能。

活动五 根据装配图修改零件草图并编注零件的技术要求

活动引入

前面我们在绘制装配图时已发现零件之间需要满足装配要求，某些零件的结构就有些不合理了，需要做些修改。另外，可根据零件装配关系和在装配体中的作用，对零件的技术要求进行一些补充。

知识链接

知识点一：装配结构简介

1. 接触面和配合面的结构

（1）两个零件的接触面，在同一方向上只能有一对，如图3-1-21所示是平面接触，如图3-1-22所示是轴颈和孔相配合的圆柱面接触。这样既满足了装配要求，使零件接触良好，又降低了加工成本，使制造更为方便。

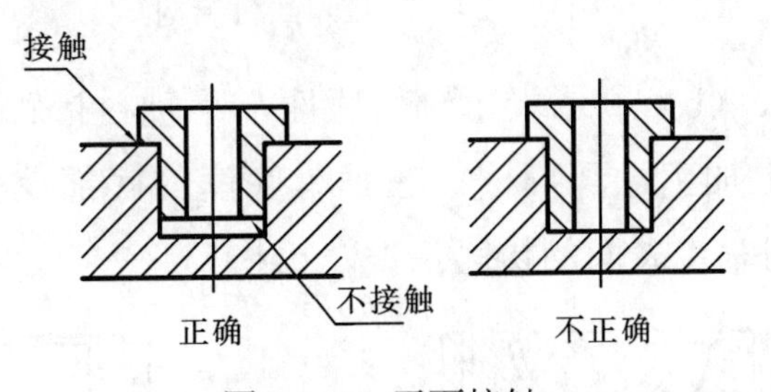

图3-1-21 平面接触

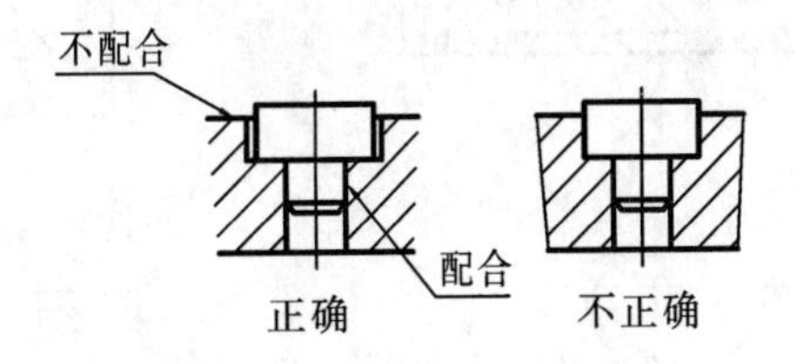

图3-1-22 圆柱面配合

（2）对于锥面配合，锥体顶部与锥孔底部之间必须留有空隙，否则不能保证锥面配合，如图3-1-23所示。

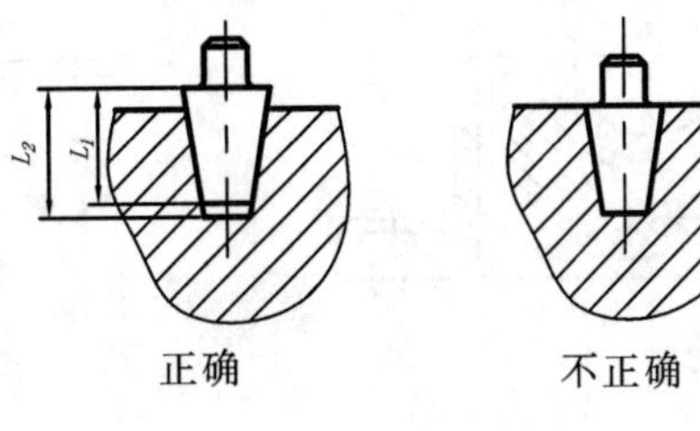

图3-1-23 圆锥面配合

（3）为了保证接触良好，接触面需经机械加工。因此，合理地减少加工面积，既可降低加工费用，又能改善接触情况。

①为了保证连接件（螺栓、螺母、垫圈）和被连接件间的良好接触，在被连接件上作出沉孔、凸台等结构，如图3-1-24所示。

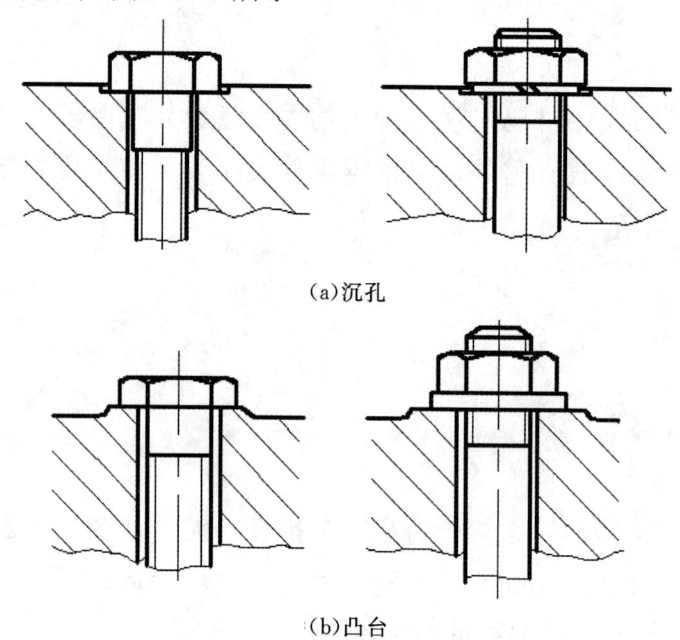

(a)沉孔

(b)凸台

图3-1-24　沉孔和凸台结构

②如图3-1-25（a）、（b）所示表示轴承底座与下轴衬接触面的形状，为了减少接触面，在两零件的接触面上加工一环形槽；在轴承底座的底部挖一凹槽。轴瓦凸肩处的越程槽是为了改善两个互相垂直表面的接触情况，如图3-1-25（c）所示。

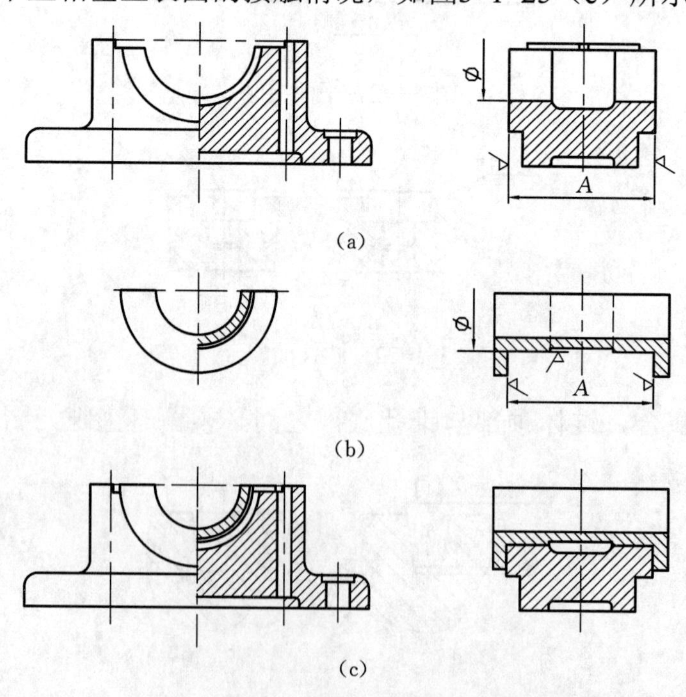

(a)

(b)

(c)

图3-1-25　减少零件接触面的结构

③零件两个方向的接触面在转折处要做成倒角、退刀槽或不同半径的圆角，以保证两零件接触良好，不应都做成尖角或相同半径的圆角，如图3-1-26、3-1-27所示。

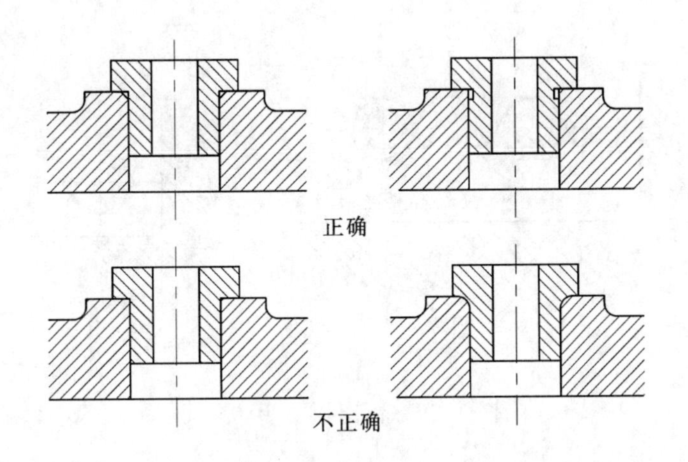

图3-1-26　接触面转折处的结构

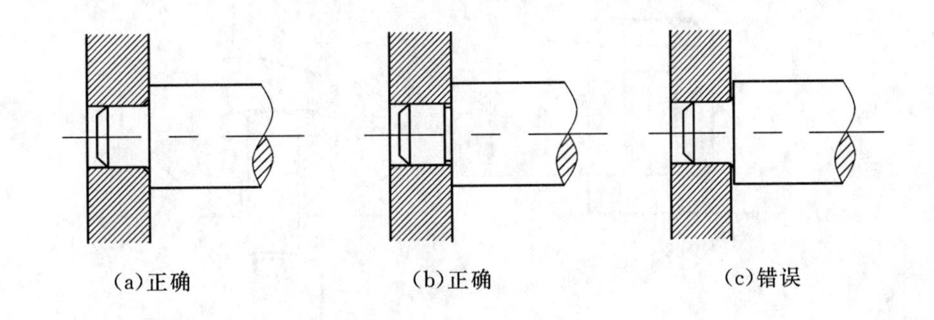

图3-1-27　接触面转折处结构

2. 螺纹连接的合理结构

（1）为了保证拧紧，要适当加长螺纹尾部，在螺杆上加工出退刀槽，在螺孔上作出凹坑或倒角，如图3-1-28所示。

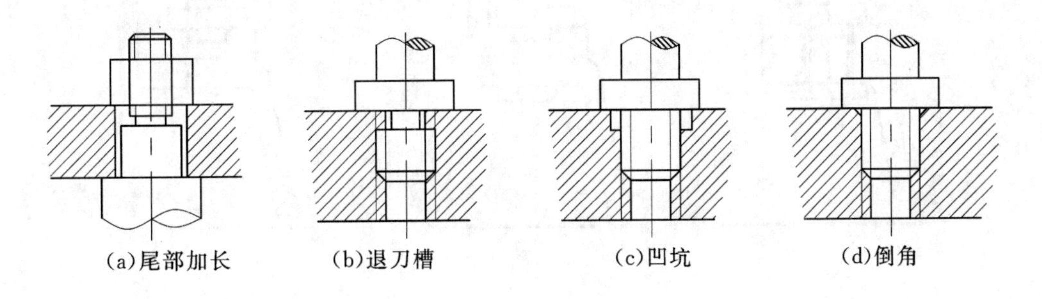

图3-1-28　螺纹连接合理结构

（2）在安排螺钉的位置时，要考虑装拆螺钉时扳手的活动空间，如图3-1-29所示。另放螺钉处的空间不能太小，否则螺钉无法装拆，正确的结构形式应使尺寸L一定要大于螺钉的长度，如图3-1-30所示。

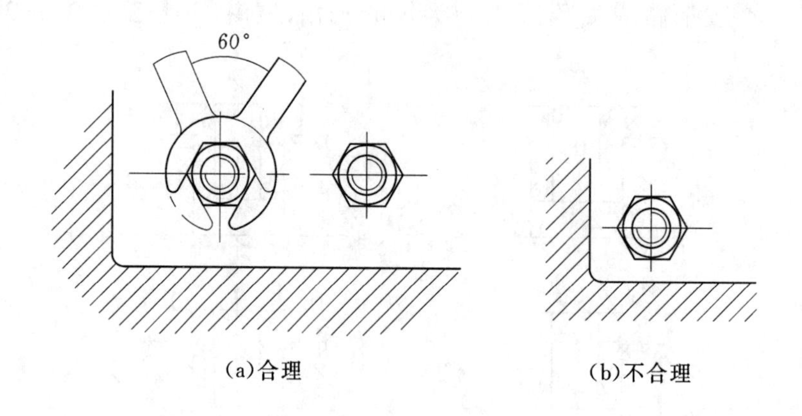

图3-1-29　留出扳手活动空间

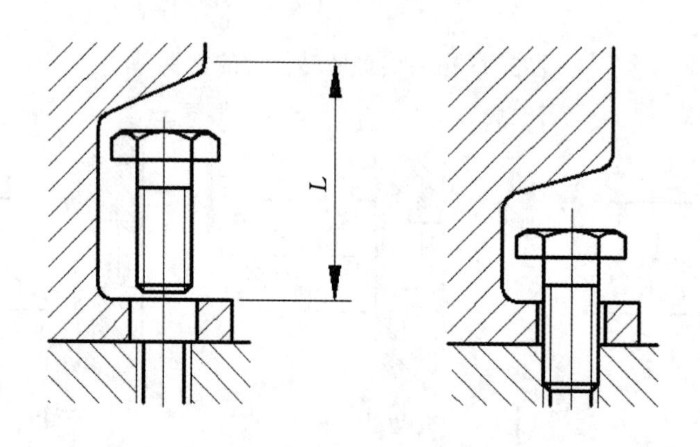

图3-1-30　留出螺钉装拆空间

（3）在图3-1-31（a）上，螺栓头部全封在箱体内，将无法安装，解决的办法是可在箱体上开一手孔或改用双头螺柱，如图3-1-31（b）、（c）所示。

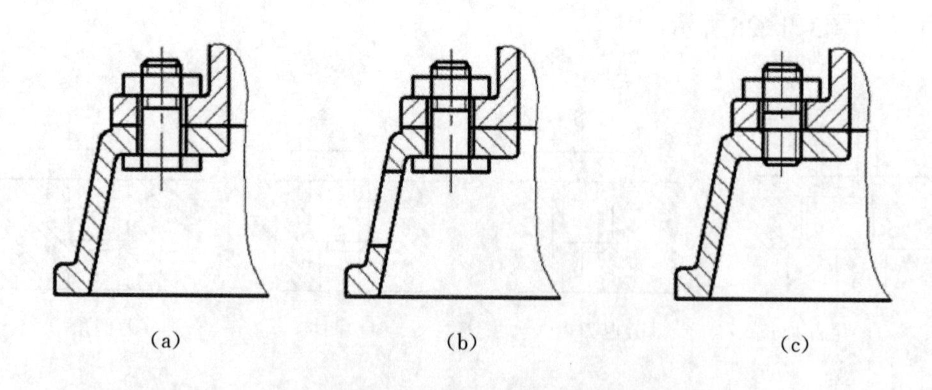

图3-1-31　加手孔或用螺柱

知识点二：零件技术要求选择

1. 尺寸公差选择

（1）对于有配合的结构，根据配合尺寸确定零件上的尺寸、公差代号，查公差表及基本偏差表确定零件极限偏差，按规定形式标注在零件图上对应位置。

（2）其余结构尺寸都按一般公差来处理，零件图上不标，只在技术要求中简要叙述。

（3）各类典型零件的尺寸公差还可参考项目二中零件的技术要求来选择。

2. 几何公差的选择

（1）几何公差项目选择：几何公差的选择主要根据零件的几何特征、使用性能和经济性等方面因素，并经综合分析后所确定的。在保证零件功能的前提下，应使几何公差项目尽可能少，检查方法简便，以获得较好的经济效益，具体考虑以下几点：

①考虑零件的几何特征。几何公差项目是按要素的几何形状特征制定的，因此要素的几何特征是选择被测要素几何公差的基本依据。例如：圆柱形零件的外圆出现圆度、圆柱度误差时，其轴线会出现直线度误差等。

②考虑零件使用要求。从要素的几何误差对零件在机器中的使用性能的影响入手，确定所要控制的行为公差的项目。例如：圆柱形零件，当仅需要装配顺利，或保证轴、孔之间的相对运动以减少磨损时，可选轴线的直线度公差；如果轴孔之间既有相对运动，又要求密封性能好，为保证整个配合表面有均匀的小间隙，需要标注圆柱度公差（以综合控制圆度、素线的直线度和轴线的直线度）。又如，减速箱上各轴承孔轴线间的平行度误差会影响齿轮的接触精度和齿侧间隙的均匀性，为保证齿轮的正确啮合，需要规定轴线之间的平行度公差。

由于零件种类繁多，功能要求各异，测绘者只能在充分明确所测绘零件的功能要求、熟悉零件加工工艺和具有一定的检测经验的情况下，才能对零件提出合理、恰当的几何公差项目。

③参考典型零件常见的几何公差。选择几何公差时还可参考情境二中典型零件常见的几何公差项目。

（2）形位公差值的选择：在满足零件功能要求的前提，选择最经济的公差值，原则如下：

①同一要素上给出的形状公差值应小于位置公差值。如要求平行的两个表面，其平面度公差应小于平行度公差值。

②圆柱形零件的形状公差值一般应小于其尺寸公差值，圆度和圆柱度的公差值应小于同级的尺寸公差值1/3。

③凡有关标准已对形位公差作出规定的，如与滚动轴承相配合的轴和壳体孔的圆柱度公差、机床导轨的直线度公差、齿轮箱体孔的轴线的平行度公差，都按相应的标准确定。

3. 表面结构R_a值的选择

在选择表面结构参数R_a时，应仔细观察被测表面情况，认真分析被测表面的作用、加工方法、运动状态等，再根据相应的加工方法的经济加工精度，及表面结构的推荐值综合考虑来进行选择，常用类比法选择表面结构：

（1）同一零件上，工作表面的R_a值应比非工作表面的R_a值小。

（2）摩擦表面R_a值应比非摩擦表面小，滚动摩擦表面应比滑动摩擦的R_a值小。

（3）运动速度高、单位面积压强大的表面以及受交变应力表面R_a值都应小。

（4）配合性质要求越稳定，其配合表面的R_a值应越小；配合性质相同时，零件尺寸越小，R_a值越小；同一精度等级，小尺寸比大尺寸的R_a值要小，轴比孔的R_a值要小。

（5）尺寸公差和形位公差小的表面，其R_a值也越小。

表3-1-2　轴和孔的表面R_a推荐值

应用场合			R_a / μm	
示例	精度等级	表面	基本尺寸 / mm	
			≤50	＞50～500
经常拆装零件配合表面	IT5	轴	≤0.2	≤0.4
		孔	≤0.4	≤0.8
	IT6	轴	≤0.4	≤0.8
		孔	≤0.8	≤1.6
	IT7	轴	≤0.8	≤1.6
		孔	≤1.6	≤3.2
	IT8	轴	≤0.8	≤1.6
		孔	≤1.6	≤3.2

任务实施

※STEP 1　认真分析装配图在绘制过程中遇到的一些问题，对零件结构进行修改（小组讨论）

※STEP 2　联系装配图分析并标注零件的技术要求

※STEP 3　检查、核对

活动小结

通过本活动使我们学到的很多课程知识得到了应用，增强了我们分析解决实际问题的能力。

活动六 CAD软件绘制机用平口钳各零件图和装配图

知识链接

知识点一：AutoCAD绘制装配图的方法

AutoCAD绘制装配图有图块插入法、插入外部引用文件法、直接绘制法、复制—粘贴法等方法。

知识点二：AutoCAD绘制装配图的一般步骤

下面以图块插入法和插入外部引用文件法为例来说明绘图的步骤。

1. 图块插入法

图块插入法是将装配图中的各个零部件的图形先制作成图块，然后再按零件间的相对位置将图块逐个插入，拼画成装配图。一般步骤为：

（1）调出装配图所需的各个零件图，将尺寸线与技术要求等要素的图层关闭，再分别定义成图块。

（2）设置装配图所需的图幅，画出图框、标题栏、明细栏等，设置其绘图环境或调用样板文件。

（3）用插入图块的方法分别将各个块插入到装配图中。

（4）将图块打散，按装配关系修改图形。

（5）标注装配尺寸，填写明细栏、标题栏、技术要求等完成图形。

2. 插入外部引用文件法

一般步骤为：

（1）调出装配图所需的各个零件图，将尺寸线与技术要求等要素的图层关闭，为各零件图形定义插入基点。

（2）设置装配图所需的图幅，画出图框、标题栏、明细栏等，设置其绘制环境或调用样板文件。

（3）用“插入”→“外部参照”命令，将各零件图形一一插入到装配图中。

（4）按装配关系修改时，只打开需要修改的原零件图形文件进行修改，修改完后存盘。

（5）用“插入”→“外部参照管理器”命令，打开“外部参照管理器”对话框，选中已修改的零件图形文件名称，单击“重载”按钮，即可完成装配图的更新。

（6）标注装配尺寸、填写明细栏、标题栏、技术要求等完成图形。

任务实施

※STEP 1　练习绘制下面的装配图

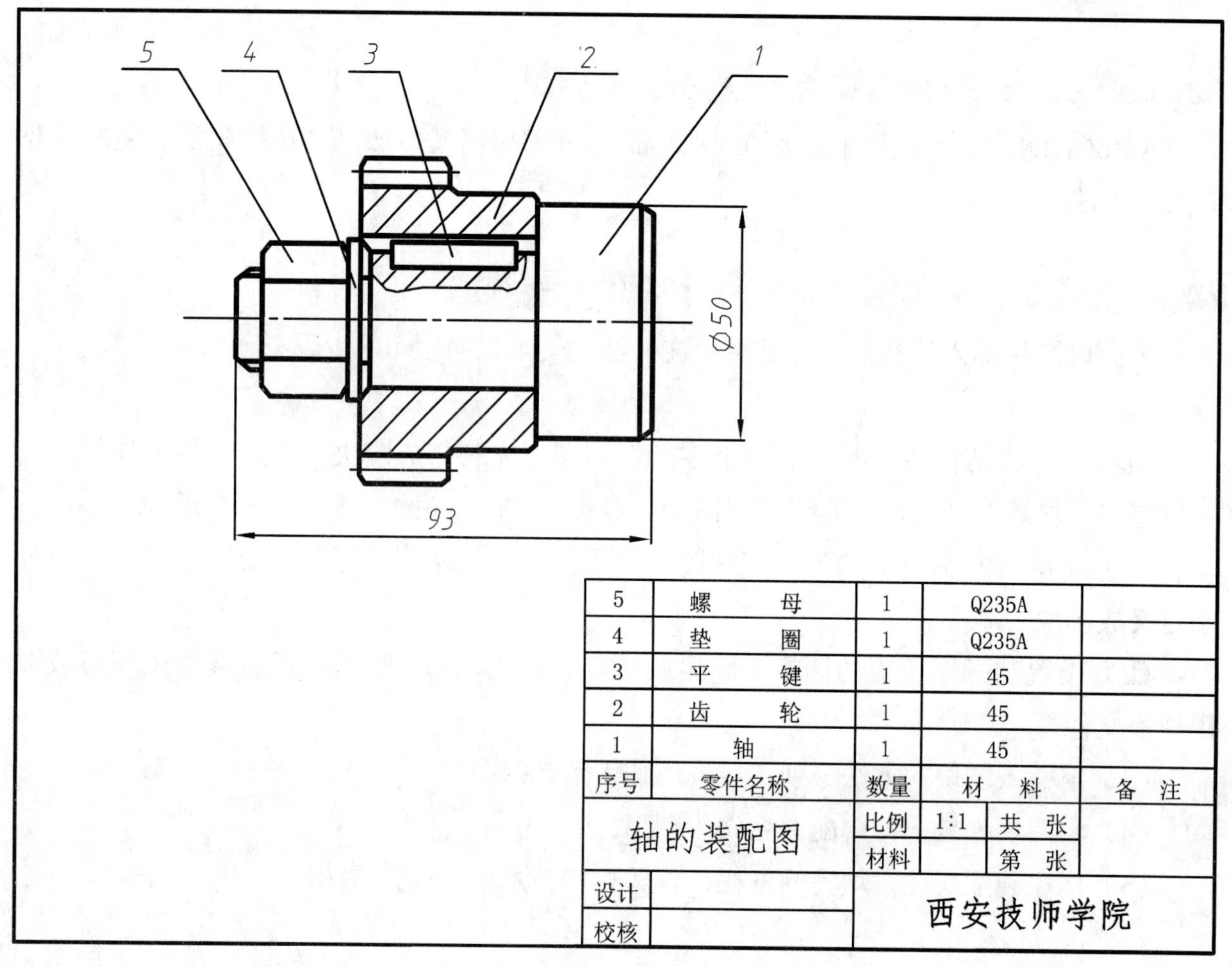

5	螺　　母	1	Q235A	
4	垫　　圈	1	Q235A	
3	平　　键	1	45	
2	齿　　轮	1	45	
1	轴	1	45	
序号	零件名称	数量	材　料	备　注
轴的装配图		比例 1:1	共　张	
		材料	第　张	
设计		西安技师学院		
校核				

图3-1-32

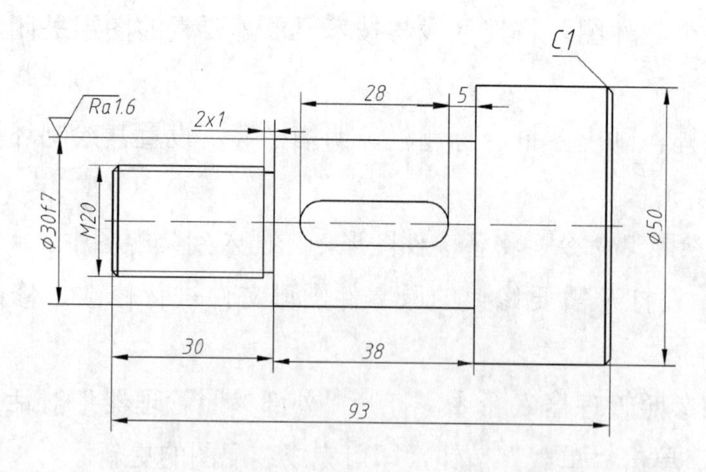

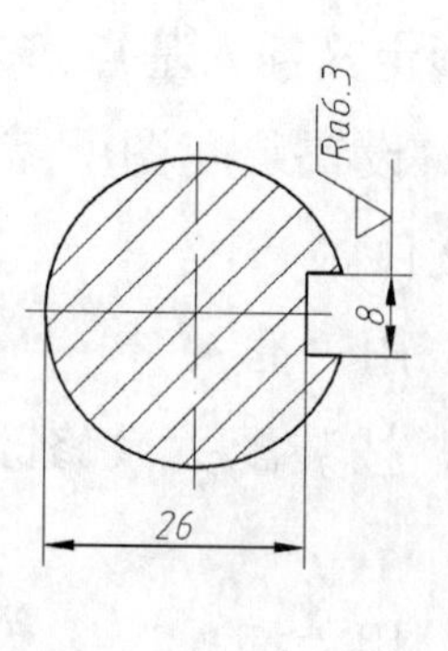

图3-1-33

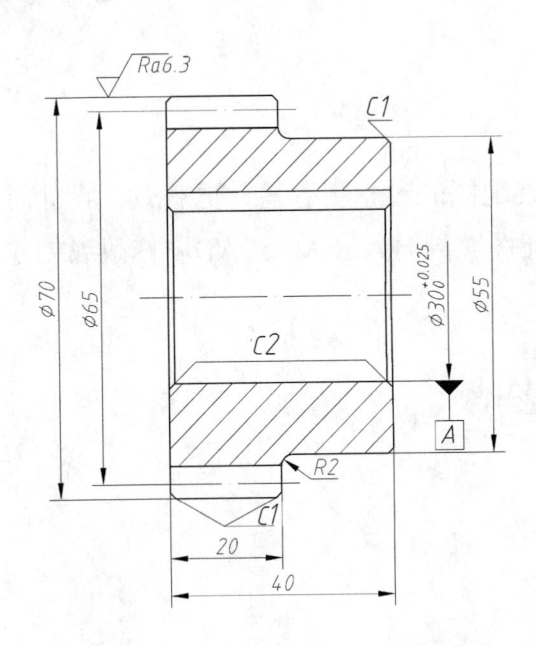

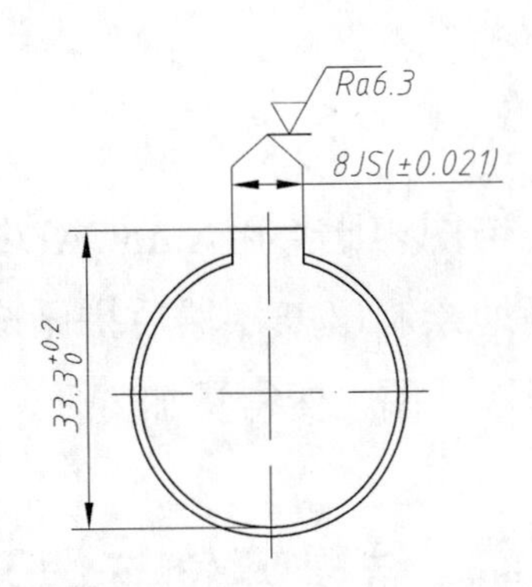

图3-1-34

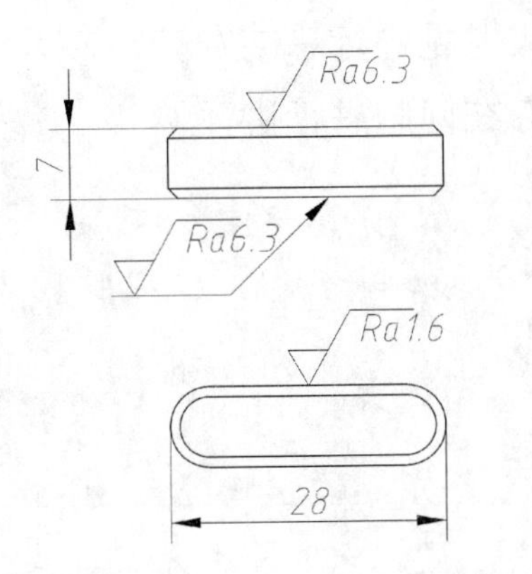

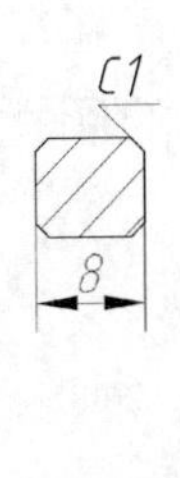

图3-1-35

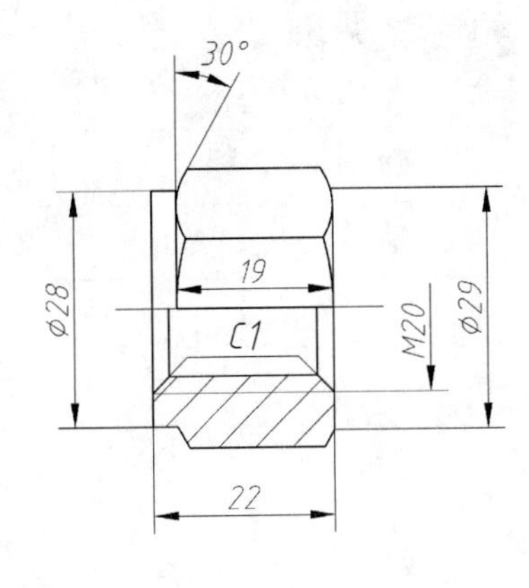

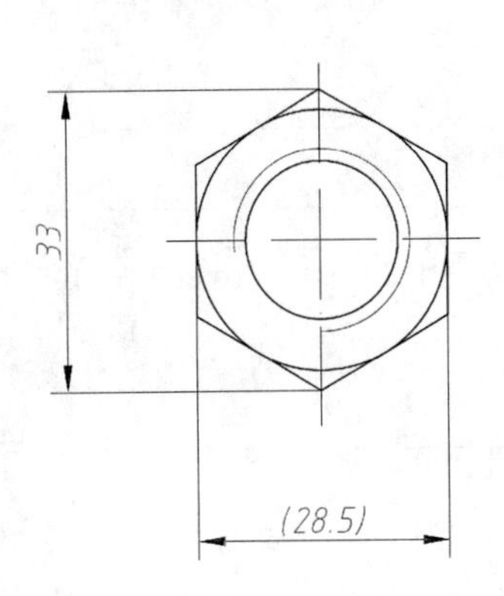

图3-1-36

※STEP 2　依据手工图样，应用CAD软件绘制机用平口钳装配图

活动小结

与手工绘图相比，用AutoCAD绘制装配图的过程更容易、更有效。设计时，可先将各零件准确地绘制出来，然后拼画成装配图。同时，在AutoCAD中修改或创建新的设计方案及拆画零件图也变得更加方便。

活动七 结果评价与学习小结

展示汇报

※STEP 1　每组推选好的作品进行展示

※STEP 2　各组之间对推选作品进行自评和互评

※STEP 3　每组派人将评比结果意见进行总结发言

※STEP 4　教师对学生的图样存在问题进行讲评

学习小结

（1）总结装配草图的绘制特点。

____

____

____

（2）装配体拆卸过程中出现了哪些问题，如何解决？

____

____

____

（3）总结通过本次学习获得了哪些知识，掌握了哪些技能？

____

____

____

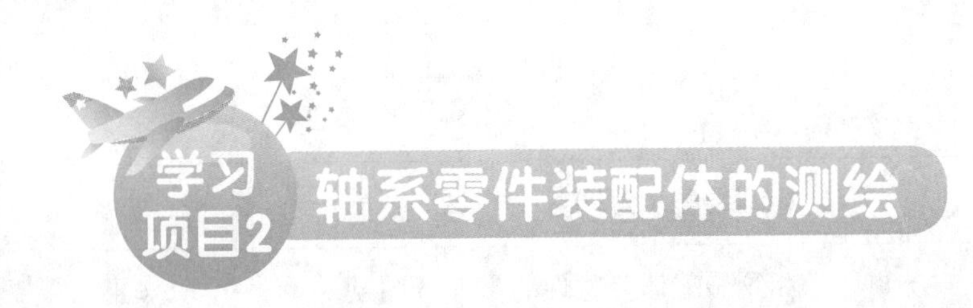

项目描述

轴系装配体是切削加工专业常见的典型零件组合，也是测绘装配体的提升训练项目。采用任务驱动教学方式，通过本项目的学习，学生可独立使用扳手、螺钉旋具、手钳、拉拔器、铜棒等工具完成对轴系零件装配体的拆卸和装配；使用游标卡尺、内卡钳、外卡钳、螺纹样板、钢直尺等对拆卸零件进行测量，运用绘图仪器及AutoCAD软件完成轴系零件装配体的装配图的绘制。

该项目按下述作业流程进行：轴系零部件装配体的拆卸并给零件编号→绘制装配示意图→绘制各零件草图→轴系零件装配体的装配图的手工绘制→CAD绘制轴系零件装配体的零件图→轴系零件装配体装配图的CAD绘制→图纸上交和验收。

实训场地

一体化测绘教室。

任务书			
项目	轴系零件装配体		
学习目标	通过此装配体的测绘，能使我们对装配图内容、尺寸标注、装配图的表达方法、部件装配图的测绘步骤及方法有一个更加感性及深刻的认识。除此之外，对装配体中用到的标准件装配图画法有一个了解，并对CAD二维绘图软件使用方法更加熟练，为以后解决工作中遇到的问题做一个铺垫。		
要求	（1）小组合作完成部件的拆装 （2）每人都要独立完成一份装配示意图 （3）小组合作完成轴系零件装配体各零件的测量和草图绘制 （4）每人手工完成装配图一份 （5）小组合作用CAD软件完成轴系零件装配体各零件零件图，每组交一份图纸 （6）每人用CAD软件绘制装配图一份		
学习活动	活动		建议课时
	1	轴系零件装配体的拆装	4 h

续表

	活动		建议课时64 h
学习活动	2	绘制装配示意图	4 h
	3	测绘装配体各零件的零件草图	8 h
	4	手工绘制轴系零件装配体装配图	16 h
	5	根据装配图修改零件草图并编注技术要求	8 h
	6	用AutoCAD软件绘制轴系零件装配体零件图和装配图	12 h
	7	读装配图	8 h
	8	结果评价与学习小结	4 h
立体图	 图3-2-1　轴系装配体		

活动一　轴系零件装配体的拆装

活动引入

请在拆卸过程中认真思考、讨论回答以下问题。

（1）与该装配体类似的部件在什么地方见过？并想想其工作原理。

（2）该装配体在拆卸时都要用到哪些工具？

（3）该装配体共有多少种零件组成，各零件的装配顺序应该是什么？

（4）该组合体中哪些零件之间为过盈配合，哪些是间隙配合，哪些是过渡配合？各为什么基准制？

知识链接

滚动轴承专用拆卸工具及其使用方法分别如图3-2-2和图3-2-3所示。

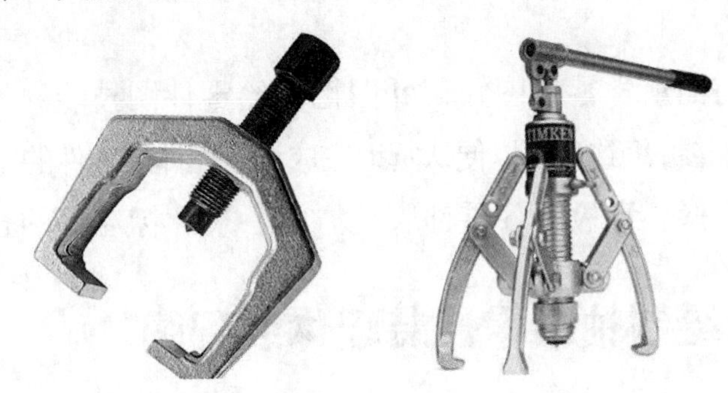

图3-2-2　拉拔器

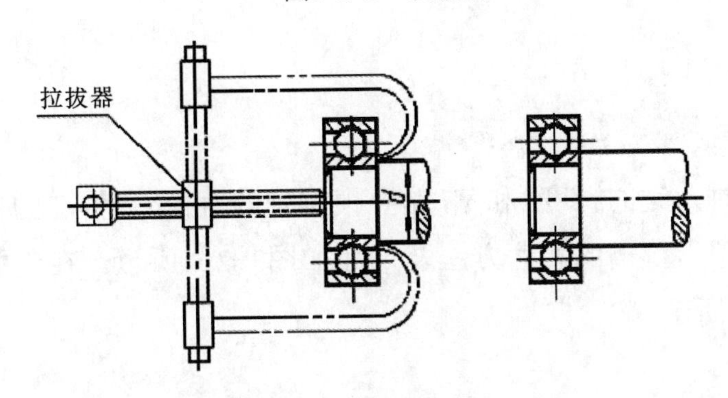

图3-2-3　拉拔器的使用方法

工作实施

小组作业：利用选择的工具用正确的方法拆卸装配体并给零件编号，联系减速器弄清各零件的名称作用并独立思考上面所提的几个问题。

活动小结

通过本任务重点弄清各零件的名称、作用及该装配体共有多少种零件组成，各零件的装配顺序应该是什么，从而为绘制装配体装配示意图做好铺垫。

活动二　绘制装配示意图

任务实施

※STEP 1　讨论在装配示意图中各零件的表达方法

※STEP 2　根据讨论结果，每人徒手绘制装配示意图一份

活动三 测绘装配体各零件的零件草图

任务实施

※STEP 1　温习前面所学零件图知识并回忆测绘零件图技能

※STEP 2　组内讨论并细致分工以便认真地完成该装配体各零件的零件草图（每人2~3件）

※STEP 3　互相交换认真检查各零件表达方法、尺寸标注等的合理性及正确性

活动四 手工绘制轴系零件装配体装配图

知识链接

知识点一：普通平键连接的画法

用普通平键连接时，键的长度L和宽度b要根据轴的直径d和传递的扭矩大小从标准中选取适当值。轴和轮毂上键槽的表达方法及尺寸如图3-2-4所示。在装配图上，普通平键的连接画法如图3-2-5所示。

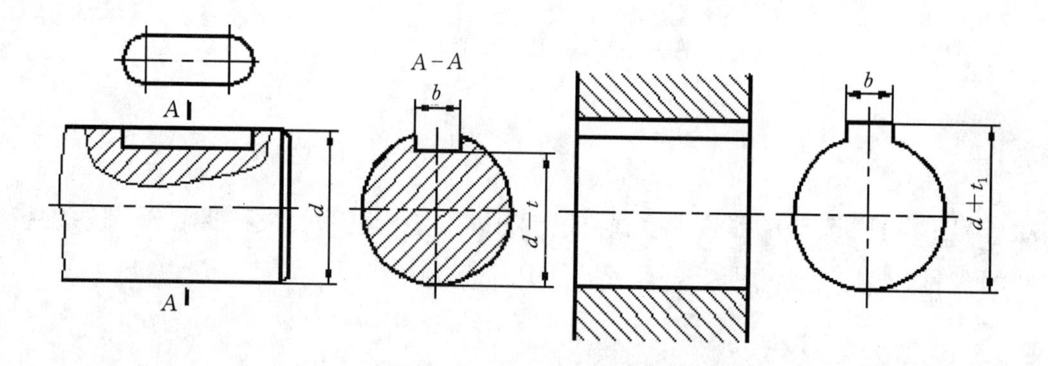

图3-2-4　轴和轮毂上的键槽

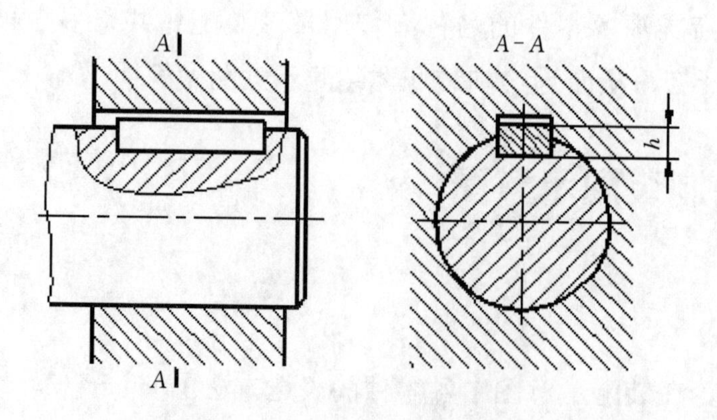

图3-2-5　普通平键的连接画法

知识点二：滚动轴承的画法

滚动轴承是用来支承旋转轴的部件，结构紧凑，摩擦阻力小，能在较大的载荷、较高的转速下工作，转动精度较高，在工业中应用十分广泛。滚动轴承的结构及尺寸已经标准化，由专业厂家生产，选用时可查阅有关标准。

1. 滚动轴承的结构和类型

（1）滚动轴承的结构：滚动轴承的结构一般由四部分组成，如图3-2-6所示。

外圈——装在机体或轴承座内，一般固定不动。

内圈——装在轴上，与轴紧密配合且随轴转动。

滚动体——装在内外圈之间的滚道中，有滚珠、滚柱、滚锥等类型。

保持架——用来均匀分隔滚动体，防止滚动体之间相互摩擦与碰撞。

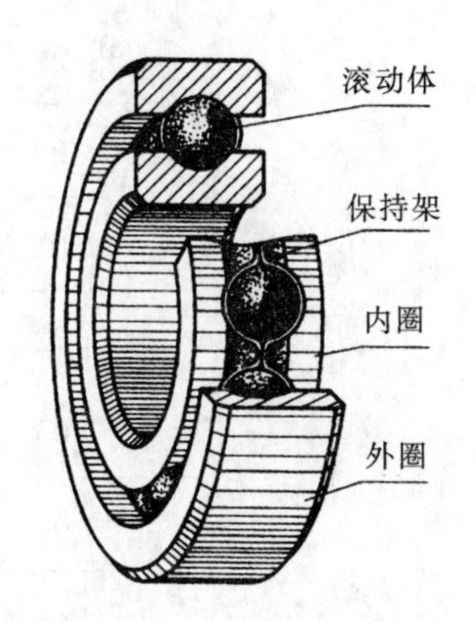

图3-2-6　滚动轴承的结构

（2）滚动轴承按承受载荷的方向可分为以下三种结构类型：

向心轴承——主要承受径向载荷，常用的向心轴承如深沟球轴承。

推力轴承——只承受轴向载荷，常用的推力轴承如推力球轴承。

向心推力轴承——同时承受轴向和径向载荷，常用的向心推力轴承如圆锥滚子轴承。

2. 滚动轴承的代号

滚动轴承的代号一般打印在轴承的端面上，由基本代号、前置代号和后置代号三部分组成，排列顺序如下：

前置代号　基本代号　后置代号

（1）基本代号：表示滚动轴承的基本类型、结构及尺寸，是滚动轴承代号的核心。基本代号由轴承类型代号、尺寸系列代号和内径代号构成其排列顺序如下：

类型代号　尺寸系列代号　内径代号

①类型代号。轴承类型代号用阿拉伯数字或大写拉丁字母表示，常用滚动轴承类型及代号见下表。

表3-2-1　常用滚动轴承类型及代号

代号	轴承类型	代号	轴承类型
1	调心球轴承	6	深沟球轴承
3	圆锥滚子轴承	7	角接触球轴承
5	推力球轴承	N	圆柱滚子轴承

注：其他类型请查阅有关标准。

②尺寸系列代号。尺寸系列代号由滚动轴承的宽（高）度系列代号和直径系列代号组合而成，用两位数字表示。它主要用来区别内径相同而宽（高）度和外径不同的轴承。详细情况请查阅有关标准。

③内径代号。内径代号表示轴承的公称内径。内径为10~500 mm滚动轴承内径代号见下表。

表3-2-2 滚动轴承内经代号及数值

内径代号	内径数值
00	表示滚动轴承内径d=10 mm
01	表示滚动轴承内径d=12 mm
02	表示滚动轴承内径d=15 mm
03	表示滚动轴承内径d=17 mm
04	表示滚动轴承内径d=04×5=20 mm
…	d= …×5

（2）前置代号和后置代号：是轴承在结构形状、尺寸、公差、技术要求等有改变时，在其基本代号左、右添加的补充代号。具体情况可查阅有关的国家标准。

轴承代号标记示例：

6208　第一位数6表示类型代号，为深沟球轴承；第二位数2表示尺寸系列代号，宽度系列代号0省略，直径系列代号为2；后两位数08表示内径代号，d=8×5=40 mm。

3. 滚动轴承的画法

国家标准GB/T 4459.7−1998对滚动轴承的画法作了统一规定，有简化画法和规定画法，简化画法又分为通用画法和特征画法两种。如表3-2-3所示。

表3-2-3 滚动轴承的画法

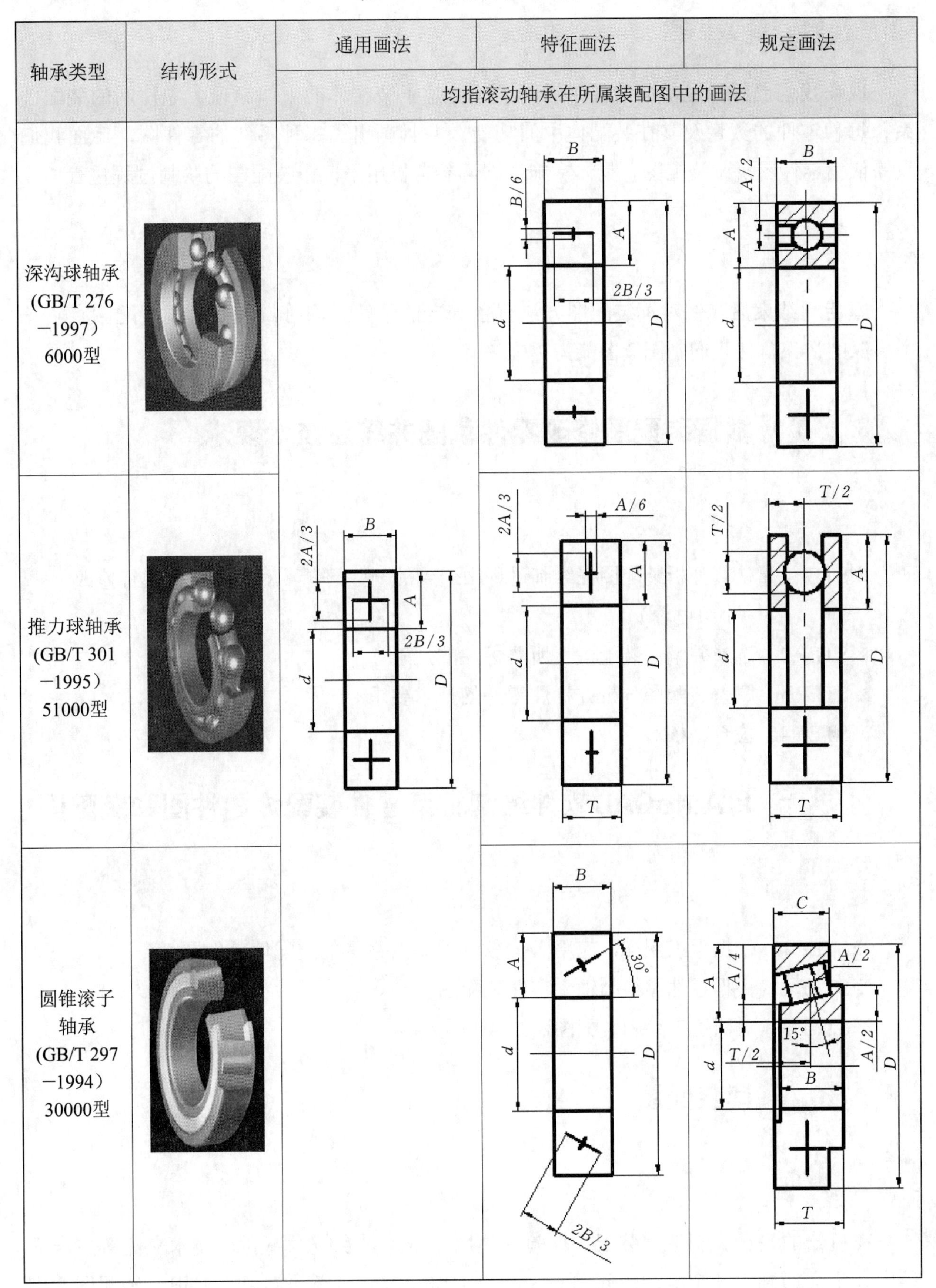

轴承类型	结构形式	通用画法	特征画法	规定画法
		均指滚动轴承在所属装配图中的画法		
深沟球轴承 (GB/T 276 —1997) 6000型				
推力球轴承 (GB/T 301 —1995) 51000型				
圆锥滚子 轴承 (GB/T 297 —1994) 30000型				

任务实施

现在我们已经通过前面的几个活动了解清楚了装配体的工作原理、零件间的装配关系、每种零件的数量及其在装配体中的功能，并且画出了每种零件的零件图，后面我们只需依据零件图拼画装配图。具体实施步骤可参考机用平口钳装配图的绘制过程进行。

活动小结

本活动结束后我们对读装配图方法有了一定的了解。同时，我们对画装配图有了一个更深的认识，使我们制图读图能力更强。

活动五 根据装配图修改零件草图并编注技术要求

任务实施

※STEP 1　认真分析装配图在绘制过程中遇到的一些问题，对零件结构进行修改（小组讨论）

※STEP 2　选择并编注装配图上所要标注的尺寸

※STEP 3　联系装配图分析并标注零件的技术要求

※STEP 4　检查、核对

活动六 用AutoCAD软件绘制轴系零件装配体零件图和装配图

任务实施

※STEP 1　依据手工图样，应用CAD软件绘制轴系零件装配体零件图

※STEP 2　根据零件图绘制轴系零件装配图

※STEP 3　对照手工绘制装配图，修改并完善

活动七 读装配图

活动引入

在机器的设计、制造、装配、检验、使用、维修以及技术革新、技术交流等生产活动中，都会遇到识读装配图的问题。因此，工程技术人员必须学习掌握识读装配图的方

法和步骤，具备熟练识读装配图的能力。

知识链接

知识点：读装配图的步骤和方法

1. 概括了解并分析视图

（1）从标题栏和有关的说明书可以了解机器和部件的名称及大致用途、性能及工作原理。

（2）从零件的明细栏和图上零件的编号中，了解标准件和非标准件的名称、数量和所在位置。

（3）分析视图。看装配图时，应分析全图采用了哪些表达方法，首先确定主视图的名称，明确视图间的投影对应关系，若是剖视图还要找到剖切位置，然后分析各视图所要表达的重点内容是什么。

2. 深入分析工作原理和装配关系

这是深入看装配图的重要阶段，要搞清部件的传动、支承、调整、润滑、密封等的结构型式。弄清各有关零件间的接触面、配合面的连接方式和装配关系，还要分析零件的结构形状和作用，以便进一步了解部件的工作原理。

进一步深入阅读装配图的一般方法是：

（1）从反映装配关系比较明显的那个视图入手，结合其他视图，分析装配干线，对照零件在各视图上的投影关系分析零件的主要结构形状。

（2）利用剖面线的不同方向和间隔，分清各零件轮廓的范围。

（3）根据装配图上所标注的公差或配合代号，了解零件间的配合关系。

（4）利用装配图的规定画法和特殊表达方法来识别零件，如油杯、轴承、齿轮、密封结构等。

（5）根据零件序号和明细栏，了解零件的作用和确定零件在装配图中的位置和范围。

（6）利用零件的对称性帮助判断零件的位置、范围、想象零件的结构形状。由于装配图上不能把所有零件形状都完全表达清楚，有时还要借助阅读有关的零件图，才能彻底看懂机器或部件的工作原理、装配关系及各零件的用途和结构特点。

3. 分析零件

分析零件的目的是弄清楚每个零件的结构形状和各零件间的装配关系。分析时，一般从主要装配干线上的主要零件（对部件的作用、工作情况或装配关系起主要作用的零件）开始，应用上述读图的一般方法（1）～（6）来确定零件的范围、结构、形状、功用和装配关系。

4. 归纳总结

对装配图进行上述各项分析后，一般对该部件已有一定的了解，但还可能不够完全、透彻，还要围绕部件的结构、工作情况和装配连接关系等，把各部分结构联系起来综合考虑，以求对整个部件有个全面的认识。

归纳总结时，一般可围绕下列几个问题进行深入思考：

（1）部件的组成和工作原理如何？怎样使用？运动零件如何传动？

（2）表达部件的各个视图的作用如何？是否有更好的表达方案？

（3）图中的尺寸各属于哪一类？采用了哪几种配合？

（4）零件的连接方式和装拆顺序如何？

练一练

一、读齿轮泵装配图回答问题

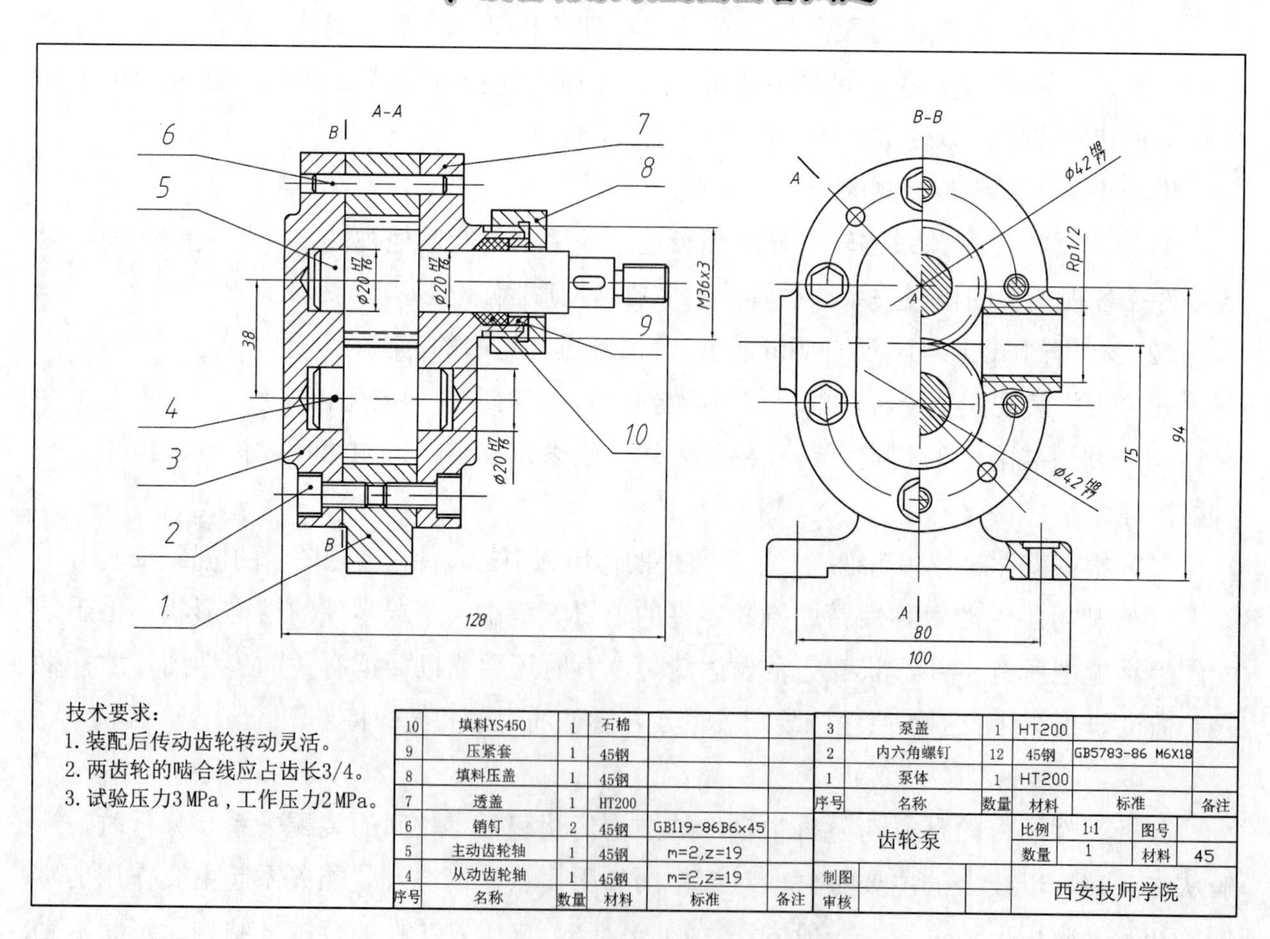

图3-2-7　齿轮泵装配图

（1）齿轮泵是机器中用以输送润滑油的一个部件，主要由____________________、______________、______________、______________等（运动零件），密封零件及标准件等组成。从明细栏中可看出，齿轮油泵共由______________种零件组成，其中标准件______________种，常用件和非标准件______________种。

（2）齿轮泵的装配图采用两个视图表达，主视图是通过_____________剖切得到的____________视图，反映了齿轮油泵各零件间的装配关系及位置；左视图是采用____________剖切得到的____________视图，它清楚地反映了这个泵的外部形状，齿轮的啮合情况及吸、压油的工作原理。

（3）齿轮泵的外形尺寸是_____________、_____________、_____________，由此知道齿轮泵的体积不大。

（4）齿轮油泵的工作原理是：____。

（5）齿轮泵中齿轮与泵体内腔的装配合尺寸是____________________，属于______________制______________配合；齿轮轴与泵盖在支承处的装配合尺寸是______________，属于______________制______________配合。

（6）会直接影响齿轮的啮合传动的重要尺寸是___________。吸、压油口的尺寸均为___________，底板上两个安装螺栓孔之间的尺寸为___________。自行思考为什么要在装配图中注出？____。

（7）泵盖2与泵体1通过__________定位、__________连接；压紧套9与透盖7通过____________连接；填料的作用是________________________。

二、识读螺旋千斤顶装配图回答问题

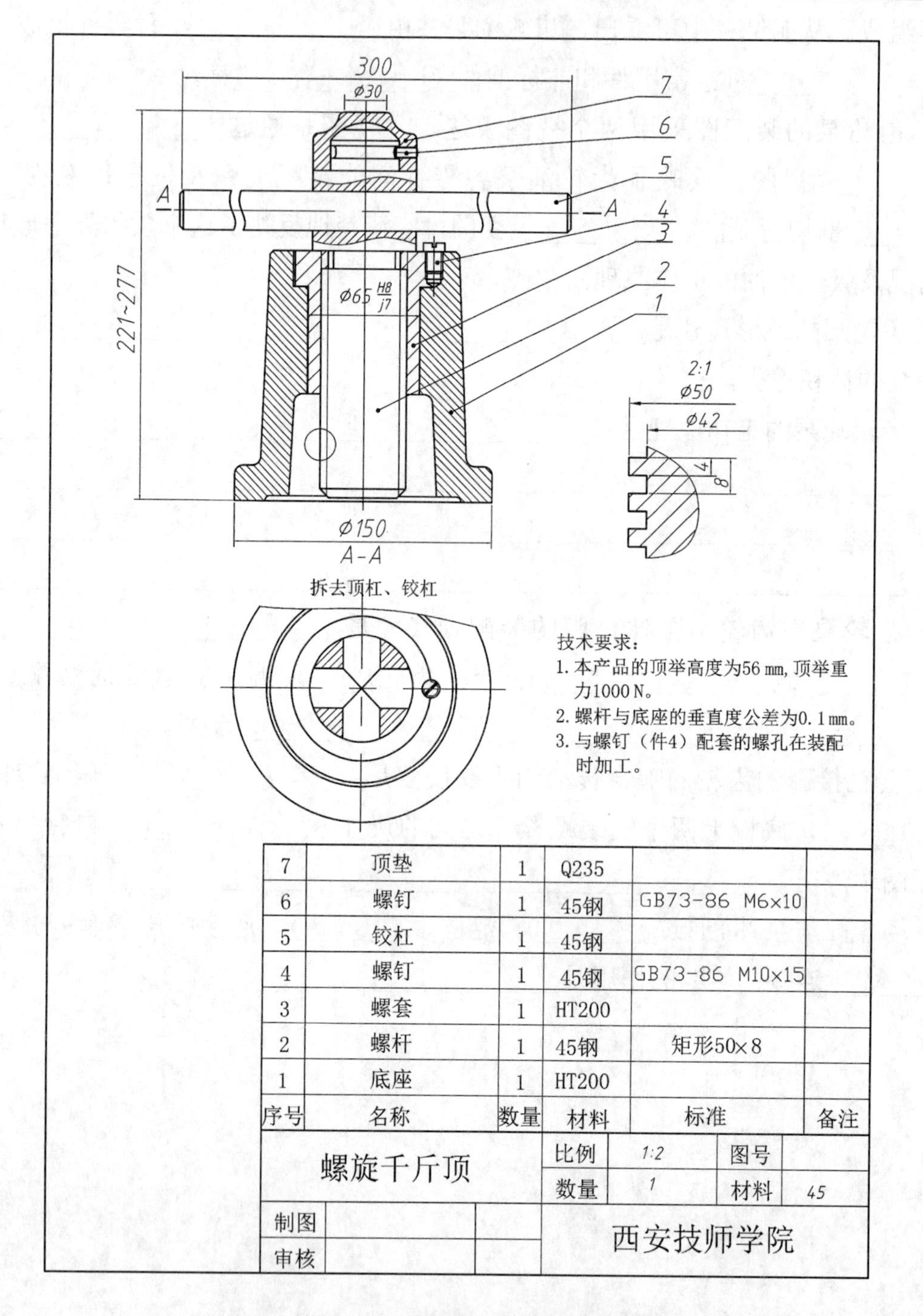

序号	名称	数量	材料	标准	备注
7	顶垫	1	Q235		
6	螺钉	1	45钢	GB73-86 M6×10	
5	铰杠	1	45钢		
4	螺钉	1	45钢	GB73-86 M10×15	
3	螺套	1	HT200		
2	螺杆	1	45钢	矩形50×8	
1	底座	1	HT200		

螺旋千斤顶	比例	1:2	图号	
	数量	1	材料	45
制图		西安技师学院		
审核				

图3-2-8　螺旋千斤顶装配图

（1）该装配体共由＿＿＿＿＿＿种零件组成，其中标准件＿＿＿＿＿＿种，非标准件＿＿＿＿＿＿种。

（2）该装配体采用＿＿＿＿＿＿视图表达其结构，分别是＿＿＿＿＿＿视图、＿＿＿＿＿＿视图和＿＿＿＿＿＿视图。主视图采用了

________剖切平面的剖视，其螺旋杆采用了________的剖视，这是因为________；俯视图是拆去了________和________后绘制的，局部放大图是用来表达________。

（3）底座和螺套是用________进行周向连接和定位的。

（4）螺杆上放置绞杠的孔有________个。

（5）∅65H8/j7是________尺寸，其中∅65是________；H8是件号为________的零件的________；j7是件号为________的零件的________。

（6）螺旋千斤顶的顶举高度是________，螺杆轴线和底座的底平面之间的垂直度公差是________。

（7）该装配体的总高范围是________，绞杠长为________。

（8）底座和螺套上的螺孔为何要再装配时加工？

____

____

（9）该装配体是否有安装尺寸？为什么？

____

____

（10）简述螺旋千斤顶的工作原理。

____

____

____

____

活动小结

本活动结束后我们能深入地了解读装配图方法和步骤，更加强了我们绘图和读图能力。

活动八 结果评价与学习小结

展示汇报

※STEP 1　每组推选好的作品进行展示

※STEP 2　各组之间对推选作品进行自评和互评

※STEP 3　每组派人将评比结果意见进行总结发言

※STEP 4　教师对学生的图样中存在的问题进行讲评

学习小结

（1）总结轴系零件装配体和机用平口钳的装配图的绘制特点。

____

____

____

（2）总结通过这两个部件的学习获得了哪些知识，掌握了哪些技能。

____

____

____

（3）总结本次学习过程中收获和欠缺。

____

____

____

拓展——轴系部件的三维实体造型

项目描述

轴系部件的三维实体造型是机械测绘中的拓展项目。采用任务驱动的教学方式，目的在于对前期知识接受能力较强学生的CAD软件应用的拓展。

该项目按下述作业流程进行：轴系装配体各零件的三维实体造型→轴系部件三维实体造型→图样上交和验收。

实训场地

一体化测绘教室。

<table>
<tr><th colspan="4">任务书</th></tr>
<tr><td>情境</td><td colspan="3">轴系部件的三维实体造型</td></tr>
<tr><td rowspan="2">学习目标</td><td>知识目标</td><td colspan="2">（1）了解三维实体的绘制方法
（2）了解三维实体的编辑
（3）了解三维实体的装配</td></tr>
<tr><td>能力目标</td><td colspan="2">（1）具有轴系零件的三维造型能力
（2）能绘制轴系零件的三维装配图</td></tr>
<tr><td>要求</td><td colspan="3">（1）依据轴系装配体各零件的二维视图绘制三维实体造型
（2）根据装配关系，完成轴系部件三维实体造型</td></tr>
<tr><td rowspan="3">学习活动</td><td colspan="2">活动</td><td>不计课时</td></tr>
<tr><td>1</td><td>轴系零件的三维实体造型</td><td></td></tr>
<tr><td>2</td><td>轴系部件的三维实体造型</td><td></td></tr>
<tr><td>立体图</td><td colspan="3">见任务三项目二 图3-2-1</td></tr>
</table>

活动一 轴系零件的三维实体造型

知识链接

知识点一：三维视图的显示

1. 视图切换

我们直接绘制的对象是二维的，若在三维空间显示，需要切换在等轴测图中显示。

菜单方式：【视图】→【三维视图】→【西南等轴测图】

图标方式：【视图工具条】→

例如，绘制的托架零件图的俯视图4-1（a）通过切换后显示为西角等轴测图4-1(b)。

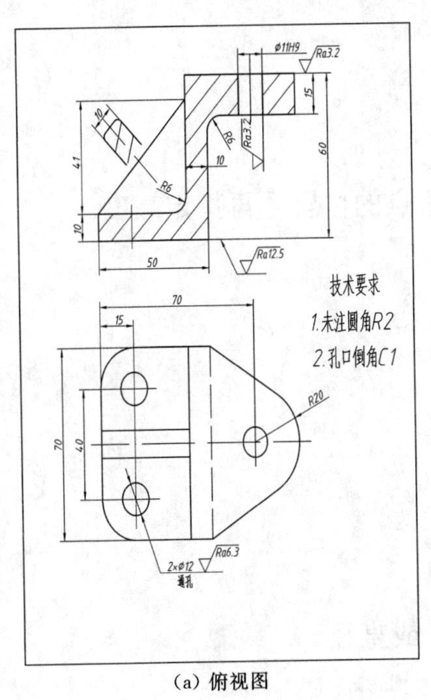

（a）俯视图

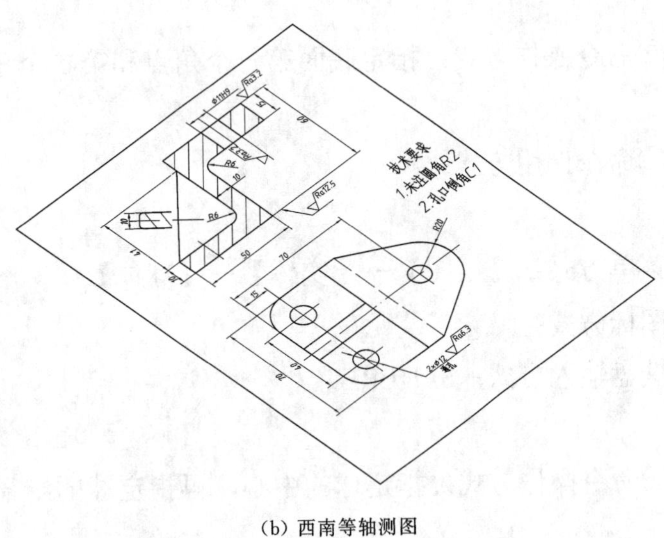

（b）西南等轴测图

图4-1　托架零件图

我们绘制的二维图形CAD默认为是水平面（俯视图）上绘制的。

2. 三维动态观察器

菜单方式：【视图】→【三维动态观察器】

图标方式：

3. 三维图像的着色

菜单方式：【视图】→【着色】→从下拉菜单选择着色方式

图标方式：从着色工具栏中单击对应的图标选择着色方式

键盘输入方式：SHADEMODE

知识点二：基本体的创建

1. 创建长方体

①命令调用方式：

菜单方式：【绘图】→【实体】→【长方体】

图标方式：

键盘输入方式：BOX

②命令操作方式：指定底面第一个角点和第二个角点的位置，再指定高度。

2. 创建球体

①命令调用方式：

菜单方式：【绘图】→【实体】→【球体】

图标方式：

键盘输入方式：SPHERE

②命令操作方式：指定球的中心，再指定球的半径或直径。

3. 创建圆柱体

①命令调用方式：

菜单方式：【绘图】→【实体】→【圆柱体】

图标方式：

键盘输入方式：CYLINDER

②命令操作方式：指定底面的中心点、半径或直径，再指定高度。

4. 创建圆锥体命令

①命令调用方式：

菜单方式：【绘图】→【实体】→【圆锥体】

图标方式：

键盘输入方式：CONE

②命令操作方式：指定底面的中心点、半径或直径，再指定高度。

5. 圆环体命令

①命令调用方式：

菜单方式：【绘图】→【实体】→【圆环体】
图标方式：
键盘输入方式：TORUS

②命令操作方式：指定圆环的圆心、半径或直径，再指定管道的半径或直径。

6. 创建楔体命令

①命令调用方式：

菜单方式：【绘图】→【实体】→【楔体】
图标方式：
键盘输入方式：WEDGE

②命令操作方式：指定底面第一个角点和第二个角点的位置，再指定楔形高度。

知识点三：由二维对象形成三维实体

绘制的二维对象可以通过“拉伸”或“旋转”形成三维实体。

1. 拉伸

拉伸指将二维的闭合对象沿指定路径或给定高度和倾角拉伸成三维实体。例如：将图4-2（a）平面图形拉伸为厚10 mm的板，如图4-2（b）所示。

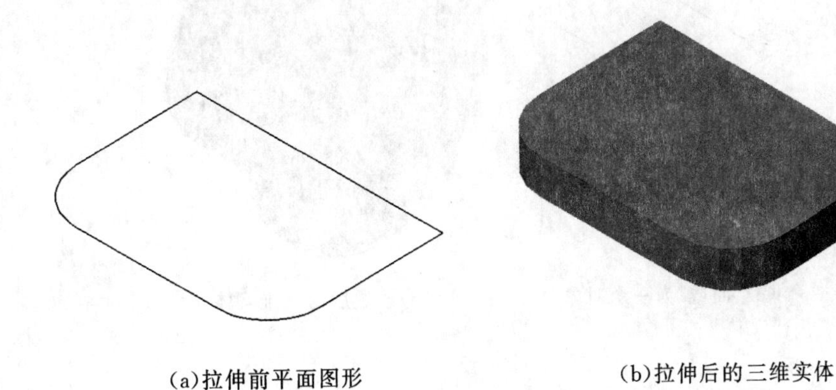

(a)拉伸前平面图形　　(b)拉伸后的三维实体

图4-2

操作步骤：

（1）用“多段线”命令绘制平面图形，转换在西南等轴测图线显示，得到图4-2（a）。

（2）单击“实体”工具栏上的“拉伸”命令，指定高度10，默认角度0，并“着色”

即得到图4-2（b）的效果。

将平面图形拉伸或旋转成三维实体，其对象必须是封闭线框，且是一个对象。可采用多段线命令绘制图形，也可以将不是一个对象的封闭线框利用“面域”整合为一个对象。

2. 旋转

旋转指用于将闭合的二维对象绕指定轴旋转生成三维回转实体。如将图4-3（a）平面图形旋转为4-3（d）三维实体。

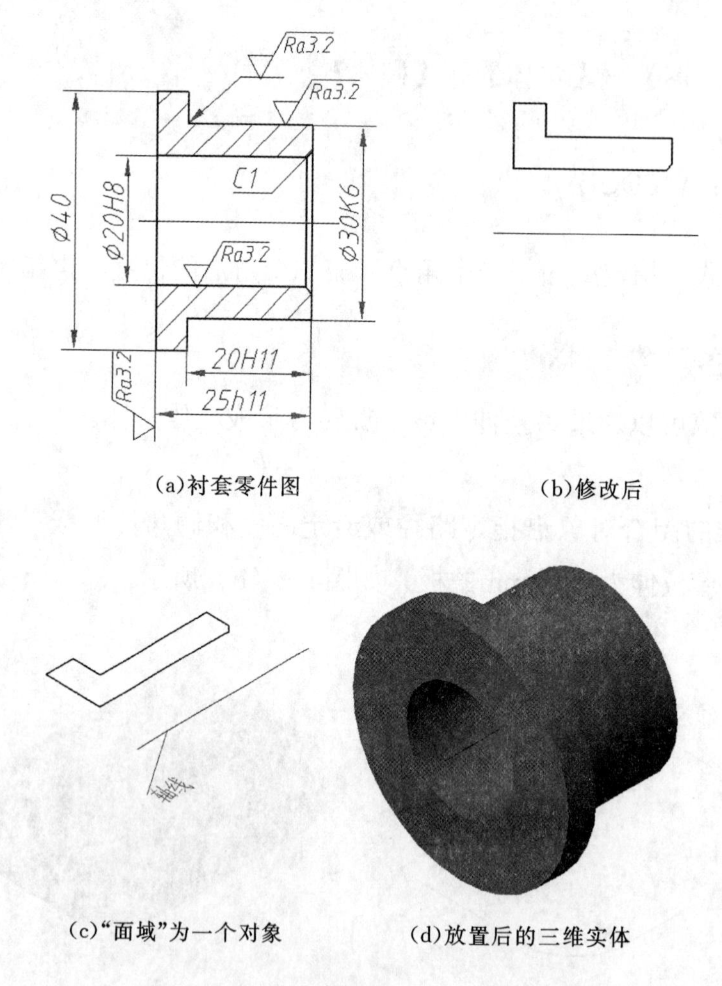

(a)衬套零件图　(b)修改后

(c)“面域”为一个对象　(d)放置后的三维实体

图4-3

操作步骤：

（1）绘制衬套零件图如图4-3（a）所示。

（2）修改后得到图4-3（b）的封闭线框。

（3）变换到西南等轴测图下显示，单击“绘图”工具栏上的“面域”，选择封闭线框，确认即可，如图4-3（c）所示。

（4）单击单击“实体”工具栏上的“旋转”命令，按提示指定轴线，旋转并“着色”即得到图4-3（d）的效果。

3. 创建面域

可使用以下方法之一：

菜单方式：【绘图】→【面域】
图标方式：
键盘输入方式：REGION

4. 布尔运算

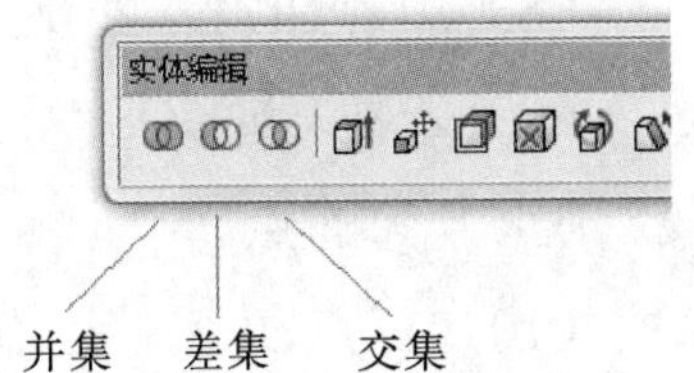

图4-4

（1）并集运算：并集运算可以将两个或多个实体合并为一个实体，用于组合体的叠加。

（2）差集运算：差集运算可以将两个或两个以上的实体的共有部分减去，常用于挖孔、开槽等。

（3）交集运算：交集运算是从两个或多个实体中抽取重叠的部分，用于求两个实体的相交部分。

知识点四：绘制组合三维实体

所谓绘制组合的三维实体，就是应用二维绘图方法，通过“拉伸”、“旋转”、“布尔运算”等方式综合绘制三维实体。其关键点是：始终是在X-Y坐标面上绘制二维图形；通过切换或定义UCS坐标变换所需要的X-Y坐标面的方位。

1. 定义用户坐标系UCS

最简单直接的方法就是打开“UCS工具栏”直接调用。图4-4所示为UCS工具栏，其各项按钮的含义如下：

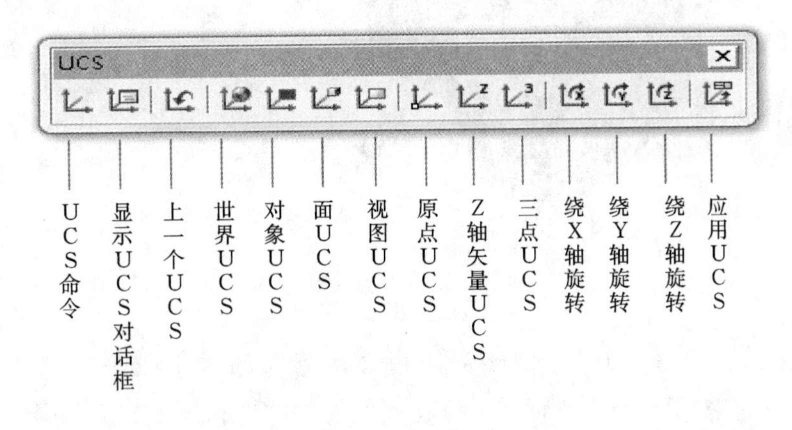

图4-5　UCS工具栏

（1）UCS命令：相当于从命令行输入“UCS”。

（2）显示UCS对话框：打开UCS对话框。

（3）上一个UCS：回复到前一个UCS。

（4）世界UCS：返回到世界坐标系WCS。

（5）对象UCS：选择二维对象来定义UCS，X-Y坐标系将位于平行于该对象的平面上。

（6）面UCS：将UCS定义到选取的三维实体的面上。操作方法是：将选取点定义在所选面范围内或边界上，X-Y坐标面会选择最接近的平面单击“右键”，选择“下一个”或反转X轴或Y轴。

（7）视图UCS：设置UCS平行于视图平面，而原点不变。

（8）原点UCS：重新定义原点，而X、Y、Z轴方向不变。

（9）Z轴矢量UCS：定义新的原点及Z轴的正方向变更UCS，选取后会要求指定原点及Z轴正方向的点。

（10）三点UCS：定义新原点及X、Y轴的正方向。

（11）绕X轴旋转：将当前的UCS绕X轴选转，输入旋转角（默认90°）。

（12）绕Y轴旋转：将当前的UCS绕Y轴选转，输入旋转角（默认90°）。

（13）绕Z轴旋转：将当前的UCS绕Z轴选转，输入旋转角（默认90°）。

（14）应用UCS：将当前的UCS设置应用于指定的视口。

2. 变换视图改变UCS

定义用户坐标系UCS就是选择X-Y坐标面的方位以便于画图，除了用UCS工具栏来改变UCS外，还可以通过变换视图来改变X-Y坐标面。

如图4-6的UCS：其X-Y坐标在水平面上，则绘制的二维图形也在水平面上。

图4-6　X-Y在正立面上

若点击“视图”工具栏的“主视图”，再点击“西南等轴测图”则如图4-7所示，原图不变，其新的X-Y坐标面为正立面上，则绘制的二维图形圆也在正面上。

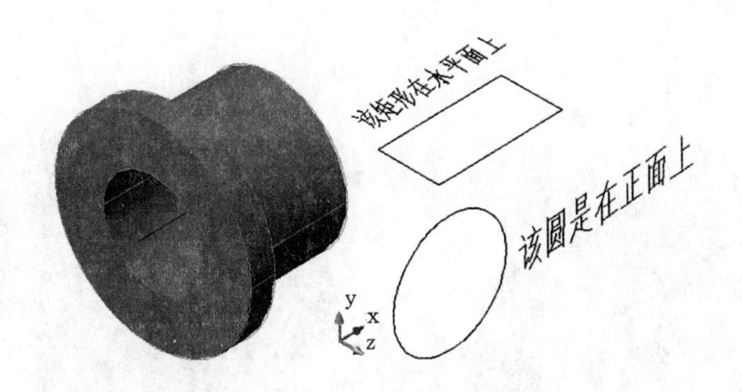

图4-7　X-Y在正立面上

4. 绘制组合三维实体

参照图4-1（a）托架零件图，完成托架的三维实体造型。

（1）生成底板。

①在俯视图中完成底板的二维图形，并用西南等轴测图显示如图4-8（a）。

②将二维图形“面域”后用“拉伸”命令将底板拉伸10 mm（两个圆一起拉伸），并用“差集”命令用底板减去两个孔，如图4-8（b）所示。

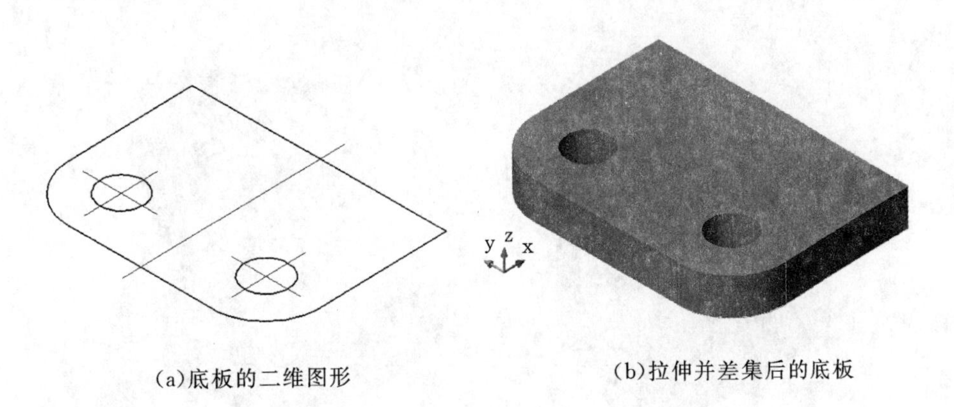

(a)底板的二维图形　　(b)拉伸并差集后的底板

图4-8

（2）生成竖板。

①在底板上表面绘制矩形（底板的长和宽），如图4-9（a）所示。

②将矩形拉伸50 mm后得到图4-9（b）。

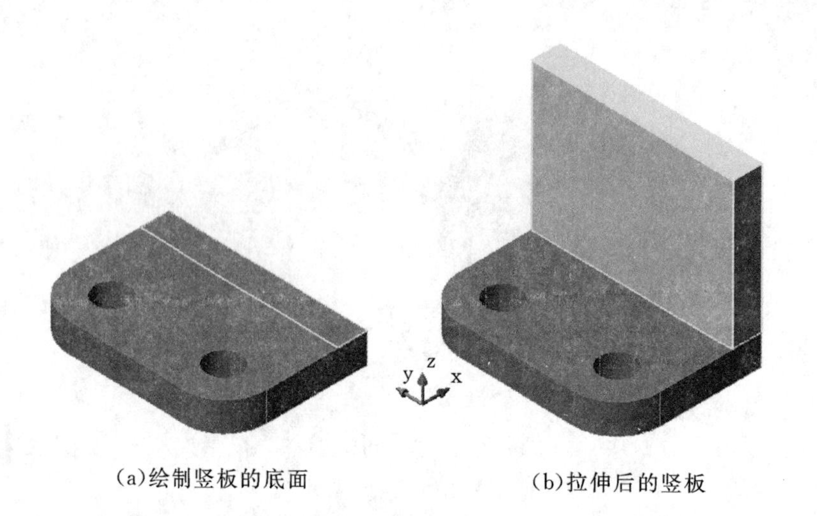

(a)绘制竖板的底面　　　(b)拉伸后的竖板

图4-9

（3）完成托板。

①在竖板的上表面绘制托板的水平投影如图4-10（a）所示。

②将二维图形“面域”后拉伸－15 mm，并用“差集”减去圆孔得到图4-10（b）。

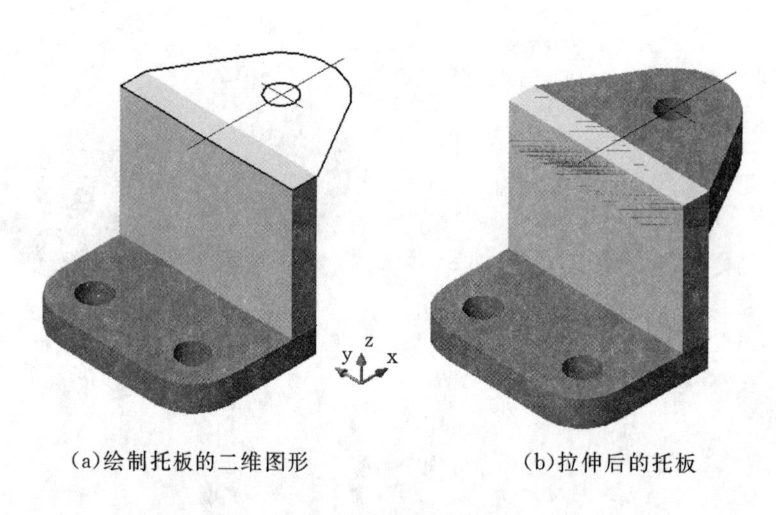

(a)绘制托板的二维图形　　　(b)拉伸后的托板

图4-10

（4）形成肋板。

①变换X-Y坐标面到正立面，绘制肋板的三角形如图4-11（a）。

②将三角形“面域”后“拉伸”－10 mm得到图4-11（b）所示。

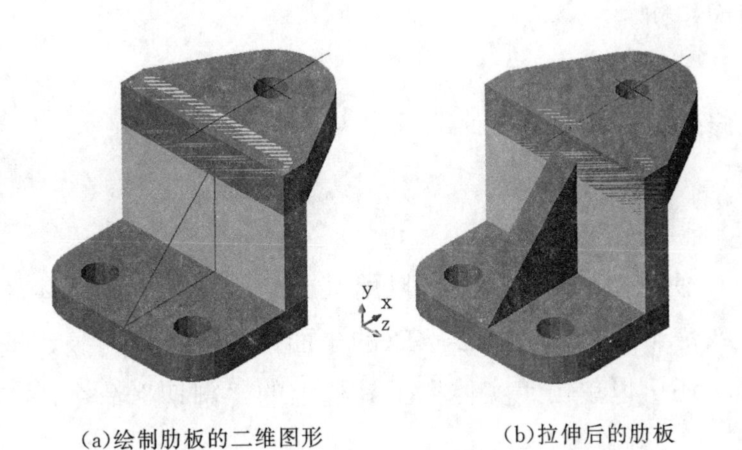

(a)绘制肋板的二维图形　　(b)拉伸后的肋板

图4-11

（5）完成托架的三维实体。

将“底板”、“竖板”、“托板”、“肋板”利用“并集”命令合为一个整体，如图4-11所示。

图4-12　托架的三维实体

知识点五：实体编辑

（1）实体倒角：在三维实体表面相交处按指定的倒角距离生成一个新的平面或曲面。

菜单方式：【修改】→【倒角】

图标方式：

（2）实体圆角：在三维实体表面相交处按指定的半径生成一个弧形曲面，该曲面与原来相交的两表面均相切。

菜单方式：【修改】→【圆角】

图标方式：

（3）剖切实体：使用SLICE命令，可以用某一切割面来剖切实体。其中，切割面可以通过三点定义，或是平行于XY、YZ、ZX的平面，或是某个对象，被剖切的实体可以保留其中某一部分。还可以单击“实体”工具栏上的“剖切”命令，按提示指定剖切面即可。

需要剖切的形体一般为箱体类零件，剖切的目的是看清楚其内部的装配情况。

任务实施

※STEP 1　根据任务三项目1中图3-1-33中的低速滑轮的零件图绘制各零件的三维实体，如图4-13所示

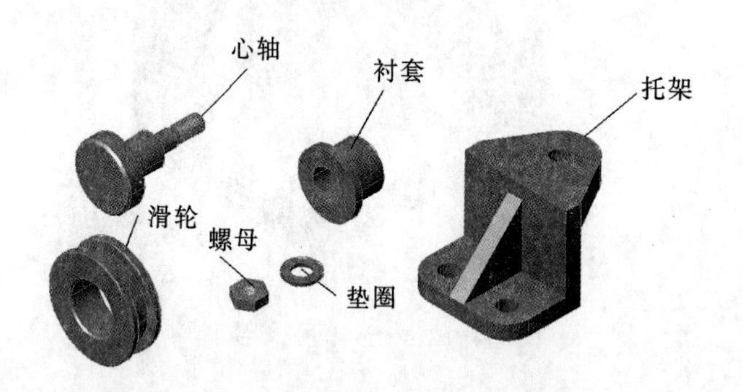

图4-13　低速滑轮各零件的三维实体

※STEP 2　将任务三项目2中测绘的轴系各零件进行三维实体造型

活动小结

AutoCAD提供了强大的三维绘图功能，可以通过多种方式创建实体，并对三维实体进行编辑操作。

活动二 轴系部件三维实体造型

知识点一：三维编辑命令

1. 三维旋转

选择【修改】→【三维操作】→【三维旋转】菜单，可以使对象绕三维空间中任意轴（X、Y或Z轴）、视图、对象或两点旋转。

2. 三维对齐

选择【修改】→【三维操作】→【三维对齐】菜单，可以在三维空间中通过移动、旋转或倾斜对象来使该对象与另一个对象对齐。

3. 三维镜像

选择【修改】→【三维操作】→【三维镜像】菜单，可以以某一平面作为镜像平面镜像复制对象。其中，镜像平面可以通过对象、Z轴、视图、XY、YZ、ZX平面或指定三点来定义。

4. 三维列阵

选择【修改】→【三维操作】→【三维列阵】菜单，可以在三维空间中通过矩形阵列或环形阵列复制对象。

知识点二：拼画三维装配图的方法和步骤

（1）绘制所有零件的三维实体；

（2）选择合适的三维编辑命令将每个零件设置为所需方向；

（3）利用移动命令将各形体拼画在一起。

在移动各零件时要注意基准点的设置。

任务实施

※STEP 1　拼画低速滑轮的三维装配图

（1）将低速滑轮中的心轴、滑轮、衬套、托架等零件旋转一定的方向。

（2）参考低速滑轮的装配图，选择各零件装配的基准点绘制三维装配图，如图4-14所示。

图4-14　低速滑轮的三维装配关系

※STEP 2　绘制轴系零件的三维装配图

学习小结

（1）本活动主要学习三维实体编辑的方法和三维装配的方法。

（2）现在三维实体造型软件有很多，用得较多的为Pro/E、UG、SolidWorks等，而AutoCAD三维造型相对使用较少，但它们之间具有相通的特点。本任务的学习目的是为了巩固提高学生所学知识，了解三维实体造型和装配特点。

附 表

附表1 普通螺纹的直径与螺距系列、基本尺寸（GB/T 193—2003）

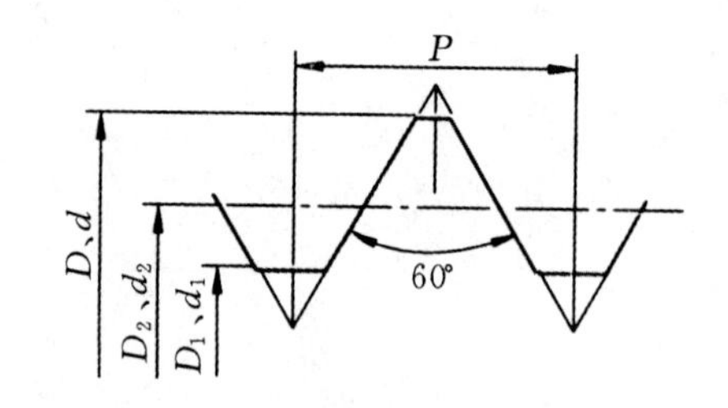

标记示例

公称直径24 mm，螺距为1.5 mm，右旋的细牙普通螺纹其标记为M24×1.5

单位：mm

<table>
<tr><th colspan="2">公称直径D、d</th><th colspan="2">螺距P</th><th rowspan="2">粗牙小径D_1、d_1</th><th colspan="2">公称直径D、d</th><th colspan="2">螺距P</th><th rowspan="2">粗牙小径D_1、d_1</th></tr>
<tr><th>第一系列</th><th>第二系列</th><th>粗牙</th><th>细牙</th><th>第一系列</th><th>第二系列</th><th>粗牙</th><th>细牙</th></tr>
<tr><td>3</td><td>—</td><td>0.5</td><td rowspan="2">0.35</td><td>2.459</td><td>—</td><td>22</td><td>2.5</td><td rowspan="4">2，1.5，1</td><td>19.294</td></tr>
<tr><td>—</td><td>3.5</td><td>0.6</td><td>2.850</td><td>24</td><td>—</td><td>3</td><td>20.752</td></tr>
<tr><td>4</td><td>—</td><td>0.7</td><td rowspan="3">0.5</td><td>3.242</td><td rowspan="2">—</td><td rowspan="2">27</td><td rowspan="2">3</td><td rowspan="2">23.752</td></tr>
<tr><td>—</td><td>4.5</td><td>0.75</td><td>3.688</td></tr>
<tr><td>5</td><td>—</td><td>0.8</td><td>4.134</td><td>30</td><td>—</td><td>3.5</td><td>（3），2，1.5，1</td><td>26.211</td></tr>
<tr><td>6</td><td>—</td><td>1</td><td>0.75</td><td>4.917</td><td>—</td><td>33</td><td>3.5</td><td>（3），2，1.5</td><td>29.211</td></tr>
<tr><td>8</td><td>—</td><td>1.25</td><td>1，0.75</td><td>6.647</td><td>36</td><td>—</td><td>4</td><td rowspan="2">3，2，1.5</td><td>31.670</td></tr>
<tr><td>10</td><td>—</td><td>1.5</td><td>1.25，1，0.75</td><td>8.376</td><td>—</td><td>39</td><td>4</td><td>34.670</td></tr>
<tr><td>12</td><td>—</td><td>1.75</td><td>1.5，1.25，1</td><td>10.106</td><td>42</td><td>—</td><td>4.5</td><td rowspan="5">4，3，2，1.5</td><td>37.129</td></tr>
<tr><td>—</td><td>14</td><td>2</td><td>1.5，1.25*，1</td><td>11.835</td><td>—</td><td>45</td><td>4.5</td><td>40.129</td></tr>
<tr><td>16</td><td>—</td><td>2</td><td>1.5，1</td><td>13.835</td><td>48</td><td>—</td><td>5</td><td>42.587</td></tr>
<tr><td>—</td><td>18</td><td>2.5</td><td rowspan="2">2，1.5，1</td><td>15.294</td><td>—</td><td>52</td><td>5</td><td>46.587</td></tr>
<tr><td>20</td><td>—</td><td>2.5</td><td>17.294</td><td>56</td><td>—</td><td>5.5</td><td>50.046</td></tr>
</table>

注：1. 优先选用第一系列，括号内尺寸尽可能不用。

2. 公称直径D、d第三系列未列入。

3. *M14×1.25仅用于发动机的火花塞。

4. 中径D_2、d_2未列入。

附表2　55°非密封管螺纹（GB/T 7307—2001）

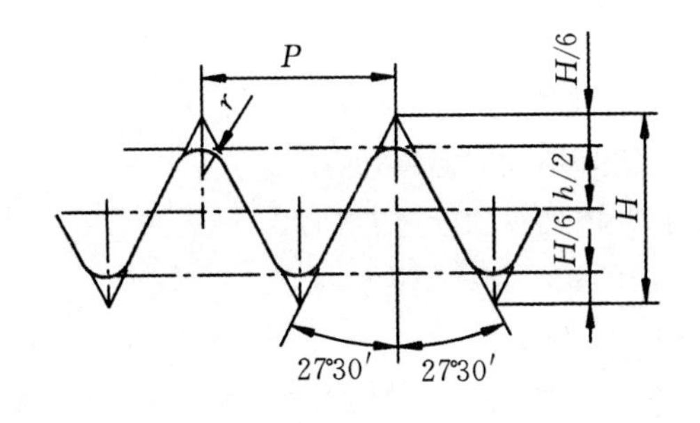

标记示例

尺寸代号为1/2的A级右旋外螺纹的标记为G1/2A

尺寸代号为1/2的右旋内螺纹的标记为G1/2

上述右旋内外螺纹所组成的螺纹副标记为G1/2A

当螺纹为左旋时标记为G1/2A-LH

单位：mm

尺寸代号	每25.4 mm轴向长度内的牙数 n	螺距 P	牙高 h	圆弧半径 r	基本直径		
					大径 $d=D$	中径 $d_2=D_2$	中径 $d_1=D_1$
1/4	19	1. 337	0. 856	0. 184	13. 157	12. 301	11. 445
3/8	19	1. 337	0. 856	0. 184	16. 662	15. 806	14. 950
1/2	14	1. 814	1. 162	0. 249	20. 955	19. 793	18. 631
5/8	14	1. 814	1. 162	0. 249	22. 911	21. 749	20. 587
3/4	14	1. 814	1. 162	0. 249	26. 441	25. 279	24. 117
7/8	14	1. 814	1. 162	0. 249	30. 201	29. 039	27. 877
1	11	2. 309	1. 479	0. 317	33. 249	31. 770	30. 291
1⅛	11	2. 309	1. 479	0. 317	37. 897	36. 418	34. 939
1¼	11	2. 309	1. 479	0. 317	41. 910	40. 431	38. 952
1½	11	2. 309	1. 479	0. 317	47. 803	46. 324	44. 845
1¾	11	2. 309	1. 479	0. 317	53. 746	52. 267	50. 788
2	11	2. 309	1. 479	0. 317	59. 614	58. 135	56. 656

附表3　55°密封管螺纹（GB/T 7306.2—2000）

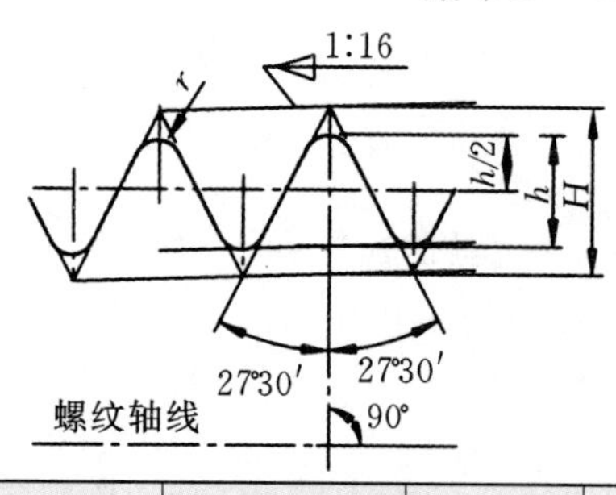

标记示例

尺寸代号为1/2的右旋圆锥外螺纹的标记为R1/2

尺寸代号为1/2的右旋圆锥内螺纹的标记为R_c1/2

上述右旋内外螺纹所组成的螺纹副标记为R_c/R1/2

当螺纹为左旋时标记为R_c/R1/2-LH

单位：mm

尺寸代号	每25.4 mm轴向长度内的牙数 n	螺距 P	牙高 h	圆弧半径 r	基本直径			基准距离	有效螺纹长度
					大径 $d=D$	中径 $d_2=D_2$	中径 $d_1=D_1$		
1/8	28	0.907	0.581	0.125	9.728	9.147	8.566	4.0	6.5
1/4	19	1.337	0.856	0.184	13.157	12.301	11.445	6.0	9.7
3/8	19	1.337	0.856	0.184	16.662	15.806	14.950	6.4	10.1
1/2	14	1.814	1.162	0.249	20.955	19.793	18.631	8.2	13.2
3/4	14	1.814	1.162	0.249	26.441	25.279	24.117	9.5	14.5
1	11	2.309	1.479	0.317	33.249	31.770	30.291	10.4	16.8
1¼	11	2.309	1.479	0.317	41.910	40.431	38.952	12.7	19.1
1½	11	2.309	1.479	0.317	47.803	46.324	44.845	12.7	19.1
2	11	2.309	1.479	0.317	59.614	58.135	56.656	15.9	23.4
2½	11	2.309	1.479	0.317	75.184	73.705	72.226	17.5	26.7
3	11	2.309	1.479	0.317	87.884	86.405	84.926	20.6	29.8

附表4　梯形螺纹的直径与螺距系列、基本尺寸（GB/T 5796.2—2005和GB/T 5796.3—2005）

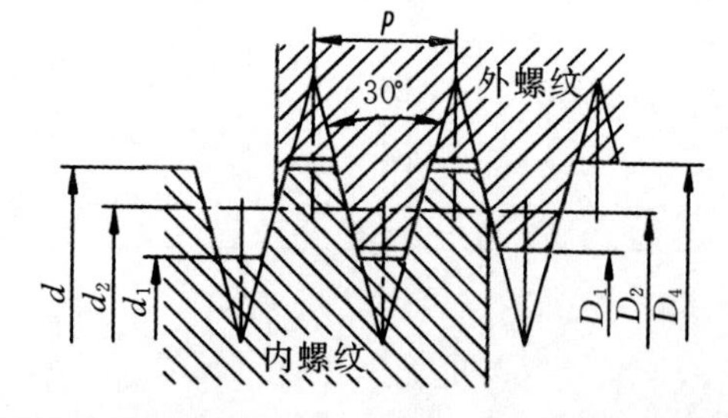

标记示例

公称直径40 mm，导程14 mm，螺距为7 mm的双线左旋梯形螺纹的标记为Tr40×14(P7)LH

单位：mm

公称直径 d		螺距 P	中径 $d_2=D_2$	大径 D_1	小径		公称直径 d		螺距 P	中径 $d_2=D_2$	大径 D_1	小径	
第一系列	第二系列				D_3	D_1	第一系列	第二系列				D_3	D_1
8	—	1.5	7.25	8.30	6.20	6.50	—	26	3	24.50	26.50	22.50	23.00
—	9	1.5	8.25	9.30	7.20	7.50			5	23.50	26.50	20.50	21.00
		2	8.00	9.50	6.50	7.00			8	22.00	27.00	17.00	18.00

续表

单位：mm

公称直径 d		螺距 P	中径 $d_2=D_2$	大径 D_1	小径	
第一系列	第二系列				D_3	D_1
10	—	1.5	9.25	10.30	8.20	8.50
		2	9.00	10.50	7.50	8.00
—	11	2	10.00	11.50	8.50	9.00
		3	9.50	11.50	7.50	8.00
12	—	2	11.00	12.50	9.50	10.00
		3	10.50	12.50	8.50	9.00
—	14	2	13.00	14.50	11.50	12.00
		3	12.50	14.50	10.50	11.00
16	—	2	15.00	16.50	13.50	14.00
		4	14.00	16.50	11.50	12.00
—	18	2	17.00	18.50	15.50	16.00
		4	16.00	18.50	13.50	14.00
20	—	2	19.00	20.50	17.50	18.00
		4	18.00	20.50	15.50	16.00
—	22	3	20.50	22.50	18.50	19.00
		5	19.50	22.50	16.50	17.00
		8	18.00	23.00	13.00	14.00
24	—	3	22.50	24.50	20.50	21.00
		5	21.50	24.50	18.50	19.00
		8	20.00	25.00	15.00	16.00

公称直径 d		螺距 P	中径 $d_2=D_2$	大径 D_1	小径	
第一系列	第二系列				第一系列	第二系列
28	—	3	26.50	28.50	24.50	25.00
		5	25.50	28.50	22.50	23.00
		8	24.00	29.00	19.00	20.00
—	30	3	28.50	30.50	26.50	27.00
		6	27.00	31.00	23.00	24.00
		10	25.00	31.00	19.00	20.00
32	—	3	30.50	32.50	28.50	29.00
		6	29.00	33.00	25.00	26.00
		10	27.00	33.00	21.00	22.00
—	34	3	32.50	34.50	30.50	31.00
		6	31.00	35.00	27.00	28.00
		10	29.00	35.00	23.50	24.00
36	—	3	34.50	36.50	32.50	33.00
		6	33.00	37.00	29.00	30.00
		10	31.00	37.00	25.00	26.00
—	38	3	36.50	38.50	34.50	35.00
		7	34.50	39.00	30.00	31.00
		10	33.00	39.00	27.00	28.00
40	—	3	38.50	40.50	36.50	37.00
		7	36.50	41.00	32.00	33.00
		10	35.00	41.00	29.00	30.00

附表5　键及键槽

普通平键型式尺寸 GB/T 1096—2003　平键键槽的断面尺寸 GB/T 1095—2003

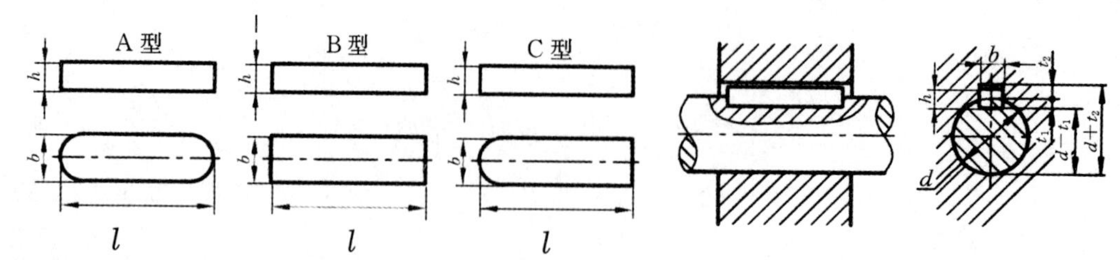

圆头普通平键（A型）、b=18 mm、h=11 mm、l=100 mm、其标记为 GB/T 1096 键 18×11×100
方头普通平键（B型）、b=18 mm、h=11 mm、l=100 mm、其标记为 GB/T 1096 键B 18×11×100
单圆头普通平键（C型）、b=18 mm、h=11 mm、l=100 mm、其标记为 GB/T 1096 键C 18×11×100

单位：mm

轴	键	键槽									
		宽度 b						深度			
基本直径 d	键尺寸 $b×h$	基本尺寸 b	极限偏差					轴 t_1		毂 t_2	
			轻松键联接		一般键联接		较紧键联接				
			轴H9	毂D10	轴N9	毂JS9	轴和毂P9	基本尺寸	极限偏差	基本尺寸	极限偏差
自6～8 >8～10	2×2 3×3	2 3	+0.025 0	+0.060 +0.020	−0.004 −0.029	± 0.0125	−0.006 −0.031	1.2 1.8	+0.1 0	1.0 1.4	+0.1 0
>10～12 >12～17 >17～22	4×4 5×5 6×6	4 5 6	+0.030 0	+0.078 +0.030	0 −0.030	±0.015	−0.012 −0.042	2.5 3.0 3.5		1.8 2.3 2.8	
>22～30 >38～38	8×7 10×8	8 10	+0.036 0	+0.098 +0.040	0 −0.036	±0.018	−0.015 −0.051	4.0 5.0	+0.2 0	3.3 3.3	+0.2 0
>38～44 >44～50 >50～58 >58～65	12×8 14×9 16×10 18×11	12 14 16 18	+0.043 0	+0.120 +0.050	0 −0.043	± 0.0215	−0.018 −0.061	5.0 5.5 6.0 7.0		3.3 3.8 4.3 4.4	
>65～75 >75～85 >85～95 >95～110	20×12 22×14 25×14 28×16	20 22 25 28	+0.052 0	+0.149 +0.065	0 −0.052	±0.026	−0.022 −0.074	7.5 9.0 9.0 10.0		4.9 5.4 5.4 6.4	
l的系列：6，8，10，12，14，16，18，20，22，25，28，32，36，40，45，50，56，63，70，80，90，100，110，125，140，160，180，200，220，250，280，320，360，400，450，500											

注：1. 标准规定键宽b=2～50 mm，公称长度l=6～500 mm。
2. 在零件图中轴槽深$d-t_1$标注，轮毂槽深用$d+t_2$标注：键槽的极限偏差按t_1（轴）和t_2（毂）的极限偏差选取，但轴槽深（$d-t_1$）的极限偏差值应取负号。
3. 键的材 料常用45钢。

附表6 标准公差数值（摘自GB/T 1800.3—1990）

基本尺寸/mm		公差等级																			
		IT01	IT0	IT1	IT2	IT3	IT4	IT5	IT6	IT7	IT8	IT9	IT10	IT11	IT12	IT13	IT14	IT15	IT16	IT17	IT18
大于	至	μm													mm						
-	3	0.3	0.5	0.8	1.2	2	3	4	6	10	14	25	40	60	0.10	0.14	0.25	0.40	0.60	1.00	1.40
3	6	0.4	0.6	1	1.5	2.5	4	5	8	12	18	30	48	75	0.12	1.18	0.30	0.48	0.75	1.20	1.80
6	10	0.4	0.6	1	1.5	2.5	4	6	9	15	22	36	58	90	0.15	0.22	0.36	0.58	0.90	1.50	2.20
10	18	0.5	0.8	1.2	2	3	5	8	11	18	27	43	70	110	0.18	0.27	0.43	0.70	1.10	1.80	2.70
18	30	0.6	1	1.5	2.5	4	6	9	13	21	33	52	84	130	0.21	0.33	0.52	0.84	1.30	2.10	3.30
30	50	0.6	1	1.5	2.5	4	7	11	16	25	39	62	100	160	0.25	0.39	0.62	1.00	1.60	2.50	3.90
50	80	0.8	1.2	2	3	5	8	13	19	30	46	74	120	190	0.30	0.46	0.74	1.20	1.90	3.00	4.60
80	120	1	1.5	2.5	4	6	10	15	22	35	54	87	140	220	0.35	0.54	0.87	1.40	2.20	3.50	5.40
120	180	1.2	2	3.5	5	8	12	18	25	40	63	100	160	250	0.40	0.63	1.00	1.60	2.50	4.00	6.30
180	250	2	3	4.5	7	10	14	20	29	46	72	115	185	290	0.46	0.72	1.15	1.85	2.90	4.60	7.20
250	315	2.5	4	6	8	12	16	23	32	52	81	130	210	320	0.52	0.81	1.30	2.10	3.20	5.20	8.10
315	400	3	5	7	9	13	18	25	36	57	89	140	230	360	0.57	0.89	1.40	2.30	3.60	5.70	8.90
400	500			8	10	15	20	27	40	63	97	155	250	400	0.63	0.97	1.55	2.5	4	6.3	9.7

注：基本尺寸小于1 mm 时，无IT14至IT18各等级。

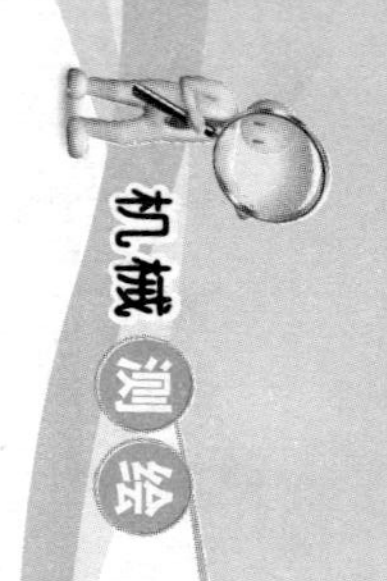

附表7　轴的基本偏差数值表　（摘自GB/T 1800.3—1998）

单位：μm

基本偏差		上偏差（es）												下偏差（ei）																		
		a	b	c	cd	d	e	ef	f	fg	g	h	js	j			k		m	n	p	r	s	t	u	v	x	y	z	za	zb	zc
基本尺寸/mm		公差等级																														
大于	至	所有等级												5，6	7	8	4～7	≤3	所有等级													
—	3	-270	-140	-60	-34	-20	-14	-10	-6	-4	-2	0	偏差为±IT/2	-2	-4	-6	0	0	+2	+4	+6	+10	+14	—	+18	—	+20	—	+26	+32	+40	+60
3	6	-270	-140	-70	-46	-30	-20	-14	-10	-6	-4	0		-2	-4	—	+1	0	+4	+8	+12	+15	+19	—	+23	—	+28	—	+35	+42	+50	+80
6	10	-280	-150	-80	-56	-40	-25	-18	-13	-8	-5	0		-2	-5	—	+1	0	+6	+10	+15	+19	+23	—	+28	—	+34	—	+42	+52	+67	+97
10	14	-290	-150	-95	—	-50	-32	—	-16	—	-6	0		-3	-6	—	+1	0	+7	+12	+18	+23	+28	—	+33	—	+40	—	+50	+64	+90	+130
14	18																									+39	+45	—	+60	+77	+108	+150
18	24	-300	-160	-110	—	-65	-40	—	-20	—	-7	0		-4	-8	—	+2	0	+8	+15	+22	+28	+35	—	+41	+47	+54	+63	+73	+98	+136	+188
24	30																							+41	+48	+55	+64	+75	+88	+118	+160	+218
30	40	-310	-170	-120	—	-80	-50	—	-25	—	-9	0		-5	-10	—	+2	0	+9	+17	+26	+34	+43	+48	+60	+68	+80	+94	+112	+148	+200	+274
40	50	-320	-180	-130																				+54	+70	+81	+97	+114	+136	+180	+242	+325
50	65	-340	-190	-140	—	-100	-60	—	-30	—	-10	0		-7	-12	—	+2	0	+11	+20	+32	+41	+53	+66	+87	+102	+122	+144	+172	+226	+300	+405
65	80	-360	-200	-150																		+43	+59	+75	+102	+120	+146	+174	+210	+274	+360	+480
80	100	-380	-220	-170	—	-120	-72	—	-36	—	-12	0		-9	-15	—	+3	0	+13	+23	+37	+51	+71	+91	+124	+146	+178	+214	+258	+335	+445	+585
100	120	-410	-240	-180																		+54	+79	+104	+144	+172	+210	+254	+310	+400	+525	+690
120	140	-460	-260	-200	—	-145	-85	—	-43	—	-14	0		-11	-18	—	+3	0	+15	+27	+43	+63	+92	+122	+170	+202	+248	+300	+365	+170	+620	+800
140	160	-520	-280	-210																		+65	+100	+134	+190	+228	+280	+340	+415	+535	+700	+900
160	180	-580	-310	-230																		+68	+108	+146	+210	+252	+310	+380	+465	+600	+780	+1000
180	200	-660	-340	-240	—	-170	-100	—	-50	—	-15	0		-13	-21	—	+4	0	+17	+31	+50	+77	+122	+166	+236	+284	+350	+425	+520	+670	+880	+1150
200	225	-740	-380	-260																		+80	+130	+180	+258	+310	+385	+470	+575	+740	+960	+1250
225	250	-820	-420	-280																		+84	+140	+196	+284	+340	+425	+520	+640	+820	+1050	+1350
250	280	-920	-480	-300	—	-190	-110	—	-56	—	-17	0		-16	-26	—	+4	0	+20	+34	+56	+94	+158	+218	+315	+385	+475	+580	+710	+920	+1200	+1550
280	315	-1050	-540	-330																		+98	+170	+240	+350	+425	+525	+650	+790	+1000	+1300	+1700
315	355	-1200	-600	-360	—	-210	-125	—	-62	—	-18	0		-18	-28	—	+4	0	+21	+37	+62	+108	+190	+268	+390	+475	+590	+700	+900	+1150	+1500	+1900
355	400	-1350	-680	-400																		+114	+208	+294	+435	+530	+660	+820	+1000	+1300	+1650	+2100
400	450	-1500	-760	-440	—	-230	-135	—	-68	—	-20	0		-20	-32	—	+5	0	+23	+40	+68	+126	+232	+330	+490	+595	+740	+920	+1100	+1450	+1850	+2400
450	500	-1650	-840	-480																		+132	+252	+360	+540	+660	+820	+1000	+1250	+1600	+2100	+2600

注：基本尺寸＜1 mm 时，各级的a和b均不采用。

附表8 孔的基本偏差数值 （摘自GB/T 1800.3—1998）

单位：μm

基本偏差		下偏差（EI）												上偏差（ES）						
基本尺寸 mm		A	B	C	CD	D	E	EF	F	FG	G	H	Js	J			K		M	
		公差等级																		
大于	至	所有等级												6	7	8	≤8	>8	≤8	>8
—	3	+270	+ 140	+ 60	+34	+ 20	+14	+10	+6	+4	+2	0	偏差为±IT/2	+ 2	+ 4	+ 6	0	0	-2	- 2
3	6	+270	+ 140	+ 70	+46	+ 30	+20	+14	+10	+6	+4	0		+ 5	+ 6	+ 10	-1+△	—	-4+△	- 4
6	10	+280	+ 150	+ 80	+56	+ 40	+25	+18	+13	+8	+5	0		+ 5	+ 8	+ 12	-1+△	—	-6+△	- 6
10	14	+290	+ 150	+ 95	—	+ 50	+32	—	+16	—	+6	0		+ 6	+ 10	+ 15	-1+△	—	-7+△	-7
14	18																			
18	24	+300	+ 160	+ 110	—	+ 65	+40	—	+20	—	+7	0		+ 8	+ 12	+ 20	-2+△	—	-8+△	- 8
24	30																			
30	40	+310	+ 170	+ 120	—	+ 80	+50	—	+25	—	+9	0		+ 10	+ 14	+ 24	-2+△	—	-9+△	- 9
40	50	+320	+ 180	+ 130																
50	65	+340	+ 190	+ 140	—	+ 100	+60	—	+30	—	+10	0		+ 13	+ 18	+ 28	-2+△	—	-11+△	- 11
65	80	+360	+ 200	+ 150																
80	100	+380	+ 220	+ 170	—	+ 120	+72	—	+36	—	+12	0		+ 16	+ 22	+ 34	-3+△	—	-13+△	- 13
100	120	+410	+ 240	+ 180																
120	140	+460	+ 260	+ 200	—	+ 145	+85	—	+43	—	+14	0		+ 18	+26	+41	-3+△	—	-15+△	- 15
140	160	+520	+ 280	+ 210																
160	180	+580	+ 310	+ 230																
180	200	+660	+ 340	+ 240	—	+ 170	+100	—	+50	—	+15	0		+ 22	+ 30	+ 47	-4+△	—	-17+△	- 17
200	225	+740	+ 380	+ 260																
225	250	+820	+ 420	+ 280																
250	280	+920	+ 480	+ 300	—	+ 190	+110	—	+56	—	+17	0		+ 25	+ 36	+ 55	-4+△	—	-20+△	- 20
280	315	+1050	+ 540	+ 330																
315	355	+1200	+ 600	+ 360	—	+ 210	+125	—	+62	—	+18	0		+ 29	+ 39	+ 60	-4+△	—	-21+△	- 21
355	400	+1350	+ 680	+ 400																
400	450	+1500	+ 760	+ 440	—	+ 230	+135	—	+68	—	+20	0		+ 33	+ 43	+ 66	-5+0	—	-23+△	- 23
450	500	+1650	+ 840	+ 480																

注：1. 基本尺寸＜1 mm时，各级的A和B及＞8级的N均不采用。

2. 一个特殊情况：当基本尺寸＞250～315 mm时，M6的ES=-9（不等于-11）。

续表

单位：μm

基本偏差		上偏差（ES）																				
基本尺寸 mm		N		P-ZC	P	R	S	T	U	V	X	Y	Z	ZA	ZB	ZC	△					
		公差等级																				
大于	至	≤8	>8	≤7	>7												3	4	5	6	7	8
—	3	-4	-4	在>7级的相应数值上增加一个△值	-6	-10	-14	—	- 18	—	-20	—	-26	-32	-40	-60	0					
3	6	-8+△	0		-12	-15	+19	—	- 23	—	-28	—	-35	-42	-50	-80	1	1.5	1	3	4	6
6	10	-10+△	0		-15	-19	-23	—	-28	—	-34	—	-42	-52	-67	-97	1	1.5	2	3	6	7
10	14	-12+△	0		-18	-23	-28	—	-33	—	-40	—	-50	-64	-90	-130	1	2	3	3	7	9
14	18									-39	-45	—	-60	-77	-108	-150						
18	24	-15+△	0		-22	-28	-35	—	- 41	-47	-54	-63	-73	-98	-136	-188	1.5	2	3	4	8	12
24	30							-41	48	-55	-64	-75	-88	-118	-160	-218						
30	40	-17+△	0		-26	-34	-43	-48	-60	-68	-80	-94	-112	-148	-200	-274	1.5	3	4	5	9	14
40	50							-50	70	-81	-97	-114	-136	-180	-242	-325						
50	65	-20+△	0		-32	-41	-53	-66	-87	-102	-122	-144	-172	-226	-300	-405	2	3	5	6	11	16
65	80					-43	-59	-75	-102	-120	-146	-174	-210	-274	-360	-480						
80	100	-23+△	0		-37	-51	-71	-91	-124	-146	-178	-214	-258	-335	-445	-585	2	4	5	7	13	19
100	120					-54	-79	-10	-144	-172	-210	-254	-310	-400	-525	-690						
120	140	-27+△	0		-43	-63	-92	-122	-170	-20	-248	-300	-365	-470	-620	-800	3	4	6	7	15	23
140	160					-65	-100	-134	-190	-228	-280	-340	-415	-535	-700	-900						
160	180					-68	-108	-146	-210	-252	-310	-380	-465	-600	-780	-1000						
180	200	-31+△	0		-50	-77	-122	-166	-236	-284	-350	-425	-520	-670	-880	-1150	3	4	6	9	17	26
200	225					-80	-130	-180	-258	-310	-285	-470	-575	-740	-960	-1250						
225	250					-84	-140	-196	-284	-340	-425	-520	-640	-820	-1050	-1350						
250	280	-34+△	0		-56	-94	-158	-218	-315	-385	-475	-580	-710	-920	-1200	-1550	4	4	7	9	20	29
280	315					-98	-170	-240	-350	-425	-525	-650	-790	-1000	-1300	-1700						
315	355	-37+△	0		-62	-108	-190	-268	-390	-475	-590	-700	-900	-1150	-1500	-1900	4	5	7	11	21	32
355	400					-114	-208	-294	-435	-530	-660	-820	-1000	-1300	-1650	-2100						
400	450	-40+△	0		-68	-126	-232	-330	-490	-595	-740	-920	-1100	-1450	-1850	-2400	5	5	7	13	23	24
450	500					-132	-252	-360	-540	-660	-620	-1000	-1250	-1600	-2100	-2600						

附表9　基孔制优先、常用配合（GB/T 1801—2009）

基准孔	轴																				
	a	b	c	d	e	f	g	h	js	k	m	n	p	r	s	t	u	v	x	y	z
	间隙配合								过渡配合			过盈配合									
H6						H6/f5	H6/g5	H6/h5	H6/js5	H6/k5	H6/m5	H6/n5	H6/p5	H6/r5	H6/s5	H6/t5					
H7						H7/f6	◤H7/g6	◤H7/h6	H7/js6	◤H7/k6	H7/m6	◤H7/n6	◤H7/p6	H7/r6	◤H7/s6	H7/t6	◤H7/u6	H7/v6	H7/x6	H7/y6	H7/z6
H8					H8/e7	◤H8/h7	H8/g7	◤H8/h7	H8/js7	H8/k7	H8/m7	H8/n7	H8/p7	H8/r7	H8/s7	H8/t7	H8/u7				
				H9/d8	H9/e8	H9/f8		H9/h8													
H9			H9/c9	◤H9/d9	H9/e9	H9/f9		◤H9/h9													
H10			H10/c10	H10/d10				H10/h10													
H11	H11/a11	H11/b11	◤H11/c1	H11/d11				◤H11/h11													
H12		H12/b12						H12/h12													

注：1. H6/n5、H7/p6在基本尺寸小于等于3 mm和H8/r7在小于等于100 mm时，为过渡配合。

　　2. 标注◤的配合为优先配合。

附表10　基轴制优先、常用配合（GB/T 1801—2009）

基准孔	孔																
	A	B	C	D	E	F	G	H	Js	K	M	N	P	R	S	T	U
	间隙配合								过渡配合			过盈配合					
h5						F6/h5	G6/h5	H6/h5	Js6/h5	K6/h5	M6/h5	N6/h5	P6/h5	R6/h5	S6/h5	T6/h5	
h6						F7/f6	◤G7/h6	◤H7/h6	Js7/h6	◤K7/h6	M7/h6	N7/h6	P7/h6	R7/h6	◤S7/h6	T7/h6	◤U7/h6
h7					E8/h7	◤F8/h7		◤H8/h7	Js8/h7	K8/h7	M8/h7	N8/h7					
h8				D9/h8	E9/h8	F9/h8		H9/h8									
h9				◤D9/h9	E9/h9	F9/h9		◤H9/h9									
h10				D10/h10				H10/h10									
h11	A11/h11	B11/h11	◤C11/h11	D11/h11				◤H11/h11									
h12		B12/h12						H12/h12									

注：标注◤的配合为优先配合。

附表11　优先配合选用说明

优先配合		说　明
基孔制	基轴制	
H11/c11	C11/h11	间隙非常大，用于很松的、转动很慢的动配合，要求大公差与大间隙的外露组件，要求装配方便的、很松的配合，相当于旧国标D6/dd6
H9/d9	D9/h9	间隙很大的自由转动配合，用于精度要求不高或温度变动很大、转速高或轴颈压力大的配合部位，相当于旧国标D4/de4
H8/f7	F8/h7	间隙不大的转动配合，用于中等转速与中等轴颈压力的精确转动，也用于装配比较容易的中等定位配合，相当于旧国标D/dc
H7/g6	G7/h6	间隙很小的滑动配合，用于不希望自由转动，但可以自由移动和滑动并精密定位的配合，也可以用于要求明确的定位配合，相当于旧国标D/db
H7/h6、H8/h7、H9/h9、H11/h11	H7/h6、H8/h7、H9/h9、H11/h11	均为间隙定位配合，零件可自由装拆，而工作时一般相对静止不动。在最大实体条件下的间隙为零，在最小实体条件下的间隙由公差等级决定，H7/h6相当于旧国标D/d，H8/h7相当于旧国标D3/d3，H9/h9相当于旧国标D4/d4，H11/h11相当于旧国标D6/d6
H7/k6	K7/h6	过渡配合，用于精密定位，相当于旧国标D/gc
H7/n6	N7/h6	过渡配合，允许有较大过盈的精密定位，相当于旧国标D/ga
H7/p6	P7/h6	过盈定位配合，即小过盈配合，用于定位精度特别重要，而对内孔承受压力无特殊要求，不依靠配合的紧固性传递摩擦负载，能以最好的定位精度达到部件的刚性要求和对中性要求，H7/p6相当于旧国标D/ga～D/jf
H7/s6	S7/h6	中等压力压入配合，适用于一般钢件，或用于薄壁件的冷缩配合，用于铸铁件可得到最紧的配合，相当于旧国标D/je
H7/u6	U7/h6	压入配合，适用于可以承受较大压力的零件或不宜承受大压力入力的冷缩配合

附表12 滚动轴承参数

（1）深沟球轴承（GB/T 276—1994）

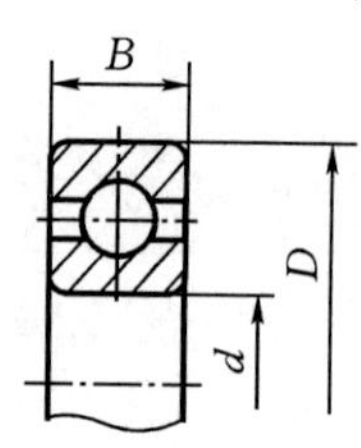

标记示例

类型代号6、内圈孔径d=50 mm、尺寸系列代号为（0）2的深沟球轴承：滚动轴承 6210 GB/T 276—1994

单位：mm

轴承代号	尺寸		
	d	D	B
尺寸系列代号（1）0			
6000	10	26	8
6001	12	28	8
6002	15	32	9
6003	17	35	10
6004	20	42	12
6005	25	47	12
6006	30	55	13
6007	35	62	14
6008	40	68	15
6009	45	75	16
6010	50	80	16
6011	55	90	18
6012	60	95	18
尺寸系列代号（0）2			
6200	10	30	9
6201	12	32	10
6202	15	35	11
6203	17	40	12
6204	20	47	14
6205	25	52	15
6206	30	62	16
6207	35	72	17
6208	40	80	18
6209	45	85	19
6210	50	90	20
6211	55	100	21
6212	60	110	22
尺寸系列代号（0）3			
6300	10	35	11
6301	12	37	12
6302	15	42	13
6303	17	47	14
6304	20	52	15
6305	25	62	17
6306	30	72	19
6307	35	80	21
6308	40	90	23
6309	45	100	25
6310	50	110	27
6311	55	120	29
6312	60	130	31
尺寸系列代号（0）4			
6403	17	62	17
6404	20	72	19
6405	25	80	21
6406	30	90	23
6407	35	100	25
6408	40	110	27
6409	45	120	29
6410	50	130	31
6411	55	140	33
6412	60	150	35
6413	65	160	37
6414	70	180	42
6415	75	190	45
6416	80	200	48
6417	85	210	52
6418	90	225	54
6419	95	240	55
6420	100	250	58
6422	110	280	65

注：表中括号“（ ）”，表示该数字在轴承代号中省略。

（2）圆锥滚子轴承（GB/T 297—1994）

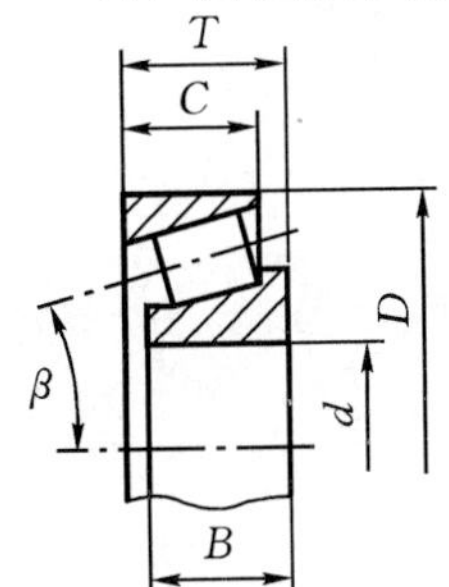

标记示例

类型代号3、内圈孔径d=30 mm、尺寸系列代号为03的深沟球轴承：滚动轴承30306 GB/T 297—1994

单位：mm

轴承代号	尺寸				
	d	D	T	B	C
尺寸系列代号02					
30202	15	35	11.75	11	10
30203	17	40	13.25	12	11
30204	20	47	15.25	14	12
30205	25	52	16.25	15	13
30206	30	62	17.25	16	14
30207	35	72	18.25	17	15
30208	40	80	19.75	18	16
30209	45	85	20.75	19	16
30210	50	90	21.75	20	17
30211	55	100	22.75	21	18
30212	60	110	23.75	22	19
30213	65	120	24.75	23	20
30214	70	125	26.75	24	21
30215	75	130	27.75	25	22
30216	80	140	28.75	26	22
30217	85	150	30.5	28	24
30218	90	160	32.5	30	26
30219	95	170	34.5	32	27
30220	100	180	37	34	29
尺寸系列代号03					
30302	15	42	14.25	13	11
30303	17	47	15.25	14	12
30304	20	52	16.25	15	13
30305	25	62	18.25	17	15
30306	30	72	20.75	19	16
30307	35	80	22.75	21	18
30308	40	90	25.25	23	20
30309	45	100	27.25	25	22
30310	50	110	29.25	27	23
30311	55	120	31.5	29	25
30312	60	130	33.5	31	26
30313	65	140	36	33	28
30314	70	150	38	35	30
30315	75	160	40	37	31
30316	80	170	42.5	39	33
30317	85	180	44.5	41	34
30318	90	190	46.5	43	36
30319	95	200	49.5	45	38
30320	100	215	51.5	47	39

轴承代号	尺寸				
	d	D	T	B	C
尺寸系列代号23					
32303	17	47	20.25	19	16
32304	20	52	22.25	21	18
32305	25	62	25.25	24	20
32306	30	72	28.75	27	23
32307	35	80	32.72	31	25
32308	40	90	35.25	33	27
32309	45	100	38.25	36	30
32310	50	110	42.25	40	33
32311	55	120	45.5	43	35
32312	60	130	48.5	46	37
32313	65	140	51	48	39
32314	70	150	54	51	42
32315	75	160	58	55	45
32316	80	170	61.5	58	48
尺寸系列代号30					
33005	25	47	17	17	14
33006	30	55	20	20	16
33007	35	62	21	21	17
33008	40	68	22	22	18
33009	45	75	24	24	19
33010	50	80	24	24	19
33011	55	90	27	27	21
33012	60	95	27	27	21
33013	65	100	27	27	21
33014	70	110	31	31	25.5
33015	75	115	31	31	25.5
33016	80	125	36	36	29.5
尺寸系列代号31					
33108	40	75	26	26	20.5
33109	45	80	26	26	20.5
33110	50	85	26	26	20
33111	55	95	30	30	23
33112	60	100	30	30	23
33113	65	110	34	34	26.5
33114	70	120	37	37	29
33115	75	125	37	37	29
33116	80	130	37	37	29